De l'air à la terre

Ouvrage publié dans le cadre du programme
Géométrie et Physique de l'Agence Nationale pour la Recherche
sous la direction de Jean-Jacques Szczeciniarz

www.editions-hermann.fr

ISBN : 978 2 7056 9109 7

Alexander Afriat
Marc Lachièze-Rey

De l'air à la terre

Weyl et la philosophie de jauge

Préface de Jean-Jacques Szczeciniarz

hermann
Depuis 1876

Sommaire

Préface **7**
I Les nouveautés conceptuelles introduites par Herrmann Weyl 7
II La synthèse de Weyl, premiers éléments 8
III Les premières découvertes de Weyl 8
IV Unification de l'électromagnétisme et de la gravitation 12
V L'électromagnétisme comme connexion sur le fibré des phases 13

I Le monde, la jauge et l'histoire **17**
I Gravitation et électricité (1918) 18
1 L'unification fortuite 18
1.1 Le programme infinitésimal 19
1.2 Justice géométrique 20
2 La jauge 22
3 Objections d'Einstein 24
3.1 Le second effet chronométrique 24
3.2 Objection à l'objection 25
3.3 Autre objection 26
II Gravitation, électricité et matière (1929) 27
1 De l'air à la terre 27
2 La nouvelle ontologie ondulatoire 27
3 Théorie Dirac-Weyl 28
4 Tétrades et spineurs 30
5 L'électricité 31
5.1 L'argument de Weyl 31
5.2 L'argument moderne attribué à Weyl 35
6 Yang-Mills 37
III Le monde et la jauge 37
1 Digression sur les coordonnées 38
2 Invariance de jauge 39
3 L'effet Aharonov-Bohm 40
3.1 Action à distance depuis le solénoïde 41
3.2 Jauge et connexion 41
3.3 Embarras de richesses et réalité des boucles 42
3.4 L'interprétation topologique 43

II Gravitation et électricité **51**
I Gravitation und Elektrizität 51
II Gravitation et électricité 64

III Électron et gravitation 79
I Elektron und Gravitation 79
1 Transformationsgesetz von ψ 81
2 Metrik und Parallelverschiebung 83
3 Wirkung der Materie 86
4 Energie 89
5 Gravitation 93
6 Elektrisches Feld 95
II Électron et gravitation 99
1 Loi de transformation de ψ 101
2 Métrique et transport parallèle 103
3 Action de la matière 106
4 Énergie 109
5 Gravitation 112
6 Champ électrique 115

IV Géométrie et physique 123
I Geometrie und Physik 123
II Géométrie et physique 137

Préface

Notre collection a le privilège d'accueillir un remarquable travail de traduction et commentaire d'Alexandre Afriat et Marc Lachièze-Rey. Les articles traduits sont *Gravitation und Elektrizität* (1918) et *Elektron und Gravitation* (1929), ainsi que *Geometrie und Physik* (1931). Ceux-ci sont livrés pour la première fois à un public francophone. Ils sont très remarquables en ce que des notions nouvelles et profondes de la physique mathématiques y sont introduites et montrent pour le premier une tentative d'unification de la théorie de l'électromagnétisme et de la gravitation et pour les deux derniers l'évolution du problème de l'unification de la physique dès lors que la question de la mécanique quantique est introduite. La traduction respecte l'allemand très travaillé de Herrmann Weyl, et les lecteurs qui voudront approfondir cet aspect du livre pourront se reporter au texte allemand également présenté.

I. Les nouveautés conceptuelles introduites par Herrmann Weyl

Elles se situent d'abord dans le domaine de la géométrie différentielle. D'abord dans la conception des fibrés. Un fibré vectoriel est en simplifiant, un espace vectoriel dépendant d'un paramètre qui varie sur une variété M (notion que l'on peut voir comme une surface abstraite). Il est dit défini *sur* M. On suppose que l'on peut sur de petits morceaux de M prendre des bases qui varient régulièrement avec le paramètre. Les fibrés vectoriels sont apparus naturellement en physique spécifiquement comme fibrés sur la variété espace temps ou une extension de celui-ci.

En géométrie différentielle une variété possède des fibrés vectoriels naturellement définis sur elle : celui des vecteurs tangents, celui des tenseurs, celui des formes différentielles extérieures etc.

Il est nécessaire de disposer d'un calcul différentiel sur ces fibrés. Il ne suffit pas de savoir différentier les composantes d'un vecteur dans un système de coordonnées (ou une base) donné, car cette base n'a pas de signification intrinsèque. La définition *intrinsèque* de la dérivée d'un vecteur qui varie implique que l'on soit capable de comparer les vecteurs attachés à des points distincts mais voisins de la variété M.

Il a fallu donc **construire un calcul différentiel invariant sous les changements de coordonnées**. Comme le lecteur en trouvera l'argumentation dans la préface c'est cette notion d'invariance qui est au cœur des développements théoriques de la physique mathématique. Cette invariance première est rendue possible par l'existence d'isomorphismes entre espaces vectoriels en des points infiniment voisins les uns des autres. Une telle structure est appelée une *connexion*.

Le développement qui nous intéresse au premier chef est celui que le lecteur retrouvera dans l'introduction de ce livre et dans le premier article de Weyl. Il montre que le potentiel vectoriel électromagnétique est une connexion sur un fibré convenable sur l'espace temps et le champ électromagnétique est la courbure de cet espace temps. Ce sont ces points que je précise maintenant.

II. La synthèse de Weyl, premiers éléments

Le fait étonnant que la gravitation soit juste une manifestation de la courbure de l'espace temps a fait une profonde impression sur des mathématiciens comme Elie Cartan et Hermann Weyl car il donnait un sens à la notion même de physique mathématique. Jusqu'en 1916 Weyl fit de profondes contributions à la théorie spectrale des opérateurs différentiels. Il a poursuivi en même temps une autre ligne de pensée géométrique ; le livre qui a marqué son temps *Die Idee der Riemanschen Fläschen* fut publié en 1916. Sa pensée qui couvre un champ universel était profondément attachée aux questions fondamentales de mathématique et de physique ayant une composante réellement philosophique et il était fasciné par le rôle de la géométrie différentielle dans la compréhension de la nature. Il a été influencé par le travail des géomètres italiens, particulièrement Ricci, Levi Civita, et le calcul tensoriel sur les variétés riemanniennes. Il n'est pas certain que quelqu'un d'autre que Weyl ait pensé à combiner à un niveau fondamental les deux courants de pensée, celui de la relativité générale einsteinienne, et celui des géomètres italiens, pour l'analyse et l'algèbre sur les variétés riemanniennes ou pseudoriemanniennes ; et à parvenir à une combinaison fortement réfléchie dans une œuvre conséquente de philosophe développée à partir d'hypothèses husserliennes et fichtéennes.

III. Les premières découvertes de Weyl

Faire du calcul différentiel de tenseurs requiert l'existence d'une connexion, ou, d'un isomorphisme explicite entre les espaces tangents en des points voisins. De tels isomorphismes peuvent être construits sur une variété riemannienne par ce qui est appelé le *transport parallèle*, découvert par Levi Civita. Une connexion peut être vue comme une manière de mouvoir les vecteurs tangents le long de courbes sur la variété de manière canonique. *Connexion, transport parallèle, différentiation covariante* sont des notions essentiellement équivalentes. Pour définir sa connexion, Levi-Civita demandait que la variété riemannienne fût plongée dans un espace euclidien de dimension supérieure. Ce fut Hermann Weyl qui fit l'observation que la formule pour le transport parallèle conserve son sens sur une variété riemannienne *abstraite* (par opposition à une variété *plongée*). Il fut l'un des pionniers pour ce qui touche à la vue globale des variétés, comme l'illustre son (premier) travail sur les surfaces de Riemann. Une telle ligne de pensée était naturelle pour lui. On peut ainsi mettre l'accent sur son unité de pensée dont les travaux précédents l'amenèrent à se forger une vison globale des variétés, en l'occurrence de leurs propriétés qui valent en dehors de tout plongement. C'est bien un mouvement vers l'intrinsèque fortement unifié qui caractérise la pensée de Weyl.

Nous arrivons à une découverte plus fondamentale. Il n'était pas nécessaire d'exiger qu'une variété possède une métrique pour pouvoir définir un transport parallèle sur elle. L'observation de Weyl fut que la notion de transport parallèle sur une variété pouvait être prise comme *un point de départ axiomatique*.

Il introduisit alors le concept de *variété affinement connexe* sur laquelle une connexion affine est définie axiomatiquement; par exemple par ses coefficients, des fonctions $\Gamma^{\mu}_{\lambda\nu}$ fixées *a priori* avec leurs lois de transformation selon les changements de coordonnées, déterminées par l'exigence que le transport parallèle défini soit indépendant du choix des coordonnées. Bien que les coefficients de la connexion aient été indexés comme ceux d'un tenseur, une connexion n'est pas un tenseur. Cependant, la *différence de deux connexions*, en particulier toute *variation infinitésimale* d'une connexion est un tenseur. Les connexions forment ainsi un espace affine plutôt qu'un espace linéaire. La condition

$$\Gamma^{\mu}_{\lambda\nu} = \Gamma^{\mu}_{\nu\lambda}$$

est indépendante du système de coordonnés utilisé puisqu'elle est manifestement équivalent à l'annulation d'une différence de deux connexions et est une équation tensorielle. Dans ce cas la connexion est dite *sans torsion.*

La connexion de Levi-Civita peut être introduite de deux manières ; soit par décret, en donnant les formules de $\Gamma^{\mu}_{\lambda\nu}$ en fonction du tenseur métrique; soit intrinsèquement, à travers l'important résultat qu'elle est la *seule connexion qui soit sans torsion et possède la propriété que le transport parallèle préserve la longueur d'un vecteur*, c'est-à-dire en fait la métrique.

Dans sa construction de la notion de connexion, Levi-Civita supposait que la variété riemannienne était plongée dans un espace euclidien. Mais à la fin de sa construction il montrait que celle-ci est indépendante du plongement. Ses coefficients sont appelés symboles de Christoffel. Ils s'expriment en fonction de la métrique comme

$$\Gamma^{k}_{ij} = \frac{1}{2} g^{km} \left(\frac{\partial g_{mi}}{\partial x^{j}} + \frac{\partial g_{mj}}{\partial x^{i}} - \frac{\partial g_{ij}}{\partial x^{m}} \right).$$

Weyl reproche à la connexion de Levi-Civita son statut ambigu[1] Elle est définie à l'aide des coefficients de la métrique, $g_{\mu\nu}$, mais dans la mesure où elle montre comment les vecteurs sont déplacés elle doit avoir un sens au niveau affine. Et Weyl généralise la notion de Levi-Civita pour lui donner un sens **purement affine**, comme le lecteur peut le voir expliqué dans l'introduction à la traduction. Varadarajan (2003) souligne ce qui lui paraît le plus important de l'apport de Weyl : « Cette libération du concept de connexion de ses origines métriques, quoique extrêmement simple et naturelle avec le recul (ce que nous savons mérite toujours 10/10 !) **s'est trouvée être l'une des plus importantes choses que Weyl ait réalisée en géométrie différentielle**. En effet, une fois que l'idée de connexions introduites axiomatiquement a été acceptée, il est facile de réaliser que l'on ne doit pas se limiter au transport des seuls vecteurs tangents et des tenseurs le long des courbes, et que l'on doit penser à attacher *axiomatiquement* les vecteurs aux points de la variété et à les transporter en usant des connexions *axiomatiquement* définies de manière appropriée ». L'introduction axiomatique des connexions peut se comparer, dans le registre épistémologique, à l'introduction axiomatique des géométries. On ne traite des objets qu'en se conformant strictement aux prescriptions indiquées préalablement qui sont alors des fondements. Weyl a par exemple usé de la méthode axiomatique pour définir une variété.

1. Bernard (2013) pour une formulation résumée.

Weyl a en outre observé que l'exigence que le transport parallèle préserve la longueur des vecteurs n'était naturelle ni d'un point de vue mathématique ni d'un point de vue physique. Mathématiquement, car on a déjà supposé que le transport parallèle peut changer la direction du vecteur et on peut se demander pourquoi il conserverait sa longueur inchangée. C'est ce que Weyl et nos commentateurs reprennent sous les termes de *justice à rétablir*. Physiquement, la valeur numérique de la longueur d'un vecteur peut être déterminée seulement après que l'on ait choisi une unité de longueur. La supposition de l'invariance des longueurs des vecteurs sous transport parallèle implique que tous les observateurs soient d'accord sur ce qu'est une unité de longueur, même s'ils peuvent être largement séparés dans l'espace et le temps. Weyl insista pour dire que c'était là une affirmation trop forte et que la bonne supposition devrait être que les observateurs peuvent choisir une unité de longueur à la place qu'ils occupent seulement ; et que, s'ils peuvent communiquer leur choix, le long de leurs parcours, à d'autres observateurs, ce transfert d'unité de longueur ne peut être indépendant du parcours. Cela ne devrait pas nous surprendre particulièrement car le transfert de *direction* avait déjà été supposé dépendre du parcours. Ce fut un raisonnement de cette sorte qui conduisit Weyl à sa remarquable observation : la géométrie riemannienne ne peut pas être considérée comme une géométrie infinitésimale complètement pure parce que la métrique (ou plutôt la connection qui en découle) nous permet de comparer les longueurs de deux vecteurs, non seulement au même point, mais en deux points distincts. *Une géométrie véritablement infinitésimale doit reconnaître seulement le principe de transfert d'une longueur d'un point à un autre point infiniment proche du premier* (italiques dans l'original de Weyl).

Ainsi du point de vue de Weyl la métrique de l'espace temps était déterminée seulement à une échelle près en chaque point. L'ensemble des échelles possibles en un point de M est représenté par une copie de $\mathbb{R}_{>0}$ le groupe multiplicatif des nombres réels. Weyl fit la supposition que, après avoir choisi une unité de longueur en un point, un observateur peut transférer ce choix le long de courbes à d'autres observateurs. Clairement ce transfert d'échelles était de nature très différente du transport parallèle dans la géométrie riemannienne où seuls les vecteurs tangents et les tenseurs sont transportés. Ici réside la force de l'unité de la pensée de Weyl. Son travail sur les connexions définies sans aucune référence à une métrique devint un principe qui le guida. Usant de son expérience des variétés affinement connexes, il réalisa qu'un tel transfert d'échelle pourrait être introduit de la même façon : tout ce qu'il avait à faire était d'introduire une matrice de 1-formes analogue à celle de sa géométrie affine et l'utiliser pour définir les équations différentielles décrivant le processus de transport.

Puisque l'ensemble des échelles est de dimension 1, il suffit de définir une unique 1-forme A localement sur M. Il est important de bien voir que A est une 1-forme dès lors que les transformations de coordonnées sont concernées mais son statut est différent sous les transformations *d'échelles*. Pour un changement d'échelle donné par

$$g \rightsquigarrow g' = e^{\lambda} g,$$

A doit être remplacé par la 1-forme

$$A' = A + d\lambda.$$

Weyl décrit ce processus comme *un changement de jauge*, et fut conduit à son principe d'invariance de jauge suivant lequel *les lois fondamentales de la physique doivent être invariantes non seulement sous changement de coordonnées, mais Ègalement sous changement de jauge*, encore appelé *transformation de jauge*. Notons que la dérivée extérieure dA de A est indépendante de la jauge et est une 2-forme globalement définie. Le changement de jauge change A comme écrit plus haut mais la 2-forme $F = dA$ est indépendante du changement de jauge et elle est globalement définie sur M. F est la forme de *courbure* de cette connexion.

Insistons comme Varadarajan (2003) sur la nouveauté de ces théories de Weyl. « Comme déjà observé, ces idées de Weyl ont représenté une nouvelle direction par rapport à la géométrie différentielle classique où seuls les vecteurs comme les vecteurs tangents ou cotangents, tenseurs etc. qui sont géométriquement associés à la variété sous-jacente, étaient transportés. Ici Weyl innova véritablement en considérant les échelles possibles en différents points comme un *fibré* sur l'espace temps. Introduisant les connexions sur ce fibré, et leurs courbures comme des 2-formes définies sur l'espace temps. *Sauf erreur, c'est la première occurrence en physique et en géométrie différentielle d'un fibré vectoriel non géométrique et de connexions sur lui*; le fait que les échelles forment un groupe multiplicatif est sans importance car l'application $x \mapsto \log x$ convertit ce groupe multiplicatif en le groupe additif des nombres réels. En termes modernes le fibré des échelles peut être vu comme un fibré principal pour le groupe des nombres réels positifs ou comme un fibré vectoriel de rang 1. Donc on peut décrire la situation comme suit : il y a un fibré naturel, le fibré des échelles, sur M avec le groupe $\mathbb{R}_{>0}$ et la communication du choix des échelles suivant une courbe γ sur M est simplement une courbe γ' sur ce fibré qui se trouve au-dessus de γ. De plus ce relèvement de γ n'est rien d'autre que le transport parallèle sur ce fibré, décrit par une connexion et est donc une 2-forme bien définie sur M. »

La généralisation de ces idées à tout fibré vectoriel, et non plus seulement au fibré des échelles, est immédiate. Weyl ne franchit pas cette étape mais on peut considérer qu'elle est naturellement appelée par ses constructions. La connexion est décrite de la même manière par une 1-forme à valeurs dans l'algèbre de Lie d'un groupe de Lie compact G. La forme de courbure alors obtenue exprime en toute généralité la non commutation des opérateurs de différentiation. Elle se présente de manière **formellement similaire** comme une 2-forme à valeur dans la même algèbre de Lie. Conceptuellement, c'est la forme de courbure *de la connexion*. Son annulation exprime le fait que le transport parallèle puisse être indépendant localement du parcours.

Weyl fut conduit naturellement à généraliser la géométrie riemannienne à partir de considérations physiques, ce qui n'est pas en soi surprenant. Parfois cette géométrie est appelée *géométrie de Weyl* (voir l'introduction). La géométrie de Weyl est fondée sur deux idées : premièrement, une métrique définie aux changements d'échelles près (qui peuvent être dépendants de l'espace temps), ce que l'on appelle une *métrique conforme* en terminologie moderne; deuxièmement une connexion sur le fibré des échelles de la variété. Dans son calcul qui fut formulé en termes locaux Weyl a simplement utilisé le produit fibré $M \times \mathbb{R}_{>0}$. Mais ce n'est pas une restriction, puisque tous les $\mathbb{R}_{>0}$ fibrés principaux sur M sont triviaux, i.e. isomorphes au produit fibré [2].

2. En effet, les $\mathbb{R}_{>0}$ fibrés sont essentiellement les mêmes que les $\mathbb{R}$ fibrés, et ceux-ci sont classifiés

Tout comme la géométrie riemannienne, la géométrie de Weyl implique une connexion sur la variété de base : la dite *connexion de Weyl* qui joue un rôle comparable à celui de la connexion de Levi-Civita d'une variété riemannienne. La connexion de Weyl est déterminée par une double exigence : d'être sans torsion ; et que le transport parallèle transforme les longueurs des vecteurs en conformité avec les changements d'échelles.

IV. Unification de l'électromagnétisme et de la gravitation

Weyl vit dans sa nouvelle géométrie *une manière d'unifier électromagnétisme et gravitation*. Il trouve à disposition deux théories distinctes dans la nature ; le *champ électromagnétique* obeïssant aux équations de Maxwell dans l'espace temps plat de Minkowski ; le *champ gravitationnel* décrit par les équations d'Einstein impliquant le tenseur de courbure sur la variété riemannienne sous-jacente. Dans la théorie électromagnétique, l'espace temps est $\mathbb{R}^{1,3}$ avec la métrique plate de Minkowski. Le champ électromagnétique, habituellement décrit par une matrice antisymétrique contenant les champs électriques et magnétiques, est en fait une 2-forme extérieure F. Les équations de Maxwell s'écrivent de manière concise sous la forme

$$dF = 0 \qquad d * F = 0$$

où d est la dérivée extérieure et $*$ est l'opérateur $*$ de Hodge. Dans $\mathbb{R}^{1,3}$ nous pouvons écrire $F = dA$ pour une 1-forme A appelée le *potentiel vecteur*. Celle-ci est uniquement déterminée à un terme additif près de la forme df pour f une fonction scalaire. Le changement de F à A élimine l'équation $dF = 0$ qui devient une identité.

Dans la théorie d'Einstein l'espace temps est une variété M pseudo riemannienne de dimension 4 et sa métrique elle-même est un objet dynamique satisfaisant les équations d'Einstein. « D'un point de vue purement esthétique il était naturel de se demander si l'on pouvait unifier ces deux théories ; ce fut le point de départ de la longue quête encore inachevée d'une théorie unifiée des champs, commencée par Einstein et exploitée par Weyl et d'autres » [3].

Retournons au fibré des échelles. Le fait que le transport parallèle des échelles puisse être défini par une connexion exprimée localement par une 1-forme A suggéra à Weyl la possibilité d'identifier cette forme A avec le potentiel électromagnétique. Cette suggestion est renforcée par l'observation mentionnée plus tôt que la 2-forme dA est globalement définie comme la description locale de la courbure de la connexion. « Clairement l'identification de la connexion avec le potentiel vecteur marche main dans la main avec l'identification de sa courbure avec le champ électromagnétique » [4]. C'est ce que fit Weyl. L'état dynamique de l'univers de Weyl est décrit par la métrique conforme avec la connexion sur le fibré des échelles identifiée avec le potentiel vecteur électromagnétique, et la courbure de cette connexion avec le champ électromagnétique.

essentiellement par $H^1(M,S)$ où S est le faisceau des fonctions lisses réelles sur M ; (la cohomologie est un concept répandu dans toutes les mathématiques et en physique théorique qui sert à classifier ici les fibrés en expliquant certains défauts dans les applications en cause) et ce faisceau est aussi appelé faisceau *fin* et donc toutes ses cohomologies en degré ≥ 1 sont 0, ce qui est un résultat connu en géométrie algébrique.

3. Varadarajan (2003)
4. *ibid.*

Les équations du mouvement de l'univers de Weyl doivent être invariantes non seulement sous les transformations de coordonnées comme dans la théorie d'Einstein, mais sous les transformations de jauge des échelles également.

Comment peut-on écrire de telles équations du mouvement ? Le travail de Einstein et Hilbert sur la gravitation a donné la clé à Weyl et il a écrit un lagrangien fondé sur la courbure de la connexion de Weyl. Les équations d'Euler dérivées du lagrangien de Weyl donnent les équations gravitationnelles et électromagnétiques couplées et l'invariance de jauge des équations suivie de l'invariance du lagrangien sous les transformations de jauge ; ces dernières sont déterminées par les fonctions lisses positives e^{λ} qui représentent les changements d'échelle aux différents points de M. La présence des transformations de jauge signifiait qu'outre les tenseurs on devrait envisager également les densités tensorielles, organisées selon leurs poids [5]. Weyl a pris le lagrangien W de poids -2, défini par

$$W = R^{\mu}_{\nu\rho\sigma} R_{\mu}^{\nu\rho\sigma},$$

à partir duquel il écrivit les équations (d'Euler) du mouvement correspondantes. L'électromagnétisme apparaît encore décrit par les équations de Maxwell pour la courbure F de la connexion sur le fibré des échelles, comme écrit plus haut. Mais la courbure de la connexion de Weyl combine à la fois la métrique et la connexion électromagnétique, ce qui conduit à des équations de la gravitation plus compliquées que celles d'Einstein. Weyl adopta le point de vue selon lequel c'est seulement en l'absence de champ électromagnétique que la gravitation doit être décrite par les équations d'Einstein ; quand électromagnétisme et gravitation sont présents, les équations d'Einstein constituent seulement une approximation d'équations gravitationnelles plus compliquées mais exactes parce que la constante gravitationnelle est bien plus petite que le rayon de l'électron.

Cette théorie de Weyl fut l'exemple le plus important d'une théorie unifiée des champs. Weyl a développé cette idée durant les années 1918-1920. Il en était extrêmement satisfait car elle suggérait une origine géométrique différentielle de l'électromagnétisme, et la possibilité de l'utiliser pour résoudre le problème d'une théorie des champs unifiée. Pourtant de sérieuses objections furent faites à la théorie de Weyl, spécialement par Einstein (une présentation de celles-ci est donnée dans l'introduction des auteurs). Ce dernier fit remarquer que, si le transfert d'échelles est supposé dépendre du parcours (ce qui est nécessaire de façon à avoir les phénomènes élecromagnétiques), alors un objet change de taille quand quand il est transporté suivant une courbe fermée. La discussion entre Einstein et Weyl est décrite dans le commentaire de nos deux auteurs.

V. L'électromagnétisme comme connexion sur le fibré des phases

La naissance de la mécanique quantique en 1925 introduisit de nouveaux thèmes en physique au niveau fondationnel et Weyl joua un rôle majeur dans l'identification et

5. Une densité tensorielle est dite de poids e (un entier qui peut être négatif) si elle se trouve multipliée par λ^{e} sous la transformation de jauge λ. Par exemple le tenseur métrique est de poids 1 ; le tenseur de courbure $R_{\tau\mu\nu\rho}$ de la connexion de Weyl est aussi de poids 1 ; tandis que le tenseur mixte de courbure $R^{\tau}_{\mu\nu\rho}$ est de poids 0.

l'élucidation de certains d'entre eux. Pour la présente discussion, la modification de la nature de l'électromagnétisme qu'il proposa comme conséquence de la mécanique quantique est d'un intérêt particulier. Il constata que la théorie quantique avec son introduction de la constante de Planck $\hbar$, *rendait possible le choix d'une unité de longueur universelle*. Ce fut un argument décisif pour abandonner le transfert d'échelle comme source de l'électromagnétisme, qui par ailleurs le préoccupait. Dans la théorie quantique, les fonctions d'onde de l'électron sont indéterminées à une phase près. Weyl eut l'idée de rendre cette phase dépendante des points de l'espace temps. Il fut ainsi conduit à remplacer le fibré des échelles par le fibré des phases et à transférer la phase le long de courbes fermées. Les valeurs possibles de la phase (en un point) forment un groupe isomorphe à $U(1)$, le groupe multiplicatif des nombres complexes de valeur absolue 1. Weyl proposa de voir le potentiel vecteur électromagnétique comme une connexion sur le fibré des phases, soit $\mathbb{R}^{1,3} \times U(1)$ vu comme un fibré principal pour le groupe $U(1)$. La connexion est définie localement par la 1-forme $-iA$ (ici $i = \sqrt{-1}$ et on use des unités naturelles avec $e = \hbar = c = 1$), l'apparition de i indiquant qu'il s'agit d'une théorie quantique. Les transformations de jauge sont encore définies par des fonctions $e^{i\lambda}$ sur M mais maintenant à valeurs dans $U(1)$. Une transformation de jauge λ de la forme de connexion, de A en A', est donnée par la même formule que précédemment. Tout ceci est discuté dans le remarquable article de 1929. Outre ce dont nous venons de parler, son traitement de l'électromagnétisme permit à Weyl de donner une explication de la conservation de la charge électrique dans le cadre des théories de jauge. Cependant les phases sont des quantités quantiques et cette description de l'électromagnétisme par Weyl est essentiellement celle de la mécanique quantique. En particulier la gravitation classique n'entre absolument pas dans cette description. Le problème de l'unification s'est trouvé de nouveau ouvert.

Par ailleurs le $U(1)$-fibré est topologiquement plus subtil que le fibré des échelles, toujours trivial comme nous l'avons déjà noté. Cela permet de faire jouer la topologie de M pour les phénomènes électromagnétiques. Une excellente présentation du problème est donnée dans l'introduction des auteurs traducteurs. L'interaction entre physique quantique et topologie, commencée avec Dirac et Aharanov-Bohm, s'est beaucoup approfondie aujourd'hui. Par exemple les classes de Chern donnent naissance aux charges topologiques dans les théories de jauge non abéliennes. Ce sont des généralisations directes de la charge de Dirac des monopoles magnétiques.

Le potentiel électromagnétique est une connexion sur un fibré $U(1)$ sur l'espace temps ; sa courbure est le champ électromagnétique ; l'électromagnétisme est une théorie de champ de jauge avec la structure de groupe $U(1)$. La vision de Weyl est quasiment prophétique. Ses idées ont survécu aujourd'hui, à travers les nombreuses généralisations et modifications des fondements de la physique demandées par la révolution quantique.

Jean-Jacques Szczeciniarz

Bibliographie

Bernard, J. (2013) *L'idéalisme dans l'infinitésimal*, Presses Universitaires de l'Université de Nanterre Paris-Ouest.

Eckes, C. (2013) *Les groupes de Lie dans l'œuvre de Hermann Weyl*, Presses Universitaires de Nancy.

Kosmann-Schwarzbach, Y. (2006) *Les théorèmes de Nœther : invariance et lois de conservation au XXe siècle*, Éditions de l'École Polytechnique.

Varadarajan, V. (2003) « Vector bundles and connections in physics and mathematics » in *A tribute to C. S. Seshadri : a collection of articles on geometry and representation theory*, Birkhäuser.

CHAPITRE I

Le monde, la jauge et l'histoire

De quoi est fait le monde ? La question peut bien se poser mais les réponses ont été étonnantes : d'eau, de corpuscules (éventuellement crochus), d'air, de feu, d'ondes, de terre, d'effluves, de champs, d'énergie et ainsi de suite ; la liste est longue (on n'a oublié que le caoutchouc), aujourd'hui les *réalistes structurels* [1] nous apprennent même que le monde serait constitué de *structures mathématiques*, celles notamment qui figurent dans nos meilleures théories physiques. Et ces dernières incluraient, pour en venir au sujet de ce livre, des *théories de jauge*, dont les structures assumeraient ainsi une valeur ontique. Le monde serait donc composé — dans un sens auquel il faut éventuellement s'habituer — de ces mêmes structures.

Mais ces structures, d'où viennent-elles ? De toutes pièces de l'expérience ? Son apport est certes important, mais il y a autre chose. D'après Duhem les théories physiques ne sont pas *entièrement* déterminées par les données empiriques. Ces dernières n'agiraient que comme des contraintes autorisant des classes de théories qui incluent les bonnes. Mais ces classes sont vastes, et « Pareille liberté ne sera-t-elle pas la plus embarrassante de toutes les gênes ? [...] L'homme peut-il user utilement d'une liberté à ce point illimitée ? », demande Duhem (1989, p. 336). Pour débroussailler, la littérature moderne fournit plusieurs critères : les bonnes théories seraient les plus belles ou les plus simples, ou élégantes ou commodes ou économiques, dans la surabondance fournie par les seules données empiriques. Plutôt que de ces critères, Duhem souligne le rôle de l'*histoire* [2] ; nous serions surtout contraints par le passé, par la tradition, par nos habitudes mentales : parmi les théories compatibles avec l'expérience nous choisirions celles qui nous rassurent en ressemblant aux théories que nous connaissons déjà, auxquelles nous sommes habitués ; « il faut encore que les pensées habituelles à ceux au milieu desquels vit [le physicien], que les tendances imprimées à son propre esprit par ses études antérieures viennent le guider et restreindre la latitude trop grande que les règles de la Logique laissent à ses démarches » (p. 388).

Même si Duhem n'était point réaliste, cet historicisme n'est pas incompatible avec

1. Les textes fondateurs de Poincaré (1902, 1905), Cassirer (1910, 1921) et Russell (1927), qui par ailleurs nous épargnent les plus récentes inventions terminologiques, sont à signaler.

2. Et celui de l'atmosphère scientifique de l'époque : « La Logique laisse une liberté presque absolue au physicien qui voudrait faire choix d'une hypothèse ; mais cette absence de tout guide et de toute règle ne saurait le gêner, car, en fait, le physicien ne choisit pas l'hypothèse sur laquelle il fondera une théorie ; il ne la choisit pas plus que la fleur ne choisit le grain de pollen qui la fécondera ; la fleur se contente d'ouvrir toute grande sa corolle à la brise ou à l'insecte qui porte la poussière génératrice du fruit ; de même, le physicien se borne à ouvrir sa pensée, par l'attention et la méditation, à l'idée qui doit germer en lui, sans lui » (p. 390). L'histoire ne peut bien entendu que contribuer fortement à l'atmosphère scientifique qui perdure à telle ou telle époque.

le réalisme structurel, nous pouvons combiner les deux : *la réalité physique aurait donc une composante culturelle ; elle serait même due en partie aux contingences de l'évolution historique.* Censée être à l'abri des hommes et de leurs caprices, la réalité physique serait au contraire sujette aux aléas culturels, aux modes idéologiques, aux menus épisodes qui secouent les vies des savants.

L'inertie historique, l'habitude peuvent donc déjà contribuer fortement à réduire la sous-détermination laissée par les seules données empiriques ; puis les critères de beauté, simplicité, élégance — qui ont bien sûr leur propre part — auront également leur propre inertie historique. Quant au réalisme, notre compréhension et représentation du monde est désormais si imprégnée de nos théorisations sophistiquées, et des structures mathématiques qui les caractérisent, qu'on ne peut plus s'en passer ontologiquement : la seule réalité physique précise que nous avons (en tant qu'hommes) est celle que nous indiquent nos meilleures théories.

Une fois attribuée tant de valeur ontique aux théories de jauge, il faut donc s'interroger, conformément à ce réalisme structurel « historique » adopté, sur leur évolution et se demander de quelles contingences historiques elles seraient issues. On sait que les théories de jauge actuelles découlent de la théorie de Yang & Mills (1954) ; ces derniers se sont à leur tour appuyés sur la théorie quantique de Weyl (1929a b c). Nous nous proposons de voir comment cette théorie est issue de la théorie électrogravitationnelle de Weyl (1918a) ; mais d'abord de ramener cette dernière à la relativité générale d'Einstein (1916).

I. Gravitation et électricité (1918)

Nous verrons comment c'est en poursuivant la « justice géométrique » que Weyl aboutit presque par hasard à une première théorie de jauge (1918) ; et comment plus tard (1929), en voulant tenir compte d'un enrichissement radical de l'ontologie théorique, il fut amené à ajouter un ingrédient de base : en 1918 la jauge reliait entre eux les *deux* éléments fondamentaux de la théorie, *gravitation* et *électricité* (constituants du monde à l'époque) ; mais en 1929, la nature s'étant entretemps compliquée, la jauge liera l'électromagnétisme à la nouvelle venue : *l'onde matérielle.* La gravité, toujours présente, jouera un rôle nouveau.

1. L'unification fortuite

On a l'habitude[3] de soutenir que c'est *sciemment* que Weyl unifia gravitation et électricité ; mais comme Bergia (1993) et Ryckman (2005) l'ont justement prétendu, l'unification eut lieu de manière fortuite[4]. Dans leur hypothèse — que nous adoptons — il reste tout de même deux possibilités (liées bien sûr entre elles) :

3. Folland (1970), Trautman (1982), Yang (1985), Perlick (1991), Vizgin (1994), Brading (2002) p. 11.

4. Weyl (1918a) p. 148 : « Indem man di erwähnte Geometrie beseitigt, kommt eine Geometrie zustande, die überraschenderweise, auf die Welt angewendet, *nicht nur die Gravitationserscheinungen, sondern auch die des elektromagnetischen Feldes erklärt.* » Weyl (1918b) : « Übrigens müssen Sie nicht glauben, daß ich von der Physik her dazu gekommen bin, neben der quadratische noch die lineare Differentialform in die Geometrie einzuführen; sondern ich wollte wirklich diese « Inkonsequenz », die mir schon immer ein Dorn im Auge gewesen war, endlich einmal beseitigen und bemerkte dann zu meinem eigenen Erstaunen: das sieht so aus, als erklärt es die Elektrizität. »

1. le « programme infinitésimal » que Ryckman fait remonter à Husserl
2. une « justice géométrique » établissant une parité entre direction et longueur.

1.1. Le programme infinitésimal

Ce programme dérive, selon Ryckman (2005), de la phénoménologie transcendentale de Husserl. Il est exprimé en deux morceaux [5] qui se ressemblent et déclarent en gros : Comme la courbure de l'univers M est subtile et difficile à percevoir directement dans le voisinage immédiat $\mathfrak{V}$ d'un point $a \in M$, une conscience située au « centre-ego » a peut l'assimiler à l'espace tangent T_aM, et s'imaginer plongée dans cet environnement « psychologiquement privilégié ». Restreint à sa partie $\mathfrak{V}$, l'univers (l'espace-temps) ressemble en effet à son espace tangent T_aM auquel il est pratiquement superposé. Lorsque l'on s'en éloigne, la correspondance s'atténue, l'univers s'écarte de son approximation en se courbant — d'après la théorie de la relativité générale — selon les variations du tenseur T d'énergie-impulsion [6]. Ryckman écrit (p. 148) :

> Weyl restricted the homogeneous space of phenomenological intuition, the locus of phenomenological *Evidenz*, to what is given at, or neighboring, the cognizing ego [...]. But in any case, by delimiting what Husserl termed "the sharply illuminated circle of perfect givenness", the domain of "eidetic vision", to the infinitely small homogeneous space of intuition surrounding the "ego-center" [...].

Cette restriction ou délimitation peut être comprise de deux manières. Directement : les limites auxquelles sont sujets nos sens circonscrivent le domaine de notre accès sensoriel ou « vision eidétique ». Ou plus mathématiquement : la conscience attribue une sorte de certitude intuitive à T_aM, lequel, étant plat et homogène [7], peut être entièrement saisi et « compris » à partir de n'importe laquelle de ses parties. L'univers relève de cette certitude tant qu'il recouvre ou ressemble à T_aM, et donc uniquement dans $\mathfrak{V}$; au-delà, il est sujet à toutes sortes de variations imprévisibles.

Cela constituait une motivation pour rejeter la *propagation congruente intégrable*, puisqu'elle aurait permis de comparer de manière absolue (sans dépendance vis à vis du

5. Weyl (1927) p. 98 : « Erkennt man neben dem physischen einen *Anschauungsraum* an und behauptet von ihm, daß seine Maßstruktur aus Wesensgründen die euklidischen Gesetze erfülle, so steht dies mit der Physik nicht in Widerspruch, sofern sie an der euklidischen Beschaffenheit der *unendlich kleinen Umgebung* eines Punktes O (in dem sich das Ich momentan befindet) festhält [...]. Aber man muß dann zugeben, daß die Beziehung des Anschauungsraumes auf den physischen um so vager wird, je weiter man sich vom Ichzentrum entfernt. Er ist einer Tangentenebene zu vergleichen, die im Punkte O an eine krumme Fläche, den physischen Raum, gelegt ist: in der unmittelbaren Umgebung von O decken sich beide, aber je weiter man sich von O entfernt, um so willkürlicher wird die Fortsetzung dieser Deckbeziehung zu einer eindeutigen Korrespondenz zwischen Ebene und Fläche. » Weyl (1931a) p. 52 : « Die Philosophen mögen recht haben, daß unser Anschauungsraum, gleichgültig, was die physikalische Erfahrung sagt, euklidische Struktur trägt. Nur bestehe ich allerdings dann darauf, daß zu diesem Anschauungsraum das Ich-Zentrum gehört und daß die Koinzidenz, die Beziehung des Anschauungsraumes auf den physischen um so vager wird, je weiter man sich vom Ich-Zentrum entfernt. In der theoretischen Konstruktion spiegelt sich das wider in dem Verhältnis zwischen der krummen Fläche und ihrer Tangentenebene im Punkte P: beide decken sich in der unmittelbaren Umgebung des Zentrums P, aber je weiter man sich von P entfernt, um so willkürlicher wird die Fortsetzung dieser Deckbeziehung zu einer eindeutigen Korrespondenz zwischen Fläche und Ebene. »

6. $\mathfrak{V}$ correspond à ce que l'on appelle, en géométrie [pseudo]-riemannienne, un voisinage *normal* : que l'on peut mettre en correspondance (difféomorphisme) avec un sous espace ouvert de l'espace-temps de Minkowski.

7. La courbure (identiquement nulle) et la métrique sont constantes.

parcours suivi) des longueurs bien au-delà de $\mathfrak{V}$, à toute distance. Revenant à Ryckman, p. 149 :

> Guided by the phenomenological methods of "eidetic insight" and "eidetic analysis", the epistemologically privileged purely infinitesimal comparison relations of *parallel transport* of a vector, and the *congruent displacement* of vector magnitude, will be the foundation stones of Weyl's reconstruction. The task of comprehending "the sense and justification" of the mathematical structures of classical field theory is accordingly to be addressed through a construction or *constitution* of the latter within a world geometry entirely built up from these basic geometrical relations immediately evident within a purely infinitesimal space of intuition. A wholly *epistemological* project, it nonetheless coincides with the explicitly *metaphysical* aspirations of Leibniz and Riemann to "understand the world from its behaviour in the infinitesimally small".

1.2. Justice géométrique

Levi-Civita avait bien compris le rôle joué par la courbure en relativité générale, mais pas sa caractérisation — impénétrablement algébrique, abstraite — par les tenseurs de Riemann, de Ricci, d'Einstein. Einstein n'avait quant à lui exploré que le comportement *infinitésimal* du transport parallèle, défini comme à dérivée covariante nulle. Levi-Civita (1917) en étudia le comportement « intégral », et découvrit *qu'il n'est pas intégrable* dans un espace courbe : la connexion employée par Einstein, dite « de Levi-Civita », modifie la direction de manière anholonome. *Sa longueur reste cependant préservée*, injustice que Weyl trouva bien troublante : pour mettre les deux propriétés d'un vecteur, direction et longueur, sur un pied d'égalité, *il ne fallait pas en distinguer une par un traitement spécial* (holonome par exemple)[8]. Il tâcha donc de rétablir la justice géométrique avec une théorie plus générale, en introduisant une connexion différente, dite aujourd'hui « de Weyl ». Son expression inclut un nouveau terme A — nul chez Einstein — qui gère la propagation des longueurs, dite alors *congruente*. Mais comment concevoir cette nouvelle grandeur A ? En tant que représentant une connexion (nous qualifierions aujourd'hui A de forme locale de connexion), elle devait être sujette aux règles générales régissant les connections, et il fallut d'abord à Weyl dégager ces règles.

Comme toute forme de connexion, A doit d'abord agir linéairement sur le vecteur $\dot{\gamma}$ tangent à un parcours de déplacement

$$\gamma : [\mathrm{a}, \mathrm{b}] \to M\,;\, t \rightsquigarrow \gamma(t).$$

Ce doit donc être une un-forme

$$A = A_\mu dx^\mu$$

8. Weyl (1918a) p. 148 : « es ist dann von vornherein ebensowenig anzunehmen, daß das Problem der Längenübertragung von einem Punkte zu einem endlich entfernten integrabel ist, wie sich das Problem der Richtungsübertragung als integrabel herausgestellt hat. » Weyl (1931a) p. 53 : « Führt man einen Vektor längs einer geschlossenen Kurve in der Welt vermittels des Prozesses der infinitesimalen Parallelverschiebung herum, so kehrt er nach vollendetem Umlauf im allgemeinen nicht in seine ursprüngliche Lage zurück. Man nennt das die Nichtintegrabilität der Vektorverschiebung. Da jedoch die Maßzahl des Vektors bei der Parallelverschiebung nicht geändert wird, so stimmen Anfangs und Endvektor vielleicht nicht in ihrer Richtung aber notwendig in ihrer Länge überein. Darin erblickte ich eine Inkonsequenz. » Voir aussi Afriat (2009).

dont l'action sur le vecteur $\dot{\gamma} = \dot{\gamma}^{\mu}\,\partial_{\mu}$ s'écrit

$$\langle A, \dot{\gamma} \rangle = A_{\mu}\dot{\gamma}^{\mu}.$$

Par ailleurs, A doit également agir linéairement sur l'argument « principal », le plus souvent un vecteur ou un tenseur, dont elle régit le transport. Par exemple la connexion de Levi-Civita transporte le tenseur métrique en le préservant — par définition — ce qui fait que la longueur d'un vecteur transporté parallèlement est préservée en relativité générale. En revanche le transport parallèle du même vecteur par la connexion de Weyl détermine un transport congruent de sa longueur (carrée) l, correspondant à une petite variation [9] d'un point $a = \gamma(\mathrm{a})$ au point voisin [10] $b = \gamma(\mathrm{b})$,

$$\delta l = l_b - l_a = l_a \langle A_a, \dot{\gamma}_a \rangle.$$

Ce mode d'action implique que la forme A est à valeurs réelles [11]

La longueur au point b voisin est donc

$$l_b \approx l_a\,(1 - \langle A, \dot{\gamma} \rangle).$$

Si le point b n'est plus infiniment proche, elle est obtenue par intégration de la un-forme le long du chemin :

$$l_b = l_a\, \exp \int_{\gamma} A.$$

La forme de courbure d'une connexion (à valeurs dans un groupe *abélien*) s'écrit

$$F = \frac{1}{2}\, F_{\mu\nu}\, dx^{\mu} \wedge dx^{\nu} = dA = \frac{1}{2}(\partial_{\mu}A_{\nu} - \partial_{\nu}A_{\mu})\, dx^{\mu} \wedge dx^{\nu}. \tag{I.1}$$

Une connexion de courbure nulle correspondrait à une forme exacte, et produirait donc un transport holonome. Mais alors, l'injustice géométrique ne serait pas réparée.

Weyl ne pouvait manquer de voir dans A le quadripotentiel électromagnétique $A \leftrightarrow (\varphi, \mathbf{A})$ et dans sa courbure (I.1) le champ électromagnétique. La conséquence

$$dF = d^2A = \frac{1}{6}(\partial_{\mu}F_{\nu\sigma} + \partial_{\nu}F_{\sigma\mu} + \partial_{\sigma}F_{\mu\nu})\,dx^{\mu} \wedge dx^{\nu} \wedge dx^{\sigma} = 0 \tag{I.2}$$

représente alors l'écriture covariante des deux équations homogènes de Maxwell

$$\nabla \cdot \mathbf{B} = 0 \text{ et } \nabla \times \mathbf{E} + \partial_t \mathbf{B} = 0.$$

---

9. L'écriture de Weyl, $dl = l d\varphi$, est ambiguë car elle suggérerait, dans le langage actuel, que dl et $d\varphi$ sont des un-formes *exactes*. Mais la courbure F serait alors nulle ce qui ne donnerait ni justice géométrique ni électromagnétisme.

10. Considéré comme appartenant pratiquement à l'espace tangent T_aM ; voir la note 5

11. De manière très générale, une forme de connexion prend ses valeurs dans l'algèbre de Lie d'un groupe de structure ; ici, il s'agit du groupe multiplicatif $\mathbb{R}^{\times}$ des dilatations engendré par l'algèbre de Lie $\langle \mathbb{R}, +, [\cdot,\cdot] \rangle$, ou plutôt $\langle \mathbb{R}, + \rangle$ (le produit $[\cdot,\cdot]$ s'annule puisque les réels commutent).

L'analogie exprimée par la table qui suit détermine pratiquement toute la théorie électrogravitationnelle de Weyl :

DIRECTION	**LONGUEUR**
coordonnées (à la jauge près)	jauge
transport parallèle	transport congruent
gravitation	électricité
connexion de Levi-Civita $\Gamma^{\mu}_{\nu\sigma}$	connexion de longueur A
$\delta V^{\mu} = -\Gamma^{\mu}_{\nu\sigma}\dot{\gamma}^{\nu}V^{\sigma}$	$\delta l = -\langle\alpha,\dot{\gamma}\rangle = -A_{\mu}\dot{\gamma}^{\mu}l$
courbure de direction $R^{\mu}_{\nu\sigma\tau}$ (de $\Gamma^{\mu}_{\nu\sigma}$)	courbure de longueur $F = dA$
coordonnées géodés. y^{μ} (à a): $\Gamma^{\mu}_{\nu\sigma} = 0$	jauge géod. (à a) $A' = A + d\lambda = 0$
principe d'équival. : $\ddot{x}^{\mu} + \Gamma^{\mu}_{\nu\sigma}\dot{x}^{\nu}\dot{x}^{\sigma} \rightsquigarrow \ddot{y}^{\mu}$	principe d'éqival. : $\alpha = -lA \rightsquigarrow \alpha' = 0$

2. La jauge

Avant de voir les détails, écrivons les formules

$$A \rightsquigarrow A' = A + d\lambda \tag{I.3}$$

et

$$g \rightsquigarrow g' = e^{\lambda} g \tag{I.4}$$

qu'il s'agira de comprendre et de justifier.

Les logiciens nous apprennent que l'*ordonnement logique* des énoncés qui caractérisent une théorie comporte de l'arbitraire ; il y a parfois une certaine liberté dans le choix des éléments — disons les *axiomes* — à adopter comme premiers, logiquement primaires ; un théorème peut, dans une réorganisation logique, devenir un axiome ou *vice versa*. Or, pour bien comprendre la théorie de Weyl, il faut songer à l'ordre logique des éléments centraux (comme A, $F = dA$, (I.3), (I.4) etc.) ; la substitution (I.4), par exemple, faut-il la situer *après* ou *avant* la justice géométrique dont découle la connexion A ?

Le point de départ de Weyl semble bien être la justice géométrique, qui exige une propagation congruente anholonome et donc une courbure F. Mais la différentiation est destructive (ou disons irréversible) ; ce qui est détruit par (le noyau de) d est la liberté (I.3) ; l'image inverse de la dérivation $F = dA = dA'$ n'est pas A mais toute la classe d'équivalence

$$[A] = [A + d\lambda]_{\lambda} = d^{-1}F$$

donnée par la relation $A \sim (A + d\lambda)$, et là on a déjà une première liberté de jauge. Mais on n'a pas encore la seconde, (I.4) — qui ne sera introduite que pour équilibrer (I.3).

La théorie d'Einstein est fortement caractérisée par la propagation holonome des longueurs : la connexion $\bar{\nabla}$ de Levi-Civita conserve les longueurs. Weyl remplace la condition métrique $\bar{\nabla}g = 0$ par la condition plus générale

$$\nabla g = A \otimes g \tag{I.5}$$

qui admet l'anholonomie des longueurs. Précisant la direction de propagation nous avons $\nabla_{\dot\gamma} g = \langle A, \dot\gamma \rangle g$ et donc

$$\delta l = \nabla_{\dot\gamma} g(V,V) = \langle A, \dot\gamma \rangle \, g(V,V).$$

Or, une expression aussi centrale que (I.5) doit être convenablement invariante ; comme elle ne l'est pas par rapport à (I.3), il faut équilibrer avec une seconde substitution, (I.4), dont l'origine est ainsi expliquée [12].

L'ordre logique, conceptuel des éléments en question semble donc être le suivant :

1. justice géométrique
2. connexion A anholonome
3. courbure F
4. indifférence de F à (I.3)
5. sensibilité de (I.5) à (I.3)
6. indifférence de (I.5) à {(I.3) équilibré par (I.4)}.

On a beaucoup insisté sur l'« invariance conforme » de la théorie de Weyl. Dans les écrits de Weyl on trouve bien sûr des objets indifférents à (I.4) ; mais la théorie électrogravitationnelle de 1918 est caractérisée par des expressions, comme (I.5), qui ne le sont pas. Plus que d'une théorie indifférente à (I.4), il s'agirait à la limite d'une théorie caractérisée par une indifférence à {(I.3) équilibré par (I.4)}.

La substitution (I.4) n'exprime pas tout le projet géométrique de Weyl, et ne correspond qu'aux dilatations *intégrables* données par une connexion exacte $d\lambda$ — précisément celles que sa théorie devait dépasser, pour garantir la justice géométrique.

Pour voir comment la métrique peut corriger (localement, pas globalement !) les étirements effectués par la connexion, prenons une longueur carrée

$$l_a = g_a(V_a, V_a) = 1$$

unitaire au point $a \in M$; et une connexion qui anéantit le vecteur tangent $\dot\gamma$ dirigé vers le point voisin b :

$$\langle A, \dot\gamma \rangle = 0.$$

Comme la différence δl est nulle, la longueur carrée $l_b = g_b(V_b, V_b) = 1$ reste unitaire et il ne faut rien faire à la métrique g_b à b. Mais si la différence δl n'était pas nulle, il faudrait appliquer (I.4) pour maintenir la même valeur numérique $1 = l_b$, en adaptant l'unité de mesure au point b. Chaque terme exact $d\lambda$ ajouté à la connexion sera équilibré par un facteur conforme e^{λ}, et *vice versa* ; les recalibrations (I.4) (nécessairement holonomes) de la métrique ne pourront corriger que les étirements *holonomes* produits par $d\lambda$.

Quoi qu'il en soit, la réalité physique moderne — abstraite et structurelle — commence déjà à se dessiner, avec les surprenants apports de la justice géométrique ...

12. Cf. Weyl (1931a) p. 54 : « insbesondere konnte ich nichts a priori Einleuchtendes vorbringen zugunsten der Koppelung des willkürlichen additiven Gliedes $\partial\lambda/\partial x_p$, das nach der Erfahrung in den Komponenten des elektromagnetischen Potentials steckt, mit dem von der klassischen Geometrie geforderten Eichfaktor e^{λ}. »

3. Objections d'Einstein

3.1. Le second effet chronométrique

L'intégrale $\int_\gamma A$ d'une forme A le long d'un parcours γ dépend du parcours et non pas des seuls points de départ et d'arrivée. Ce ne serait pas le cas si la forme $A = d\mu$ était *exacte* : son intégrale donnerait alors la différence

$$\Delta\mu = \mu(b) - \mu(a)$$

entre les valeurs finale et initiale de μ, qui ne dépend que des points de départ et d'arrivée, et non pas du parcours.

L'objection d'Einstein se fonde sur le fait que la longueur d'un vecteur n'est pas préservée par un transport parallèle, comme nous l'avons vu plus haut. Notons cependant que pour parler de la longueur d'un vecteur, et par exemple décider si elle est conservée ou non, il faut une métrique. Si l'on se place dans la théorie de Weyl, ceci exige le choix d'une jauge, c'est-à-dire d'une métrique g dans la classe

$$[g] = [e^\lambda g]_\lambda.$$

Mais la connexion de Weyl, si elle préserve la classe $[g]$, n'en préserve pas un représentant donné g : le transport parallèle ne conserve pas g ; autrement dit fait passer continûment d'une métrique à une autre, d'une jauge à une autre, et c'est bien l'effet que Weyl recherchait. Un transport parallèle du vecteur *et de la métrique* transporte alors également la longueur l, qui varie jusqu'à une valeur en b (point terminal de γ),

$$l_b(\gamma) = l_a \exp \int_\gamma A \neq l_a.$$

Cette valeur dépend du parcours γ, dépendance qui exprime l'*anholonomie* de la connexion.

Bien entendu, si A était une forme exacte $d\mu$, l'intégrale se calculerait comme

$$\exp \int_a^b d\mu = \exp(\mu(b) - \mu(a)),$$

et ne dépendrait que des points de départ et d'arrivée du parcours. Mais, rappelons-le, la théorie de Weyl est intéressante si la forme A est courbe, et donc la connexion non intégrable. La variation dépend alors du chemin γ, ce qui fonde l'objection d'Einstein.

Cette dernière se formule de la manière suivante. Imaginons deux horloges physiquement identiques, H_1 et H_2, décrivant deux lignes d'univers distinctes γ_1 et γ_2 partant du même point a et se réunissant au même point b. La théorie de relativité générale d'Einstein indique qu'elles subissent ce que l'on peut qualifier de *premier effet chronométrique* (jumeaux de Langevin) : entre leur départ et leur réunion, elles ont mesuré des durées propres différentes. Mais après les retrouvailles, elles battent au même rythme : elles ont conservé la même allure. Einstein souligne qu'il n'en est pas ainsi selon la théorie de Weyl : après leur réunion les deux horloges, pourtant toujours identiques, battraient (si la connexion est courbe) à des rythmes différents ; le temps de l'une aurait accéléré par rapport au temps de l'autre.

L'idée est que l'allure d'une horloge est définie comme la longueur d'un certain vecteur qui la caractérise. Si le transport parallèle modifie cette longueur, cela se traduit par un changement d'allure de l'horloge qui dépend du trajet. Après leurs deux trajets différents, les deux horloges se retrouveraient au même point en battant bien à des rythmes différents.

Telle est la nature de l'objection d'Einstein qui déclare ceci incompatible avec l'intégrabilité des horloges de la nature [13]. L'anholonomie des horloges, prévue par la théorie de Weyl, ne se voit pas dans la nature !

3.2. Objection à l'objection

Dans les textes modernes on trouve plusieurs termes associés aux lettres « W-E-Y-L » (peut-être un acronyme, au sens toutefois obscur) : « structure de Weyl », « variété de Weyl », « connexion de Weyl », « invariance conforme » etc. Or, s'il s'agissait *vraiment* d'une théorie à invariance conforme, qui remplacerait la métrique par la classe $[g]$ — laquelle ne donnerait un sens qu'à la notion de rapport entre deux longueurs en un point donné, mais pas aux longueurs en tant que telles — on pourrait répondre ainsi à l'objection d'Einstein :

La notion d'« allure d'une horloge en un point » n'aurait pas de sens ; mais aurait un sens l'allure *relative* de cette horloge par rapport à n'importe quelle autre (à toutes les autres). Et de fait c'est ce qui compte dans les observations car toute mesure temporelle n'est jamais qu'une comparaison entre les allures de phénomènes différents (dont certains peuvent être qualifiés d'horloges de référence). Ainsi la structure à invariance conforme est suffisante pour permettre d'envisager les mesures temporelles usuelles. On ne peut plus, cependant, parler du rythme d'une horloge ; mais seulement de son *rythme relatif* en comparaison avec toutes les autres en ce point.

Revenons alors à nos deux horloges précédentes, en supposant toujours un vecteur attaché à chacune d'elles (mais pas de longueurs attachées à ces vecteurs). Au point de départ, le rythme relatif entre elles est donné par le rapport de longueurs entre les deux vecteurs évalué au point a :

$$\delta_a = g(v_1, v_1)/g(v_2, v_2).$$

13. Einstein (1918b) : « So schön Ihre Gedanke ist, muss ich doch offen sagen, dass es nach meiner Ansicht ausgeschlossen ist, dass die Theorie die Natur entspricht. Das ds selbst hat nämlich reale Bedeutung. Denken Sie sich zwei Uhren, die relativ zueinander ruhend neben einander gleich rasch gehen. Werden sie voneinander getrennt, in beliebiger Weise bewegt und dann wieder zusammen gebracht, so werden sie wieder gleich (rasch) gehen, d. h. ihr relativer Gang hängt nicht von der Vorgeschichte ab. Denke ich mir zwei Punkte P_1 & P_2 die durch eine Zeitartige Linie verbunden werden können. Die an P_1 & P_2 anliegenden zeitartigen Elemente ds_1 und ds_2 können dann durch mehrere zeitartigen Linien verbunden werden, auf denen sie liegen. Auf diesen laufende Uhren werden ein Verhältnis $ds_1 : ds_2$ liefern, welches von der Wahl der verbindenden Kurven unabhängig ist. — Lässt man den Zusammenhang des ds mit Massstab- und Uhr-Messungen fallen, so verliert die Rel. Theorie überhaupt ihre empirische Basis. » Einstein (1918c) : « wenn die Länge eines Einheitsmassstabes (bezw. die Gang-Geschwindigkeit einer Einheitsuhr) von der Vorgeschichte abhingen. Wäre dies in der Natur wirklich so, dann könnte es nicht chemische Elemente mit Spektrallinien von bestimmter Frequenz geben, sondern es müsste die relative Frequenz zweier (räumlich benachbarter) Atome der gleichen Art im Allgemeinen verschieden sein. Da dies nicht der Fall ist, scheint mir die Grundhypothese der Theorie leider nicht annehmbar, deren Tiefe und Kühnheit aber jeden Leser mit Bewunderung erfüllen muss. »

Ce rapport est indépendant du choix d'un représentant g dans la classe $[g]$.

Comme auparavant, les deux horloges suivent deux trajets différents qui transportent parallèlement les vecteurs. On ne s'intéresse plus maintenant à leurs longueurs (qui ne sont pas définies). Mais on va évaluer le rapport de longueurs (lui, bien défini) au point d'arrivée, à l'aide non pas d'une métrique (et l'on n'a pas à se demander si une telle métrique serait ou non transportée parallèlement), mais de la classe $[g]$ qui suffit pour cette tâche. Mais celle-ci est bien préservée par le transport (c'est, rappelons-le, la définition de la connexion de Weyl). Autrement dit, le rapport à l'arrivée a la même valeur que le rapport au départ. Les horloges se retrouvent en battant au même rythme. L'objection d'Einstein ne tient plus.

Weyl n'a pas retenu cette option, qui correspondrait à un reniement complet de la notion de métrique, au profit d'une seule *structure de Weyl* (selon l'appellation d'aujourd'hui). Reconnaitre l'objection d'Einstein, comme il l'a fait, revient à rester attaché à la notion de métrique ; à admettre que nous devons tout de même choisir un certain représentant ; c'est-à-dire finalement à renoncer à l'invariance de jauge. Autrement dit, tout en introduisant le formalisme de ce que nous appellerions aujourd'hui une théorie conforme, Weyl n'a pas franchi le pas de la considérer comme la structure fondamentale véritablement pertinente dans sa théorie, ce qui lui aurait permis de répondre à l'objection d'Einstein.

3.3. Autre objection

Après quelques semaines Einstein formula une nouvelle objection[14] Sa propre théorie est caractérisée par la connexion $\bar{\nabla}$ de Levi-Civita qui préserve la métrique. Ses composantes $\bar{\Gamma}^{\mu}_{\nu\sigma}$ sont les *symboles de Christoffel*. Une particule neutre (de charge nulle) est guidée par la « *lex prima* » $\bar{\nabla}_{\dot\gamma}\dot\gamma = 0$, c'est-à-dire l'équation géodésique ; tandis qu'une particule chargée (de charge et de masse unité) obéit à la « *lex secunda* » $\bar{\nabla}_{\dot\gamma}\dot\gamma = \tilde{F}(\dot\gamma)$, où la force de Lorentz

$$\tilde{F}(\dot\gamma) = \flat(\dot\gamma \lrcorner F)$$

est défine comme le vecteur metric-dual de la un-forme

$$\dot\gamma \lrcorner F = F(\dot\gamma, \cdot).$$

Mais la connexion ∇ de Weyl a des composantes différentes,

$$\Gamma^{\mu}_{\nu\sigma} = \bar{\Gamma}^{\mu}_{\nu\sigma} + \frac{1}{2}(\delta^{\mu}_{\nu} A_{\sigma} + \delta^{\mu}_{\sigma} A_{\nu} - g_{\nu\sigma} A^{\nu}),$$

où $A^{\mu} = g^{\mu\nu}\partial_{\nu}(A)$ et $g^{\mu\nu} = g^{-1}(dx^{\mu}, dx^{\nu})$. Elle implique en particulier la forme A qui représente l'électromagnétisme. Einstein peut alors objecter que même une particule *neutre* subirait une influence électromagnétique par l'intermédiaire de A. Quant à une particule chargée, elle subirait une *double* influence électromagnétique : d'abord le guidage par la connexion ∇ de Weyl (qui contient A), puis la déviation engendrée par le champ électromagnétique $F = dA$.

14. Einstein (1918e) : « Jedenfalls gibt es bevorzugte Weltlinien, die Wurflinien ungeladenen Körper, andererseits, auch nach Ihrer Theorie, die geodätischen Linien. Sollten diese beiden Sorten einzigartiger Weltlinien nicht identisch sein müssen ? Es ist kaum zu bezweifeln. Dann wirken nach Ihrer Theorie auf ungeladene Körper Kräfte, welche den elektromagnetischen *Potentialen* proportional sind. »

II. Gravitation, électricité et matière (1929)

Alle diese geometrischen Luftsprünge waren verfrüht, wir kehren zurück auf den festen Boden der physikalischen Tatsachen [15]

1. De l'air à la terre

L'échec de 1918, les objections (les *leçons* ! [16]) d'Einstein, n'ont pas été inutiles, elles auraient appris à Weyl le caractère expérimental de la physique — discipline empirique fondée directement sur l'expérience, pas une jolie fantaisie géométrique construite *a priori* à partir de caprices esthétiques (hautement contestables du reste).

En 1929 il a compris, il a mûri : il aura sa revanche [17] Il essaiera même de nous convaincre que sa nouvelle théorie est sortie des données spectrographiques [18], donc tout directement de l'expérience [19] ...

Cette nouvelle théorie tient en effet compte du spin de l'électron. Cependant, c'est en fait par l'intermédiaire de l'équation de Dirac que le spin est arrivé ; et le raisonnement de Dirac ne le déduit pas du tout (directement) de l'expérience [20] : il est issu comme par sortilège d'un principe apriorique, mathématique, esthétique, dans le même esprit que la justice géométrique qui avait mené à la théorie électrogravitationnelle de Weyl.

2. La nouvelle ontologie ondulatoire

Mais revenons en arrière. Louis de Broglie (1924), Schrödinger (1926) *et al.* avaient entretemps produit un monde *ondulatoire*. Weyl, pour mettre à jour son ontologie, devait y ajouter une onde représentant la matière. Tant que gravitation et électricité étaient seules en présence, c'était nécessairement entre elles que devait jouer la relation de jauge (I.3)&(I.4). Mais la présence d'un troisième élément rendait possibles des compensations de type différent, faisant intervenir l'onde de matière. La théorie précédente — avec (I.3)&(I.4) — restait sujette à l'objection « anholonomique » d'Einstein. L'équation de Dirac (§3) la renforçait encore [21] car la longueur d'onde h/mc de

15. Weyl (1931a) p. 56.

16. Lettre de Weyl à Seelig — citée en Seelig (1960) p. 274 — dans laquelle Weyl cite Einstein : « So – das heisst auf so spekulative Weise, ohne ein leitendes, anschauliches physikalisches Prinzip – macht man keine Physik! »

17. « Rache » ; Pauli (1979) p. 518 : « Als Sie früher die Theorie mit $g'_{ik} = \lambda g_{ik}$ machten, war dies reine Mathematik und unphysikalisch. Einstein konnte mit Recht kritisieren und schimpfen. Nun ist die Stunde der Rache für Sie gekommen; jetzt hat Einstein den Bock des Fernparallelismus geschossen, der auch nur reine Mathematik ist und nichts mit Physik zu tun hat, und Sie können schimpfen! »

18. Weyl (1931a) p. 57 : « Dieses Transformationsgesetz der ψ ist zuerst von PAULI aufgestellt worden und folgt mit unfehlbarer Sicherheit aus den spektroskopischen Tatsachen, genauer aus den Termdubletts der Alkalispektren und der Tatsache, daß die Dublettkomponenten nach Ausweis ihres Zeemaneffekts *halbganze* innere Quantenzahlen besitzen. »

19. Weyl (1931a) p. 57 : « Das neue Prinzip ist aus der *Erfahrung* erwachsen und resümiert einen gewaltigen, aus der Spektroskopie entsprungenen Erfahrungsschatz. »

20. Sur la priorité logique de la relativité (ou du spin) cf. Weyl (1931b p. 193) : « Da die Möglichkeit einer solchen relativitätsinvarianten Gleichung für ein skalares ψ nicht vorhanden ist, erscheint *der spin als ein durch die Relativitätstheorie notwendig gefordertes Phänomen*. »

21. Weyl (1929c) p. 284 : « By this new situation, which introduces an atomic radius into the field equations themselves — but not until this step — my principle of *gauge-invariance*, with which I had hoped

l'électron semblait fournir un étalon absolu de longueur permettant des comparaisons à distance. La possibilité nouvelle consistait à conserver (I.3) en l'accompagnant non pas de (I.4), mais d'une nouvelle version, de caractère quantique, s'appliquant non pas à la métrique (c'est-à-dire la gravitation) mais à l'onde de matière [22]. La meilleure option apparaît alors comme

$$\psi \rightsquigarrow \psi_\lambda = e^{i\lambda}\psi, \tag{I.6}$$

où le groupe unitaire $\mathbb{U}(1)$ prend la place du groupe multiplicatif $\mathbb{R}^\times$ de (I.3) [23]. Le champ ψ, pour figurer dans une théorie spatiotemporelle quadridimensionnelle, ne peut obéir à l'équation de Schrödinger qui traite l'espace et le temps différemment [24]. Il faudra lui associer une équation de Dirac (simplifiée).

3. Théorie Dirac-Weyl

L'hamiltonien H d'une particule classique (libre et de masse un demi) est le carré de l'impulsion p. En mécanique quantique on a l'opérateur impulsion [25] $\hat{p} = -i\nabla$ et donc l'hamiltonien

$$\hat{H} = \hat{p}^2 = -\Delta,$$

ce qui fait que l'équation de Schrödinger

$$i\partial_t\psi = \hat{H}\psi$$

différencie l'espace deux fois plus que le temps. Par quoi la remplacer ? L'équation de Klein-Gordon

$$(\Box - m^2)\psi = 0,$$

to relate gravitation and electricity, is robbed of its support. » Weyl (1931a) p. 55 : « Die Atomistik gibt uns ja absolute Einheiten für alle Maßgrößen an die Hand. [...] So geht in die Diracsche Feldgesetze des Elektrons die « Wellenlänge des Elektrons », die Zahl h/mc, als eine absolute Konstante ein. Damit fällt das Grundprinzip meiner Theorie, das Prinzip von der Relativität der Längenmessung, dem Atomismus zum Opfer und verliert seine Überzeugungskraft. »

22. Weyl (1929c) p. 284 : « this principle has an equivalent in the quantum-theoretical field equations which is exactly like it in formal respects; the laws are invariant under the simultaneous replacement of ψ by $e^{i\lambda}\psi$, φ_α by $\varphi_\alpha - \partial\lambda/\partial x_\alpha$ where λ is an arbitrary real function of position and time. »

23. Weyl (1931a) p. 55 : « In dem theoretischen Weltbild bedeutet die Verwandlung von f_p in $-f_p$ eine objektive Änderung des metrischen Feldes; denn es ist etwas anderes, ob sich eine Strecke bei kongruenter Verpflanzung längs einer geschlossenen Bahn vergrößert oder verkleinert. Nach dem angenommenen Wirkungsgesetz aber ist die Entscheidung über das Vorzeichen der f_p auf Grund der beobachteten Erscheinungen unmöglich. Hier enthält darum, in Widerstreit mit einem oben ausgesprochenen erkenntnistheoretischen Grundsatz, das theoretische Weltbild eine Verschiedenheit, welche sich auf keine Weise für die Wahrnehmung aufbrechen läßt. » P. 57 : « Die an der alten Theorie gerügte Unsicherheit des Vorzeichens $\pm f_p$ löst sich dadurch in das unbestimmte Vorzeichen der $\sqrt{-1}$ auf. Schon damals, als ich die alte Theorie aufstellte, hatte ich das Gefühl, daß der Eichfaktor die Form $e^{i\lambda}$ haben sollte; nur konnte ich dafür natürlich keine geometrische Deutung finden. Arbeiten von SCHRÖDINGER und F. LONDON stützten die Forderung durch die allmählich sich immer deutlicher abzeichnende Beziehung zur Quantentheorie. » Voir aussi Weyl (1931b) p. 89.

24. Weyl (1931b) p. 187-188 : « Es ist klar, daß man zu einer befriedigenden Theorie des Elektrons nur kommen wird, wenn es gelingt, das Grundgesetz seiner Bewegung in der von der Relativitätstheorie geforderten, gegenüber Lorentz-Transformationen invarianten Form zu fassen. »

25. Voir Weyl (1931b) p. 89.

avec le d'Alembertien

$$\Box = \partial_0^2 - \partial_1^2 - \partial_2^2 - \partial_3^2,$$

traite bien l'espace et le temps de la même manière, avec les bonnes propriétés de transformation. Mais l'opérateur $\Box$ est quadratique alors que l'on a des raisons de souhaiter un opérateur linéaire, au moins vis à vis de la dérivée temporelle [26]. Cela motive la recherche d'une « racine carrée » $\sqrt{\Box}$ du d'Alembertien, et Dirac aboutit ainsi à l'opérateur

$$\partial\!\!\!/ = \gamma^\mu \partial_\mu,$$

$\mu = 0, \ldots, 3$, où les propriétés algébriques des coefficients γ^μ doivent entraîner l'élimination des termes non diagonaux dans le carré de l'opérateur. Il proposa l'équation qui porte aujourd'hui son nom,

$$(m - i\partial\!\!\!/)\psi = 0. \tag{I.7}$$

Celle-ci traite bien les trois dérivées spatiales $\gamma^k \partial_k$ et la dérivée temporelle $\gamma^0 \partial_0$ sur un pied d'égalité, et les fait toutes intervenir au premier ordre [27]. Toutefois, les coefficients γ^μ ne peuvent pas commuter et ne sont donc pas des nombres. Ils obéissent à des relations algébriques spécifiques, et l'on peut les représenter sous forme de matrices 4×4 complexes : par exemple, la représentation

$$\gamma^0 \leftrightarrow \begin{pmatrix} 0 & \sigma^0 \\ -\sigma^0 & 0 \end{pmatrix} \qquad \gamma^k \leftrightarrow \begin{pmatrix} 0 & \sigma^k \\ \sigma^k & 0 \end{pmatrix} \tag{I.8}$$

fait intervenir quatre matrices 2×2 complexes σ^μ, agissant chacune comme un opérateur $\mathbb{C}^2 \to \mathbb{C}^2$. Elles sont unitaires et hermitiennes ; σ^0 est l'identité, et les trois matrices de Pauli σ^k sont de trace nulle et obéissent aux relations de commutation

$$2i\sigma^j = \varepsilon_{jkl}[\sigma^k, \sigma^l]$$

(on trouve aussi des normalisations différentes).

L'équation implique une action des γ^μ sur l'onde ψ qui doit donc se constituer de quatre composantes complexes. Cet excès troubla Weyl : « doppelt zu viel Energieniveaus ». Le caractère anti-diagonal des matrices (I.8) régit cependant cette embarrassante richesse en permettant de décomposer le « quatre-spineur » ψ (aujourd'hui, un *spineur de Dirac*) en deux deux-spineurs (aujourd'hui, des *spineurs de Weyl*). Cependant le premier terme de l'équation (celui de masse) conserve les composantes,

26. Weyl (1931b) p. 188 : « Sie ist nicht im Einklang mit dem allgemeinen Schema der Quantenmechanik, welches verlangt, daß die zeitliche Ableitung nur in der ersten Ordnung auftritt. » P. 193 : « Legt man die de Brogliesche Wellengleichung für das skalare ψ zugrunde, in welche die elektromagnetischen potentiale $[A_\mu]$ durch die Regel [...] eingeführt sind, so ergibt sich aber für die elektrische Dichte ein Ausdruck, der außer ψ die zeitliche Ableitung $\partial\psi/\partial t$ enthält und nichts mit der Ortswahrscheinlichkeit zu tun hat ; sein Integral ist überhaupt keine Einzelform. Dies ist nach *Dirac* das entscheidendste Argument dafür, daß die Differentialgleichungen des in einem elektromagnetischen Feld sich bewegenden Elektrons von 1. Ordnung in bezug auf die zeitliche Ableitung sein müssen. »

27. Weyl (1931b) p. 190 : « Nach dem allgemeinen Schema der Quantenmechanik sollte, wie schon erwähnt, die Differentialgleichung für ψ von 1. Ordnung hinsichtlich der zeitlichen Ableitung von ψ sein. Gemäß dem Relativitätsprinzip kann sie aber dann auch nur die 1. Ableitungen nach den räumlichen Koordinaten enthalten. »

tandis que le second les échange. Ceci (qui joue un rôle essentiel dans l'équation de Dirac originale) ne satisfait pas Weyl. Pour régler ce qui constitue à ses yeux un problème, il élimine le premier terme, ce qui revient à éliminer la masse [28].

L'équation se réduit alors à $\sigma^{\mu}\partial_{\mu}\psi = 0$ plutôt que (I.7), en faisant intervenir une onde « appauvrie » ψ (que l'on qualifierait aujourd'hui de spineur de Weyl) qui désormais n'a plus que deux composantes complexes.

C'est pour se débarrasser de la surabondance descriptive — le *doppelt su viel* embarassant à ses yeux — que Weyl évacue la masse. Mais il espère que, chassée par la porte, celle-ci reviendra par la fenêtre, apparaissant comme une grandeur *dérivée*, d'origine géométrique-gravitationnelle, plutôt qu'introduite à la main. Cet espoir de Weyl s'appuie sur une analogie électrique [29]. L'intégration de l'équation de Maxwell $d\mathbf{E} = \rho$ égale en effet le flux électrique

$$\iint_{\partial\Omega} \mathbf{E} = \iiint_{\Omega} d\mathbf{E}$$

à travers une surface $\partial\Omega$ renfermant le volume Ω, à la quantité de charge

$$Q = \iiint_{\Omega} \rho d^3x$$

que contient ce dernier. Weyl espère que le flux gravitationnel à travers une surface $\partial\Omega$ puisse pareillement donner la masse de la matière qui l'engendre sous la forme

$$M = \iiint_{\Omega} m\, d^3x.$$

4. Tétrades et spineurs

La nouvelle-venue, la matière, non seulement vient troubler le rapport qui existait entre les vieux ingrédients, gravitation et électricité ; mais les spineurs vont même conduire Weyl à changer la nature (mathématique) de la gravitation, représentée désormais par les *Achsenkreuze* et non plus par la métrique. Nous verrons pourquoi.

Dans la théorie de 1929 figure donc un nouveau monde quantique, matériel, complexe à côté du vieux monde spatiotemporel, gravitationnel, réel (oublions pour le moment l'électricité, qui justement va bientôt émerger de leur rapport). Ces deux mondes ne sont pas indépendants, loin de là, ils sont même bien intriqués : la matière

28. Weyl (1929c) p. 292 : « The term (5) [de masse] of the Dirac theory is, however, more doubtful. It must be admitted that if we retain it we can obtain all details of the line spectrum of the hydrogen atom — of one electron moving in the electrostatic field of a nucleus — in accord with what is know from experiment. But we obtain twice too much ; if we replace the electron by a particle of the same mass and positive charge $+e$ (which admittedly does not exist in nature) the Dirac theory gives, contrary to all reason and experience, the same energy terms as for a negative electron, except for a change in sign. Obviously an essential change is here necessary. » P. 294 : « Be bold enough to leave the term involving mass entirely out of the field equations. »

29. Weyl (1931a) p. 54-55 : « Auch bin ich überzeugt, daß die Masse von Hause aus weder träge noch schwere, sondern gravitationsfelderzeugende Masse ist und darum als der Fluß definiert werden muß, den das Gravitationsfeld durch eine das Teilchen umschließende Hülle hindurchschicht, so wie nach FARADAY die Ladung der elektrische Kraftfluß durch eine solche Hülle ist. Eine gute Theorie sollte es unmöglich machen, von der Tatsache der Masse ohne die Gravitation Rechenschaft zu geben. »

doit par exemple tenir compte de la courbure gravitationnelle de l'espace-temps sur lequel son champ spinoriel est défini ; la connexion matérielle devra donc se rapporter à la connexion gravitationnelle — sans cependant être, comme nous le verrons, tout à fait identique.

En 1918 la gravitation était représentée par la métrique

$$g = g_{\mu\nu}\, dx^{\mu} \otimes dx^{\nu},$$

les bases obliques dx^{μ} étant sujettes à $\mathbb{GL}(4,\mathbb{R})$ conformément à la covariance *générale* (et pas seulement *lorentzienne*). Mais $\mathbb{GL}(4,\mathbb{R})$ est bien plus grand que $\mathbb{SO}^+(1,3)$ et n'a rien à voir avec $\mathbb{SL}(2,\mathbb{C})$, auquel des spineurs relativistes seraient sans doute sujets. Pour soumettre matière et gravitation aux mêmes lois (ou presque) il fallait donc imposer la condition aux bases — l'orthonormalité — qui aurait réduit $\mathbb{GL}(4,\mathbb{R})$ à un groupe, $\mathbb{SO}^+(1,3)$, localement isomorphe à celui qui devait sans doute régir la propagation des spineurs.

En supposant pour le moment que les spineurs exigent bien une connexion à valeurs en

$$\mathfrak{sl}(2,\mathbb{C}) = \mathfrak{o}(1,3),$$

on choisit donc des bases orthonormées — *Achsenkreuze* (aujourd'hui, tetrades) — préservées par $\mathfrak{o}(1,3)$; car $\mathfrak{gl}(4,\mathbb{R})$ dénaturerait un *Achsenkreuz*, en le rendant oblique. Nous voyons ainsi comment l'introduction des spineurs entraîne l'adoption des *Achsenkreuze*. Reste à expliquer comment le rapport entre matière et gravitation produit l'électricité.

5. L'électricité

5.1. L'argument de Weyl

On peut donner à un spineur ψ une représentation « matérielle », « quantique », comme deux nombres complexes

$$\psi_1 = \langle \varphi_1, \psi \rangle \text{ et } \psi_2 = \langle \varphi_2, \psi \rangle$$

(φ_1, φ_2 étant une base orthonormée dans le dual $\mathbb{C}^{2*}$), ou bien une représentation « gravitationnelle », « spatiotemporelle », comme quatre réels

$$j^{\mu} = \bar{\psi}\, \sigma^{\mu}\, \psi \in \mathbb{R}^4,$$

où σ^0 est l'identité et σ^k les trois opérateurs de Pauli, $k = 1,2,3$. À l'élement $U \in \mathbb{SL}(2,\mathbb{C})$ qui donne $\psi' = U\, \psi \in \mathbb{C}^2$ et donc

$$j'^{\mu} = \bar{\psi}' \sigma^{\mu} \psi' \in \mathbb{R}^4$$

on peut associer l'élement $\Lambda \in \mathbb{SO}^+(1,3)$ qui redonne $j^{\mu} = \Lambda^{\mu}_{\nu}\, j'^{\nu}$. La forme quadratique $\bar{\psi}\, \sigma^{\mu}\, \psi$ rapporte donc la matière (en $\mathbb{C}^2$) à la gravitation (en $\mathbb{R}^4$).

On peut envisager un cône de lumière κ (dans un espace-temps plat) coupé orthogonalement par des tranches Σ_t de simultanéité. Chaque temps t donnera une sphère $\xi_t = \kappa \cap \Sigma_t$. La longueur carrée

$$j^0 = \bar{\psi}\, \sigma^0\, \psi = t$$

du spineur fixe la taille de la sphère tandis que les rapports $j^1 : j^2 : j^3$ déterminent une direction, c'est-à-dire un rayon ρ dans Σ_t, et donc un point $\rho \cap \xi_t$. Les coordonnées j^μ sont isotropes puisque la 0-ième, j^0, est la longueur carrée $\bar\psi\psi$, qui vaut

$$\bar\psi\sigma^1\psi + \bar\psi\sigma^2\psi + \bar\psi\sigma^3\psi.$$

Une transformation de Lorentz purement temporelle — un multiple $z\,\mathbb{1}_2$ de l'identité dans $\mathbb{SL}(2,\mathbb{C})$ — change la taille de la sphère en gardant fixes les rapports $j^1 : j^2 : j^3$. Une transformation de Lorentz purement spatiale, qui correspond au sous-groupe

$$\mathbb{SO}(3) \subset \mathbb{SO}^+(1,3)$$

(et donc au sous-groupe $\mathbb{SU}(2)$ de $\mathbb{SL}(2,\mathbb{C})$), déplace le point $\rho \cap \xi_t$ autour de sa sphère ξ_t.

Et l'électricité, d'où va-t-elle donc sortir ? Weyl profite de l'invariance

$$\bar\psi\ \sigma^\mu\ \psi = \bar\psi\ e^{-i\lambda}\ \sigma^\mu\ e^{i\lambda}\ \psi$$

pour employer un groupe [30]

$$\mathbb{W}(2,\mathbb{C}) = \{U \in \mathbb{GL}(2,\mathbb{C}) : |\det U| = 1\}$$

légèrement plus grand que $\mathbb{SL}(2,\mathbb{C})$: c'est donc dans l'algèbre de Lie $\mathfrak{w}(2,\mathbb{C})$ que la connexion matérielle prendra ses valeurs. Entre la connexion matérielle et la connexion gravitationnelle il y a ainsi une liberté [31] λ, qui mérite d'après Weyl sa propre connexion [32] Une connexion qui propage un nombre réel (linéairement de proche en proche) est une un-forme A à valeurs réelles, que Weyl identifiera au potentiel électromagnétique ; en $F = dA$ et $dF = 0$ il verra [33] de nouveau le champ électromagnétique et les (deux) équations (homogènes) de Maxwell.

Cette reconstruction ne rend pas toute la « couleur historique » de l'argument [34] de Weyl, certaines bizarreries duquel méritent cependant un coup d'œil. On voit bien que si l'angle λ était propagé intégrablement, la courbure $F = dA$ serait nulle et il n'y aurait pas d'électromagnétisme ; si l'angle était constant, F serait *a fortiori* nul. Pour se convaincre que λ doit varier (et pas intégrablement !), Weyl lie son sort à celui

30. Weyl (1929b) p. 333 : « man beschränke sich auf solche lineare Transformationen U von ψ_1, ψ_2, deren Determinante den absoluten Betrag 1 hat. »

31. Weyl (1929c) p. 291 : « It is my firm conviction that we must seek the origin of the electromagnetic field in another direction. We have already mentioned that it is impossible to connect the transformations of the ψ in a unique manner with the rotations of the axis system ; however we may attempt to accomplish this by means of invariants which can be used as constituents of an action quantity we always find that there remains an arbitrary "gauge factor" $e^{i\lambda}$. Hence the local axis-system does not determine the components of ψ uniquely, but only within such a factor of absolute magnitude 1. »

32. Weyl (1929c) p. 291, Weyl (1931b) p. 195 : « Aus der Natur, dem Transformationsgesetz der Größe ψ ergibt sich, daß die vier Komponenten ψ_ρ relativ zum lokalen Achsenkreuz nur bis auf einen gemeinsamen Proportionalitätsfaktor $e^{i\lambda}$ durch den physikalischen Zustand bestimmt sind, dessen Exponent λ willkürlich vom Orte in Raum und Zeit abhängt, und daß infolgedessen zur eindeutigen Festlegung des kovarianten Differentials von ψ eine Linearform $\sum_\alpha f_\alpha dx_\alpha$ erforderlich ist, die so mit dem Eichfaktor in ψ gekoppelt ist, wie es das Prinzip der Eichinvarianz verlangt. »

33. Weyl (1929b) p. 349, Weyl (1929c) p. 291-292.

34. Weyl (1929b) p. 348, Weyl (1929c) p. 291.

des *Achsenkreuze* qui représentent la gravitation. Il a l'air de dire — sans cependant nous révéler pourquoi — que si l'*Achsenkreuz* était constant, λ le serait aussi ; si l'*Achsenkreuz* varie, λ doit (ou *peut* ?) varier aussi. Une telle variation, pour Weyl, il faut l'envisager comme propagation infinitésimale, généralement anholonome ...

Weyl ne justifie donc pas le lien qu'il établit entre la variation de λ et celle des *Achsenkreuze* ; il se borne à soutenir que dans la relativité restreinte il y a un seul *Achsenkreuz* et ainsi une seule valeur de λ [35]. Par « un seul *Achsenkreuz* » il veut sans doute dire que dans un espace-temps plat, l'*Achsenkreuz* est propagé par une connexion plate. En relativité générale [36] l'*Achsenkreuz* est soumis à une propagation anholonome, et donc λ aussi [37].

La bivocité de l'homomorphisme entre $\mathbb{SL}(2,\mathbb{C})$ et $\mathbb{SO}^+(1,3)$ n'est que globale ; localement (autour de l'identité positive par exemple) la relation est biunivoque, il y a isomorphisme. Mais l'homomorphisme

$$h : \mathbb{W}(2,\mathbb{C}) \to \mathbb{SO}^+(1,3)$$

est même *localement* multivoque ; la « liberté angulaire » coincée entre matière et gravitation peut s'exprimer en écrivant

$$h(U) = h(e^{i\lambda}U) \in \mathbb{SO}^+(1,3)$$

ou même

$$h^{-1}(h(U)) = [e^{i\lambda}U]_\lambda \subset \mathbb{W}(2,\mathbb{C}).$$

Localement il faudrait plutôt se situer au niveau des algèbres de Lie

$$\mathfrak{o}(1,3) = \mathfrak{sl}(2,\mathbb{C})$$

et

$$\mathfrak{w}(2,\mathbb{C}) = \mathfrak{sl}(2,\mathbb{C}) \oplus i\mathbb{R}\mathbb{1}_2$$

($i\mathbb{R} = \mathfrak{u}(1) = \mathrm{Lie}\,\mathbb{U}(1)$), où on a l'homomorphisme

$$\mathfrak{h} : \mathfrak{w}(2,\mathbb{C}) \to \mathfrak{o}(1,3) ;$$

la phase libre $e^{i\lambda} \in \mathbb{U}(1)$ devient la liberté additive $i\lambda\mathbb{1}_2 \in i\mathbb{R}\mathbb{1}_2$ en

$$\mathfrak{h}(\mathfrak{U}) = \mathfrak{h}(\mathfrak{U} \oplus i\lambda\mathbb{1}_2) \in \mathfrak{o}(1,3),$$

35. Weyl (1929b) p. 348 : « In der speziellen Relativitätstheorie muß man diesen Eichfaktor als eine Konstante ansehen, weil wir hier ein einziges, nicht an einen Punkt gebundes Achsenkreuz haben. » Weyl (1929c) p. 291 : « In the special theory of relativity, in which the axis system is not tied up to any particular point, this factor is a constant. »

36. Weyl (1929b) p. 348 : « Anders in der allgemeinen Relativitätstheorie: jeder Punkt hat sein eigenes Achsenkreuz und darum auch seinen eigenen willkürlichen Eichfaktor; dadurch, daß man die starre Bindung der Achsenkreuze in verschiedenen Punkten aufhebt, wird der Eichfaktor notwendig zu einer willkürlichen Ortsfunktion. » Weyl (1929c) p. 291 : « But it is otherwise in the general theory of relativity when we remove the restriction binding the local axis-systems to each other ; we cannot avoid allowing the gauge factor to depend arbitrarily on position. »

37. Weyl (1931b) p. 195 : « Ferner bedarf man in der allgemeinen Relativitätstheorie an jeder Weltstelle P eines aus vier Grundvektoren in P bestehenden normalen Achsenkreuzes, um die Metrik in P festzulegen und relativ dazu die Wellengröße ψ durch ihre vier [car il s'agit ici de la théorie de Dirac entière, avec la masse] Komponenten ψ_ρ beschreiben zu können; die gleichberechtigten normalen Achsenkreuze in einem Punkte gehen durch die Lorentztransformationen auseinander hervor. »

et [38]

$$\mathfrak{h}^{-1}(\mathfrak{h}(\mathfrak{U})) = [\mathfrak{U} \oplus i\lambda \mathbb{1}_2]_\lambda \subset \mathfrak{w}(2,\mathbb{C}).$$

Même si le groupe « structural » (électromagnétique) de la seconde théorie n'est plus $\mathbb{R}^\times$ mais $\mathbb{U}(1)$, les algèbres de Lie coïncident puisque les groupes sont localement équivalents, tout en étant globalement, topologiquement différents. Ici l'incrément angulaire $\delta\lambda$ sera linéaire en l'angle λ lui-même et dans la direction $\dot{\gamma}$ de propagation. Appliquée à $\dot{\gamma}$, l'un-forme A donne le générateur infinitésimal $\langle A, \dot{\gamma}\rangle$, qui ensuite multiplie l'angle pour produire l'incrément [39] $\delta\lambda = \lambda\langle A, \dot{\gamma}\rangle$. La valeur $\psi_b \in \mathbb{C}^2_b$ au point voisin b sera

$$\psi_b = (\mathbb{1}_2 - \langle A, \dot{\gamma}\rangle)\,\psi_a,$$

où la ligne γ joint b à a, et $\dot{\gamma}$ appartient à T_aM.

Il y a donc une connexion pour les spineurs, une pour les *Achsenkreuze*, et une troisième — A — pour la liberté $\mathbb{U}(1)$ résiduelle coincée entre les deux. Les valeurs $\langle A, \dot{\gamma}\rangle$ appartiennent à l'algèbre de Lie $\mathfrak{u}(1)$ du groupe $\mathbb{U}(1)$ attrapé entre matière et gravitation. La connexion

$$\mathscr{A} = \mathscr{A}^r_\mu\, dx^\mu \otimes \mathbf{T}_r$$

gravitationnelle prend ses valeurs

$$\langle \mathscr{A}, \dot{\gamma}\rangle = \mathscr{A}^r_\mu\, \dot{\gamma}^\mu \mathbf{T}_r$$

en $\mathfrak{o}(1,3)$, la matérielle

$$\mathfrak{A} = \mathfrak{A}^r_\mu\, dx^\mu \otimes \mathbf{U}_r$$

ses valeurs

$$\langle \mathfrak{A}, \dot{\gamma}\rangle = \mathfrak{A}^r_\mu\, \dot{\gamma}^\mu\, \mathbf{U}_r$$

en $\mathfrak{w}(2,\mathbb{C})$. Les trois connexions sont liées par leurs algèbres de Lie

$$\mathrm{Lie}\,\mathbb{W}(2,\mathbb{C}) = \mathrm{Lie}\,\mathbb{SL}(2,\mathbb{C}) \oplus \mathrm{Lie}\,\mathbb{U}(1).$$

Quant à l'équation

$$\mathbb{SL}(2,\mathbb{C}) \times \mathbb{U}(1) = \mathbb{W}(2,\mathbb{C}),$$

elle a plus de sens localement que globalement, où l'isomorphisme local devient un homomorphisme, un double recouvrement.

38. Weyl (1929b) p. 348 : « Dann ist aber auch die infinitesimale lineare Transformation dE der ψ, welche der infinitesimalen Drehung $d\gamma$ entspricht, nicht vollständig festgelegt, sondern dE kann um ein beliebiges rein imaginäres Multiplum $i\cdot df$ der Einheitsmatrix vermehrt werden. » Weyl (1929c) p. 291 : « Then there remains in the infinitesimal linear transformation dE of ψ, which corresponds to the given infinitesimal rotation of the axis-system, an arbitrary additive term $+id\varphi\cdot 1$. »

39. Weyl (1929b) p. 348 : « Zur eindeutigen Festlegung des kovarianten Differentials $\delta\psi$ von ψ hat man also außer der Metrik in der Umgebung des Punktes P auch ein solches df für jedes von P ausgehende Linienelement $\overrightarrow{PP'} = (dx)$ nötig. Damit $\delta\psi$ nach wie vor linear von dx abhängt, muß $df = f_p(dx)^p$ eine Linearform in den Komponenten des Linienelements sein. Ersetzt man ψ durch $e^{i\lambda}$, so muß man sogleich, wie aus der Formel für das kovariante Differential hervorgeht, df ersetzen durch $df - d\lambda$. » Weyl (1929c) p. 291 : « The complete determination of the covariant differential $\delta\psi$ of ψ requires that such a $d\varphi$ be given. But it must depend linearly on the displacement PP' : $d\varphi = \varphi_p(dx)^p$, if $\delta\psi$ shall depend linearly on the displacement. On altering ψ by multiplying it by the gauge factor $e^{i\lambda}$ we must at the same time replace $d\varphi$ by $d\varphi - d\lambda$ as is immediately seen from this formula of the covariant differential. » La notation de Weyl est fourvoyante : tandis que la un-forme $d\lambda$ (qui *est bien* une différentielle) est forcément exacte, df (notre A) ne l'est pas.

5.2. L'argument moderne attribué à Weyl

On vient donc de voir comment Weyl tire l'électricité du rapport entre matière et gravitation. Dans la littérature plus récente on trouve un autre argument — bien différent, mais attribué [40] malgré tout à Weyl — censé produire l'électricité lui aussi :

On a d'abord un champ libre, de spineurs $\psi \in \mathbb{C}^2$ par exemple. Le lagrangien $\mathscr{L} = \bar{\psi}\partial\!\!\!/ \,\psi$ est bien sûr invariant par rapport à la transformation *globale*

$$\psi \mapsto e^{i\zeta}\psi, \tag{I.9}$$

où ζ est constant et $\partial\!\!\!/$ dénote la somme $\sigma^\mu \partial_\mu$. Puis on souhaite [41] une invariance moins évidente : par rapport à la transformation *locale* (I.6).

> Most immediately what are we to make of the initial, central demand of local gauge invariance? The demand is anything but self-evident and presumably, in the context of the gauge argument, must be argued for on some basis. Unlike the global invariance, the demand for the corresponding local invariance does not have an immediate physical counterpart. Is it to be taken as a direct implementation of some sort of unassailable first principle? If so, is the demand (or principle) something with which we are already familiar only in a different form? A common justification for the demand of local gauge invariance in presenting the gauge argument is to present it as some sort of "locality" requirement. In outline, the "gauge locality argument" is that global gauge invariance is somehow at odds with the idea of a local field theory, and that to remedy this we must instead require local gauge invariance. This rather brief argument is just how Yang and Mills motivated the demand in their seminal 1954 paper, [42] very much setting the tone for subsequent treatments. Just what to make of this argument is not clear, however, there are many interrelated senses of locality that might be at issue. (Martin 2002, p. S225)

De toute manière, le lagrangien

$$\mathscr{L}_\lambda = \bar{\psi}_\lambda \partial\!\!\!/ \,\psi_\lambda = \bar{\psi}\,\sigma^\mu(\partial_\mu + i\partial_\mu\lambda)\psi$$

n'est pas invariant puisque la dérivée ∂_μ est devenue $\partial_\mu + i\partial_\mu\lambda$. Pour corriger (I.6) on doit retrancher le terme $i\partial_\mu\lambda$ qui change $\mathscr{L}$, ce qui donne la différentielle covariante $D = d - id\lambda$ avec composantes $D_\mu = \partial_\mu - i\partial_\mu\lambda$. Posant $D\!\!\!\!/ = \sigma^\mu D_\mu$, le lagrangien

$$\mathscr{L}'_\lambda = \bar{\psi}_\lambda\, D\!\!\!\!/\,\psi_\lambda = \mathscr{L}$$

40. Par exemple Brading (2002) p. 3-4, Healey (2007) p. 160.

41. Göckeler & Schücker (1987) p. 48 : « In physical terms we may interpret the requirement of local gauge invariance (independence of the fields at different spacetime points) as expressing the absence of (instantaneous) action at a distance. » Ryder (1996) p. 93 : « So when we perform a rotation in the internal space of φ at one point, through an angle Λ, we must perform the same rotation *at all other points at the same time*. If we take this physical interpretation seriously, we see that it is impossible to fulfil, since it contradicts the letter and spirit of relativity, according to which there must be a minimum time delay equal to the time of light travel. To get round this problem we simply abandon the requirement that Λ is a constant, and write it as an arbitrary function of space-time, $\Lambda(x^\mu)$. This is called a 'local' gauge transformation, since it clearly differs from point to point. » Teller (2000) p. S469 : « why should we expect invariance under a local phase transformation to begin with? The plausibility of such invariance probably arises with a misleading analogy with global phase transformations which can be imposed on individual state functions with no change of description. » Voir également Sakurai (1967) p. 16, Aitchison & Hey (1982) p. 176, Mandl & Shaw (1984) p. 263, Ramond (1990) p. 183-191, O'Raifeartaigh (1997) p. 118. On songe aux objections soulevées par Weyl (1929a, p. 331 ; 1929b, p. 286) contre le téléparallélisme.

42. Yang & Mills (1954) p. 192 : « It seems that this [(I.9) mais avec $\mathbb{SU}(2)$ à la place de $\mathbb{U}(1)$] is not consistent with the localized field concept that underlies the usual physical theories. »

équilibré rétablit l'égalité pour tout λ. On soutient ensuite qu'une interaction

$$F = dA = d^2\lambda$$

est par là déduite, dont le potentiel A est $d\lambda$. Mais le champ F sera tout aussi nul[43] que d^2.

L'argument est assez fertile pour produire deux autres lagrangiens[44]

$$\mathscr{L}^A = -i\, j \wedge A = -i\, j^\mu A_\mu = -i\, \bar{\psi}\, \sigma^\mu\, A_\mu \psi$$

et

$$\mathscr{L}_F = F \wedge *F = -\frac{1}{4} F_{\mu\nu} F^{\mu\nu},$$

où la trois-forme

$$j = \frac{1}{3!} \varepsilon_{\mu\nu\sigma\tau}\, j^\mu\, dx^\nu \wedge dx^\sigma \wedge dx^\tau$$

de densité de courant correspond au vecteur avec composantes $j^\mu = \bar{\psi}\, \sigma^\mu\, \psi$.

On peut laisser $A = d\lambda$ en $\mathscr{L}'_\lambda$ pour compenser (I.6), ou équilibrer $\mathscr{L}_\lambda$ par

$$\mathscr{L}^A_\lambda = -i\, \bar{\psi}_\lambda\, \sigma^\mu A_\mu \psi_\lambda$$

dans la somme

$$\mathscr{L}'_\lambda = \mathscr{L}_\lambda + \mathscr{L}^A_\lambda.$$

Un lagrangien $\mathscr{L}_F$ dérivé de l'argument de jauge sera naturellement nul. Mais une fois que l'argument a produit le potentiel exact $A = d\lambda$ et interaction

$$F = dA = d^2\lambda$$

nulle on peut éventuellement soutenir que A s'est entretemps courbé. Le terme exact $d\lambda$ serait alors ajouté à un qui ne l'est pas[45] dans la transformation (I.3), laquelle suggère une nouvelle différentielle $D = d - iA$ sujette à

(I.10) $$D \rightsquigarrow D' = D - id\lambda.$$

Le lagrangien $\mathscr{L}'_\lambda$ est sensible à (I.6), et aussi à (I.10) de son côté, mais indifférent à leur action conjointe. Comme $\mathscr{L}_F$ est indifférent à (I.10) et n'a rien à voir avec (I.6), le lagrangien total $\mathscr{L}'_\lambda + \mathscr{L}_F$ est également indifférent à (I.6) compensé par (I.10).

43. Auyang (1995) p. 58, Brown (1999) p. 50-53, Teller (2000) p. S468-469, Lyre (2001, 2002, 2004a b), Healey (2001) p. 438, Martin (2002) p. S229, Martin (2003) p. 45. Cela dit, l'argument fournit au moins la *structure* générale de la dérivée covariante ; Lyre (2002) p. 84 : « Denn wenngleich das Eichprinzip [...] nicht zwingend auf nichtflache Konnektionen führt, so ist ja doch die in der kovarianten Ableitung vorgegebene Struktur des Wechselwirkungterms auch für den empirisch bedeutsamen Fall nichtverschwindender Feldstärken korrekt beschrieben. Diese *Wechselwirkungsstruktur* is also tatsächlich aus der lokalen Eichsymmetrie-Forderung hergeleitet. »

44. Cf. Weyl (1929c) p. 283.

45. On peut se demander à quoi sert l'argument de jauge si le potentiel courbe A était déjà là depuis le début. Le terme exact ajouté en (I.3) a davantage à voir avec l'invariance de $F = dA = dA'$ qu'avec l'argument de jauge.

Nous avons donc une théorie de jauge abélienne, avec groupe de structure $\mathbb{U}(1)$ commutatif, qui ne change pas la direction du spineur : les éléments de $\mathbb{U}(1)$ n'agissent en $\mathbb{C}^2$ que comme multiples (du reste unitaires) de l'identité $\mathbb{1}_2$. Mais de tels opérateurs unitaires $e^{i\lambda}\mathbb{1}_2 \in \mathbb{SU}(2)$ ne sont pas les plus intéressants de $\mathbb{SU}(2)$; l'idée de faire également appel à la partie non abélienne de $\mathbb{SU}(2)$ — ou même $\mathbb{SU}(N)$ — donne la théorie Yang-Mills.

6. Yang-Mills

Quelques lignes, donc, sur la théorie Yang-Mills. Ici un groupe de structure non abélien, disons $\mathbb{SU}(N)$, remplace $\mathbb{U}(1)$. La connexion Yang-Mills

$$\mathscr{A} = \sum_{\mu=0}^{3} \mathscr{A}_\mu \otimes dx^\mu = \sum_{\mu=0}^{3}\sum_{k=1}^{N} \mathscr{A}_\mu^k \, \mathbf{T}_k \otimes dx^\mu,$$

prend ses valeurs dans l'algèbre de Lie $\mathfrak{g} = \mathfrak{su}(N)$, de générateurs $\mathbf{T}_1, \ldots, \mathbf{T}_N$. Appliquée à un vecteur tangent $\dot{\gamma} \in T_aM$, la forme $\mathscr{A}$ donne l'opérateur

$$\langle \mathscr{A}, \dot{\gamma} \rangle = \mathscr{A}_\mu \, \dot{\gamma}^\mu = \mathscr{A}_\mu^k \, \dot{\gamma}^\mu \mathbf{T}_k = \mathbf{T} : \mathbb{C}_a^N \to \mathbb{C}_b^N$$

de propagation infinitésimale qui agit sur le spineur $\Psi_a \in \mathbb{C}_a^N$ pour donner l'incrément $\delta\Psi_b = \mathbf{T}\Psi_a \in \mathbb{C}_b^N$. En composantes nous pouvons écrire $\Psi_b^k = \Psi_a^k - T_l^k \Psi_a^l$ où Ψ^k vaut $\langle \Phi^k, \Psi \rangle$ et les $\Phi^1, \ldots, \Phi^N$ forment une base dans le dual $\mathbb{C}^{N*}$. La courbure

$$\mathscr{F} = d^{\mathscr{A}} \mathscr{A} = \mathbf{T}_k \otimes (d^{\mathscr{A}} \mathscr{A}_\mu^k) \wedge dx^\mu = \frac{1}{2} \mathscr{F}_{\mu\nu}^k \mathbf{T}_k \otimes dx^\mu \wedge dx^\nu = \frac{1}{2} \mathscr{F}_{\mu\nu} \otimes dx^\mu \wedge dx^\nu$$

est une deux-forme prenant ses valeurs dans $\mathfrak{su}(N)$ également. Dans cette formule, $d^{\mathscr{A}}$ est la dérivée extérieure covariante associée à la forme locale de connexion $\mathscr{A}$ (qui se réduit à d pour l'électromagnétisme).

III. Le monde et la jauge

Si le monde est effectivement constitué de structures mathématiques, il faut bien se demander *lesquelles*.

L'idée fondamentale est qu'une structure physique réelle doit exister indépendamment de la manière dont on la décrit. Par exemple, un *nombre* existe indépendamment de la notation, binaire ou décimale, que l'on utilise pour le décrire. Le contenu d'un théorème ou d'une proposition ne dépend pas du langage — français ou anglais — de l'énoncé. Un objet ou une structure géométrique ne dépend pas davantage du système de coordonnées utilisé pour le décrire (voir ci-dessous). Cette situation mathématique se transpose en physique : une véritable entité physique doit être représentée par un objet mathématique qui reste invariant sous un changement de description, que les physiciens qualifient de *transformation de jauge* : une telle transformation ne peut modifier la réalité physique. Ainsi par exemple, l'espace-temps est une variété munie de sa métrique, invariante sous les transformations de coordonnées (équivalentes à des transformations appelées *difféomorphismes*) : cela constitue la *covariance générale*.

Cette variété est un objet physique de la théorie, auquel on peut accorder un *status* de réalité. Mais ce n'est pas le cas de tel ou tel système de coordonnées (ou repère) que l'on a pu choisir pour la décrire. Ceci n'empêche pas, bien entendu, qu'il existe par ailleurs de véritables transformations physiques qui ne sont pas des transformations de jauge, par exemple des déplacements, rotations, accélérations...

1. Digression sur les coordonnées

L'exemple des changements de coordonnées est pédagogique car il semble bien que chacun soit prêt à admettre qu'une quantité physique bien définie ne peut dépendre du système de coordonnées choisi pour la décrire.

Une théorie associe à un objet physique des quantités qui expriment ses propriétés, par exemple sa vitesse V. La plupart du temps, on exprime cette dernière par ses composantes V^{μ} dans un certain système de coordonnées. Si l'on change de système de coordonnées (par exemple en passant de coordonnées cartésiennes à des coordonnées polaires), les composantes V^{μ} sont modifiées, mais la vitesse V reste la même. C'est bien cette dernière qui constitue la quantité associée au corps mobile, mais pas ses composantes : elles sont associées au mobile *et au système de coordonnées choisi* qui n'a pas de signification physique. La « bonne » quantité physique — ici V — est invariante sous un changement de coordonnées ; les « mauvaises » quantités — les composantes — ne le sont pas. Mathématiquement, V est représentée par un vecteur, objet géométrique précisément défini indépendamment de tout choix de système de coordonnées.

Qualifions d'*intrinsèque* un objet géométrique, tel que V, indépendant d'un choix de coordonnées (qui ne varie pas si l'on modifie ce choix). On aboutit à un principe très général de la physique : seul un objet géométrique intrinsèque peut représenter un objet physique réel. La géométrie propose un grand nombre de types d'objets intrinsèques : les fonctions, les vecteurs et, plus généralement, les tenseurs (mais pas leurs composantes !). La vitesse ou l'accélération d'une particule sont des vecteurs, le champ électromagnétique ou la métrique g de l'espace-temps (qui représente la gravitation) sont des tenseurs. Tous représentent des grandeurs physiques réelles. Mais ce n'est pas le cas de leurs composantes, qui sont modifiées lors d'un changement de coordonnées.

Les physiciens relativistes considèrent les changements de coordonnées comme un cas particulier des transformations de jauge. Un choix de jauge (par exemple, de coordonnées) ne représente rien de physique, mais seulement une manière de décrire les choses ; un peu comme le choix de la langue anglaise plutôt que française pour énoncer une démonstration ou un théorème : la manière de l'exprimer change, le contenu reste le même. Une des difficultés de la physique (et aussi, souvent des mathématiques) provient de ce que nous sommes obligés de choisir un mode d'expression. Le théorème est identique en anglais ou en français, mais nous devons choisir un langage pour l'énoncer. L'objet géométrique (un vecteur, un tenseur,...) reste identique dans un système de coordonnées ou dans un autre, mais nous devons (le plus souvent) choisir un tel système pour l'exprimer par ses composantes.

2. Invariance de jauge

Les physiciens modernes considèrent les changements de coordonnées (ou les difféomorphismes) comme un cas particulier d'une vaste famille, celle des *transformations de jauge*. Weyl en fournit ici un autre exemple. De manière très générale, une transformation de jauge constitue un changement de description d'un système physique (ou de l'objet mathématique qui lui correspond), mais pas une transformation physique du système (ou de l'objet correspondant). La situation est claire : une grandeur qui ne serait pas invariante sous de telles transformations (invariante de jauge) ne peut être considérée comme physiquement *réelle*[46]. Tout simplement parce que plusieurs observateurs, ayant choisi de décrire le système dans des jauges différentes, lui attribueront des valeurs différentes[47]. En particulier, aucun résultat d'expérience ou d'observation ne peut être considéré comme dépendant de la valeur d'une quantité qui ne serait pas invariante de jauge : sinon, cela voudrait dire que le résultat physique de l'expérience dépend de la manière que l'on a choisie pour décrire le système. Ce critère — d'être indifférent à (invariant sous) une transformations de jauge — n'est sans doute pas *suffisant* pour que l'on puisse accorder un statut de réalité à une grandeur physique. Mais nous soutiendrons ici qu'il est *nécessaire*; par exemple pour que l'on puisse considérer que telle ou telle valeur de cette grandeur est la cause d'un effet observé[48].

Dans le cas qui nous intéresse ici, la forme locale de potentiel A n'est pas invariante sous les transformations de jauge (I.3). Elle ne peut donc être considérée comme physiquement réelle. Nous ne passerons pas en revue toutes les expériences énumérées par Barrett[49], qui lui attribuent pourtant un « physically effective role », en nous bornant à analyser l'effet Aharonov-Bohm[50].

Remarquons auparavant que la géométrie est elle-même claire sur ce point : une *connexion* est un objet mathématique bien défini, de manière intrinsèque, sur une variété comme par exemple l'espace-temps. Cet objet est invariant de jauge par construction car défini indépendamment de toute notion de jauge. En revanche la quantité A qui nous intéresse, la *forme locale de connexion*, *n'est pas* la connexion. Elle est construite à partir de la connexion (réelle) et d'un choix de jauge particulier; choix que l'on peut voir à la manière d'un choix de coordonnées (et c'en est un effectivement, dans un espace géométrique plus grand impliqué par la théorie). Par sa définition même, A n'est pas invariante de jauge mais se transforme d'une manière particulière, dite *équivariante*, lorsque l'on passe d'un choix de jauge à un autre (la relation (I.3) plus haut). Cette équivariance exprime le fait que toutes les quantités A, dans les jauges différentes, se rapportent à une même *connexion* proprement dite, invariante de jauge.

46. Voir Afriat & Caccese (2010).

47. On peut par exemple repérer l'altitude d'un avion en mètres ou en pieds; par rapport au sol ou par rapport au niveau de la mer. Toutes ces estimations correspondront à des valeurs différentes, alors que pourtant l'altitude *réelle* est parfaitement déterminée : elle seule est invariante de jauge, dans notre langage.

48. Lachièze-Rey (2008).

49. Barrett (2008) p. 3 : « A nonexhaustive list of these experimentally observed effects, all of which involve the $\mathbf{A}_\mu$ four-potentials (vector and scalar potentials) in a physically effective role, includes: 1. *The Aharonov-Bohm* [...]. »

50. Ehrenberg & Siday (1949), Aharonov & Bohm (1959).

3. L'effet Aharonov-Bohm

On a vu comment un champ électromagnétique produisait en 1918 une anholonomie métrique dont Einstein contestait l'existence réelle. En 1929 ce n'est plus avec la métrique mais avec la fonction d'onde que s'équilibre l'électromagnétisme, qui produira bien une correspondante anholonomie — *ondulatoire*, cette fois-ci. Quoique Weyl n'ait jamais explicitement prévu l'effet Aharonov-Bohm, celui-ci découle de manière si naturelle de la théorie de 1929, et ressemble tant à l'effet dont il s'agit dans l'objection d'Einstein[51], qu'il mérite tout de même une analyse.

Une fonction d'onde est divisée en deux parties, lesquelles, après avoir renfermé une région ω contenant un solénoïde, se superposent sur un écran. L'onde réagit à l'électromagnétisme qu'elle renferme dans la mesure où le quadripotentiel électromagnétique A ajoute une phase

$$\exp i \oint_{\partial\omega} A \tag{I.11}$$

au bord $\partial\omega$ et donc à la figure d'interférence sur l'écran. L'électromagnétisme sur ω est lié à la circulation autour du bord par le théorème

$$\oint_{\partial\omega} A = \iint_{\omega} dA \tag{I.12}$$

de Stokes. Le champ électromagnétique[52] $F = dA$ produit par le solénoïde est circonscrit à une région interne $\zeta \subset \omega$ entouré d'une région isolante $\zeta' = \omega - \zeta$ où F s'annule mais pas A. L'effet Aharonov-Bohm « complet » peut être considéré comme *la sensibilité différentielle de la figure d'interférence aux variations du courant à travers le solénoïde.*

On songe d'abord à une interaction directe entre la fonction d'onde et le champ magnétique, qui pourraient se superposer quelque part ; c'est une possibilité que les expérimentateurs, qui en étaient conscients depuis le début, ont écartée en isolant le solénoïde moyennant un écran cylindrique qui rend négligeables les fuites (*leakage*) dans les deux directions : de la fonction d'onde vers l'intérieur et du champ magnétique vers l'extérieur. Ces fuites — et donc l'interaction directe entre la fonction d'onde et le champ magnétique — peuvent dans une certaine mesure être contrôlées, et rendues trop petites pour expliquer l'effet. Du reste le dispositif expérimental pourrait être énorme ; le support effectif, observable, de la fonction d'onde pourrait s'arrêter à des kilomètres du solénoïde.

Trois ou même quatre interprétations principales de l'effet figurent dans la littérature :

1. l'influence « sauterait » du solénoïde à l'écran (ou au moins à la fonction d'onde) sans traverser la région ζ'
2. l'effet serait dû au potentiel A, qui le transmettrait de proche en proche depuis le solénoïde jusqu'à l'écran (ou à la fonction d'onde)

---

51. Voir Brown (2005) p. 114.

52. On peut envisager F comme le champ magnétique $\mathbf{B} = d\mathbf{A}$ produit par la densité de tricourant $\mathbf{J} = d * \mathbf{B}$ dans le solénoïde, où $\mathbf{B}$ est une deux-forme, $*\mathbf{B}$ la un-forme duale (nous sommes ici en trois dimensions), et le tripotentiel $\mathbf{A}$ est trois-quarts du quadripotentiel $A \leftrightarrow (\varphi, \mathbf{A})$.

3. on remplace la vieille ontologie de propriétés locales par une nouvelle ontologie, déjà non locale à la base, de boucles
4. l'effet serait de nature topologique.

Nous les passerons en revue.

3.1. Action à distance depuis le solénoïde

Traditionnellement on niait toute réalité physique au potentiel électromagnétique, rendu suspect par sa liberté de jauge. L'expérience ne fournit que la classe $[A] = d^{-1}F$; comment en choisir un individu $A \in [A]$? On peut *préférer* tel ou tel individu, mais de telles préférences ne sont pas toujours partagées. Si cet *embarras de richesses* arrive à dématérialiser A, en le privant de toute réalité physique, il ne nous reste que le champ magnétique dans le solénoïde ; qui peut, cependant, être arbitrairement éloigné du support effectif de la fonction d'onde. Et si (I.3) dématérialise le potentiel A, la fonction d'onde — objet déjà fort ambigu — serait tout aussi dématérialisée par la transformation couplée (I.6). En ce cas-là, c'est directement à l'écran que le solénoïde devrait transmettre son influence, sans passer par la couronne ζ'.

3.2. Jauge et connexion

Mais revenons à la réalité du potentiel A.

L'effet Aharonov-Bohm implique un type de transformation de jauge différent du changement de coordonnées. Peut-il être légitime d'associer un effet physique réel à la quantité A, et donc de lui accorder une réalité physique, alors qu'elle n'est pas invariante de jauge ?

Une connexion électromagnétique, que nous écrirons ∇^A, ne dépend d'aucune jauge. C'est un objet géométrique intrinsèque. Cependant, pour expliciter concrètement son action (par exemple lors d'un transport parallèle), il est souvent nécessaire de l'exprimer dans une jauge particulière (de la même manière que l'on explicite un vecteur par ses composantes dans un repère particulier). Une telle jauge J n'a rien à voir avec ∇^A mais l'expression de ∇^A dans la jauge J choisie constitue la forme locale A, qui dépend donc (par définition) de J[53]. D'une certaine manière, A joue le même rôle vis-à-vis de ∇^A, dans une jauge choisie, que les composantes V^μ vis à vis d'un vecteur V, dans un système choisi de coordonnées.

Deux physiciens qui décrivent la même situation n'ont aucune raison d'avoir choisi le même système de coordonnées : ils décriront le même vecteur V (par exemple une vitesse) par des valeurs différentes de ses composantes V^μ, dans les deux systèmes choisis par eux. De même, ils décriront la même connexion ∇^A par des formes locales différentes A, dans les deux jauges choisies par eux. Si l'on imaginait alors que A puisse être la cause d'un effet physique, comme l'évolution d'un certain système, cela voudrait dire que cet effet serait différent selon la manière choisie pour le décrire (choix de coordonnées, ou choix de jauge).

53. A est souvent appelé la connexion par abus de langage mais l'appellation mathématique correcte est *forme locale de connexion* dans la jauge choisie.

Ajoutons qu'un choix de jauge, dans le sens impliqué ici, possède encore moins de pertinence physique qu'un choix de coordonnées. En effet, il existe souvent une manière « naturelle » d'associer un système de coordonnées particulier à un observateur donné qui décrit le système ; certains physiciens parlent alors de *référentiels*. Cela permet de conférer une certaine pertinence physique à une quantité qui dépend des coordonnées telle qu'une composante V^{μ}, bien qu'elle ne soit pas invariante par changement de coordonnées : on peut l'associer non pas au système observé ; mais à l'ensemble que constitue ce dernier et l'observateur (qui après tout est lui aussi un objet physique). En revanche, aucune pertinence de ce type n'émerge dans le cas des choix de jauge qui nous concernent ici.

3.3. Embarras de richesses et réalité des boucles

Comme toute un-forme, A peut être intégrée le long d'une courbe fermée c (une boucle). La fonction qui fait correspondre à toute boucle c la valeur de cette intégrale (après exponentiation) est son holonomie que l'on note h_A. Un changement de jauge modifie A mais, fait remarquable, h_A n'est pas modifiée. Autrement dit, bien que A ne soit pas invariant de jauge, son holonomie l'est ! Cette dernière caractérise la connexion elle-même, et non pas telle ou telle de ses formes locales : on peut alors l'écrire h_∇ et elle constitue donc un « bon » objet physique.

À toute forme locale de connexion A est associée sa courbure, la deux-forme $F = dA$[54]. Encore une fois, bien que A ne soit pas invariant de jauge, sa forme de courbure F l'est et constitue un objet physique de bon aloi. De fait, tout ceci s'imbrique car on peut montrer que l'holonomie h_A se calcule à partir de la seule courbure, comme l'exprime le théorème de Stokes (I.12). Ceci permet de considérer l'invariance de jauge de l'holonomie comme une conséquence de l'invariance de jauge de la courbure.

Dans le cas qui nous intéresse, on ne peut imputer l'effet Aharonov-Bohm à la forme locale A, mais à son holonomie, ou à sa courbure ; c'est-à-dire en fin de compte à la connexion elle-même. Si l'on veut défendre la réalité objective de A, cela implique renoncer à la radicalité dont il vient d'être question, et tolérer — comme Einstein[55] en 1918 — une subjectivité exprimée par les mauvaises propriétés de transformation, en admettant comme réelles les grandeurs qui ne se transforment pas comme il faut.

Embarrassés par les richesses dans $[A]$, les champions des boucles ne sauraient faire un choix ; ni veulent-ils prendre toute la classe $[A]$ (qui contiendrait trop de choses pour être physiquement pertinente), ni même un seul objet géométrique $\nabla^A \leftrightarrow [A]$ qui correspond à toute la classe (car celui-ci ne ferait que *cacher* la liberté de jauge, sans l'éliminer). Ils constatent ensuite que les intégrales (I.11) et (I.12) sont indifférentes à (I.3) ; et qu'elles sont des circulations, autour d'une boucle. Comme la circulation

54. Ici, d représente la différentielle extérieure, mais cette formule se généralise à toutes les connexions en remplaçant d par une dérivée covariante extérieure écrite d^A.

55. Einstein (1918a) p. 167 : « [Levi-Civita] (und mit ihm auch andere Fachgenossen) ist gegen eine Betonung der Gleichung $[\partial_\nu(\mathfrak{T}_\sigma^\nu + \mathfrak{t}_\sigma^\nu) = 0]$ und gegen die obige Interpretation, weil die $\mathfrak{t}_\sigma^\nu$ keinen Tensor bilden. Letzteres ist zuzugeben ; aber ich sehe nicht ein, warum nur solchen Größen eine physikalische Bedeutung zugeschrieben werden soll, welche die Transformationseigenschaften von Tensorkomponenten haben. » Einstein (1918d) p. 447 : « Diese Formulierung stößt bei den Fachgenossen deshalb auf Widerstand, weil $(\mathfrak{U}_\sigma^\nu)$ und $(\mathfrak{t}_\sigma^\nu)$ keine Tensoren sind, während sie erwarten, daß alle für die Physik bedeutsamen Größen sich als Skalare und Tensorkomponenten auffassen lassen müssen. »

est invariante, mais la classe $[A]$ est justement une classe, il faudrait donc prendre au sérieux les boucles plutôt que la classe $[A]$ ou ses éléments.

Mais quelle boucle, en particulier ? Si les classes d'équivalence sont toutes des fictions mathématiques sans réalité physique, les boucles auraient le même problème, en appartenant elles-mêmes à des classes d'équivalence homotopique : celles qui ne passent pas autour du solénoïde ; celles qui ne font qu'un seul tour ; celles qui en font deux etc.

3.4. L'interprétation topologique

Pour essayer de comprendre de quoi il s'agit, citons Batterman (2003) p. 544 : « We now have a $U(1)$ bundle over a nonsimply connected base space : $\mathbb{R}^2 - \{\text{origin}\}$. This fact is responsible for the Aharonov-Bohm effect. » Plus loin, p. 552-553 :

> most discussions of the Aharonov-Bohm effect very quickly idealize the solenoid to an infinite line in space or spacetime. The flux, in this idealization, just is the abstract topological property of having space or spacetime be nonsimply connected. [...] The issue is whether the idealizations — [...] and nonsimply connected space in the Aharonov-Bohm effect — do better explanatory work than some less idealized description. I believe that the idealized descriptions do, in fact, do a better job.

Et p. 554 : « It seems to me that for a full understanding of these anholonomies, one needs to appeal to the topology and geometry of the base space. [...] If we take seriously the idea that topological features of various spaces [...] can play an explanatory role [...]. » Note 29, même page : « it is most fruitful to treat the Aharonov-Bohm solenoid as an idealization that results in the multiple connectedness of the base space of a fiber bundle. » Finalement, p. 555 :

> The different cases are unified by the topological idealization of the solenoid as a string absent from spacetime which renders spacetime nonsimply connected. [...] This topological feature enables us to understand the common behaviour in different Aharonov-Bohm experiments [...]. [...] how can it possibly be the case that appeal to an idealization such as the Aharonov-Bohm solenoid as a line missing from spacetime, provides a better explanation of genuine physical phenomena than can a less idealized, more "realistic" where one does not idealize so severely ? [...] quite often [...] appeal to highly idealized models does, in fact, provide better explanations.

L'effet serait dû, en gros, au trou lui-même, et pas au solénoïde qui pourrait *éventuellement* s'y trouver[56]

56. Aharonov & Bohm (1959) p. 490 : « in a field-free multiply-connected region of space, the physical properties of the system still depend on the potentials. » Wu & Yang (1975b) p. 3845 : « The famous Bohm-Aharonov experiment [...] showed that in a multiply connected region where $f_{\mu\nu} = 0$ everywhere there are physical experiments for which the outcome depends on the loop integral [...] around an unshrinkable loop. » P. 3856 : « $f_{\mu\nu}$ underdescribes electromagnetism because of the Bohm-Aharonov experiment which involves a doubly connected space region. » Ryder (1996) p. 101-104 : « the Bohm-Aharonov effect owes its existence to the non-trivial topology of the vacuum [...]. The Bohm-Aharonov effect is the simplest illustration of the importance of topology in this branch of physics. [...] The relevant space in this problem is the space of the vacuum, i.e. the space outside the solenoid, and that space is not simply connected. [...] It is thus an essential condition for the Bohm-Aharonov effect to occur that the configuration space of the vacuum is not simply connected. [...] in other words, it is because the gauge group of electromagnetism, U_1, is not simply connected that the Bohm-Aharonov effect is possible. [...] The configuration space of the Bohm-Aharonov experiment is the plane $\mathbb{R}^2$ [...] with a hole in, and this is, topologically, the direct product of the line $\mathbb{R}^1$ and the circle [...]. There is, nevertheless, a positive effect on the interference fringes. The

Appliquons le théorème de Stokes à la seule région *externe* ζ', dans laquelle le champ électromagnétique $F = dA$ s'annule :

$$\iint_{\zeta'} dA = \oint_{\partial\zeta'} A = 0.$$

La circulation de A le long du contour $\partial\zeta'$ est nulle. La topologie de la région *externe* ζ' est telle que sa frontière se divise en deux morceaux, interne et externe :

$$\partial\zeta' = \partial\omega - \partial\zeta,$$

ce qui aboutit à

$$\oint_{\partial\omega} A = \oint_{\partial\zeta} A$$

et donc, en appliquant de nouveau le théorème

$$I = \iint_{\omega} dA = \iint_{\zeta} dA.$$

Le « raisonnement topologique » ramène ainsi la cause du déphasage (obtenu à partir de la valeur de I) constaté dans la zone externe, à la valeur de l'intégrale dans la région *interne* ζ, valeur qui dépend de la courbure dans le solénoïde. Le « truc » revient à cacher la source physique (le solénoïde, véritable cause exprimée par la courbure comme indiqué au paragraphe précédent) en attribuant son effet — alors qualifié de « topologique » — à la partie interne qui la contient, effet exprimé par la circulation de A (invariante de jauge) sur le bord de la région interne, où réside le solénoïde. Cela revient à refuser de considérer cette dernière, de l'exclure en ramenant tout ce qui s'y passe à sa frontière.

Les notions de bords et de frontières, ici mises en cause, sont des notions topologiques (plus précisément, *homologiques*). Celles d'holonomie, que nous avons évoquées plus haut, sont de type *cohomologique* (ici, il s'agit de la *cohomologie de de Rham*). Nous savons, par le théorème de Poincaré, que homologie et cohomologie sont duales et peuvent être utilisées l'une ou l'autre pour exprimer une information donnée. Tout ceci est parfaitement intégré aujourd'hui dans les théories des formes différentielles et des connexions.

Néanmoins le raisonnement purement topologique semble insuffisant et ne peut fournir qu'une explication partielle. Si l'on considère en effet la région externe où la courbure s'annule, la topologie ne peut que distinguer les cas où cette région est simplement ou multiplement connexe. Dans le cas *simplement connexe* (qui n'est pas celui de l'effet Aharonov-Bohm), elle possède un bord unique, externe : aucune région interne, aucun trou où pourrait se « cacher » une source : pas de rayonnement sortant donc, et l'on peut conclure à l'absence certaine de tout effet de type Aharonov-Bohm. Mais une région *multiplement connexe* peut posséder un trou, une région interne dans laquelle peut se cacher une source, ce qui permettrait un flux de rayonnement sortant.

mathematical reason for this is that the configuration space of the null field (vacuum) is the plane with a hole in [...]. » Voir également Nash & Sen (1983) p. 301, Lyre (2001) p. S377-380, Nounou (2003), Martin (2003) p. 48, Lyre (2004b) p. 659, Agricola & Friedrich (2010) p. 275, Suzuki (2011).

Mais la topologie seule ne nous dit pas si le trou abrite ou non une source. La fermeture de la un-forme (courbure nulle) nous assure simplement que le flux sortant de la région externe égale le flux qui y entre (depuis les trous), sans préciser si ce dernier est nul ou non.

Ce n'est donc que dans le cas simplement connexe que l'information purement topologique suffit à répondre : pas d'effet. Mais dans le cas non connexe elle indique seulement *la possibilité* d'un effet de type Aharonov-Bohm. Elle doit être complétée par des données supplémentaires (ce qui se passe dans les trous) pour fournir une information utilisable.

Notons enfin que nous somme ici dans un cas purement *abélien* alors que les théories de jauge les plus générales impliquent en général des groupes (et algèbres) de Lie non abéliens. Et le groupe de jauge $\mathbb{U}(1)$ ne possède qu'une seule dimension (ce qui d'ailleurs assure son caractère abélien). Cela implique que la courbure de la un-forme de connexion A se réduit à sa dérivée externe dA. Dans le cas général, il faudrait remplacer la dérivée extérieure d par la dérivée extérieure covariante. Reste que l'holonomie de la connexion se calcule toujours à partir de la courbure (définie comme la dérivée extérieure covariante de la forme locale de connexion) et qu'elle est bien invariante de jauge, si bien que le raisonnement reste valable [57]

57. Cf. Wu & Yang (1975a) p. 3843, Wu & Yang (1975b) p. 3850-3855, Belot (2003) p. 216-217, Healey (2007) p. 70-77, 184-199.

Bibliographie

Afriat, A. (2009) « How Weyl stumbled across electricity while pursuing mathematical justice » *Studies in history and philosophy of modern physics* **40**, 20-5.

Afriat, A. et E. Caccese (2010) « The relativity of inertia and reality of nothing » *Studies in history and philosophy of modern physics* **41**, 9-26 (la meilleure version se trouve à arxiv.org/pdf/0804.3146).

Agricola, I. et T. Friedrich (2010) *Vektoranalysis: Differentialformen in Analysis, Geometrie und Physik*, Vieweg-Teubner, Berlin.

Aharonov, Y. et D. Bohm (1959) « Significance of electromagnetic potentials in the quantum theory » *Physical review* **115**, 485-91.

Aitchison, I. J. R. et A. J. G. Hey (1982) *Gauge theories in particle physics*, Hilger, Bristol.

Auyang, S. Y. (1995) *How is quantum field theory possible?*, Oxford University Press.

Barrett, T. W. (2008) *Topological foundations of electromagnetism*, World scientific, Singapore.

Batterman, R. W. (2003) « Falling cats, parallel parking and polarized light » *Studies in history and philosophy of modern physics* **34**, 527-57.

Belot, G. (1998) « Understanding electromagnetism » *British journal for the philosophy of science* **49**, 531-55.

Belot, G. (2003) « Symmetry and gauge freedom » *Studies in history and philosophy of modern physics* **34**, 189-225.

Bergia, S. (1993) « The fate of Weyl's unified field theory of 1918 » p. 185-193, in *History of physics in Europe in the 19th and 20th centuries*, édité par F. Bevilacqua, SIF, Bologna.

Brading, K. (2002) « Which symmetry? Noether, Weyl and the conservation of electric charge » *Studies in history and philosophy of modern physics* **33**, 3-22.

Brading, K. et E. Castellani (éd.) (2003) *Symmetries in physics: philosophical reflections*, Cambridge University Press.

Broglie, L. de (1924) *Recherches sur la théorie des quanta*, Thèse, Paris.

Brown, H. (1999) « Aspects of objectivity in quantum mechanics » p. 45-70, in *From physics to philosophy*, édité par J. Butterfield et C. Pagonis, Cambridge University Press.

Brown, H. (2005) *Physical relativity : space-time structure from a dynamical perspective*, Clarendon Press, Oxford.

Cao, T. Y. (1997) *Conceptual developments of 20th century field theories*, Cambridge University Press.

Cassirer, E. (1910) *Substanzbegriff und Funktionsbegriff*, Bruno Cassirer, Berlin.

Cassirer, E. (1921) *Zur Einstein'schen Relativitätstheorie*, Bruno Cassirer, Berlin.

Catren, G. (2008) « Geometric foundations of classical Yang-Mills theory » *Studies in history and philosophy of modern physics* **39**, 511-31.

Duhem, P. (1989) *La théorie physique : son objet – sa structure*, Vrin, Paris.

Ehrenberg, W. et R. E. Siday (1949) « The refractive index in electron optics and the principles of dynamics » *Proceedings of the Physical society B* **62**, 8-21.

Einstein, A. (1916) « Grundlage der allgemeinen Relativitätstheorie » *Annalen der Physik* **49**, 769-822.

Einstein, A. (1918a) « Über Gravitationswellen » *Sitzungsberichte der Preußischen Akademie der Wissenschaften, Berlin (Mitteilung der 31. Januar)* 154-67.

Einstein, A. (1918b) lettre à Hermann Weyl du 15 avril.

Einstein, A. (1918c) lettre à Hermann Weyl du 19 avril.

Einstein, A. (1918d) « Der Energiesatz in der allgemeinen Relativitätstheorie » *Sitzungsberichte der Preußischen Akademie der Wissenschaften, Berlin (Sitzung der physikalisch-mathematischen Klasse vom 16. Mai)* 448-59.

Einstein, A. (1918e) lettre à Hermann Weyl du 3 juillet.

Folland, G. (1970) « Weyl manifolds » *Journal of differential geometry* **4**, 145-53.

Göckeler, M. et T. Schücker (1987) *Differential geometry, gauge theories, and gravity*, Cambridge University Press.

Guay, A. (2008) « A partial elucidation of the gauge principle » *Studies in history and philosophy of modern physics* **39**, 346-63.

Healey, R. (1997) « Nonlocality and the Aharonov-Bohm effect » *Philosophy of science* **64**, 18-41.

Healey, R. (2001) « On the reality of gauge potentials » *Philosophy of science* **68**, 432-55.

Healey, R. (2004) « Gauge theories and holisms » *Studies in history and philosophy of modern physics* **35**, 619-42.

Healey, R. (2007) *Gauging what's real: the conceptual foundations of contemporary gauge theories*, Oxford University Press, New York.

Healey, R. (2009) « Perfect symmetries » *British journal for the philosophy of science* **60**, 697-720.

Kosmann-Schwarzbach, Y. (2011) *The Noether theorems: invariance and conservations laws in the twentieth century*, Springer, New York.

Lachièze-Rey M. (2008) « Réalisme relativiste », in *Réalisme et théories physiques*, Cahiers de philosophie de l'Université de Caen n. 45.

Leeds, S. (1999) « Gauges: Aharonov, Bohm, Yang, Healey » *Philosophy of science* **66**, 606-27.

Levi-Civita, T. (1917) « Nozione di parallelismo in una varietà qualunque e conseguente specificazione geometrica della curvatura riemanniana » *Rendiconti del Circolo matematico di Palermo* **42**, 173-205.

Lyre, H. (2001) « The principles of gauging » *Philosophy of science* **68**, S371-81.

Lyre, H. (2002) « Zur Wissenschaftstheorie moderner Eichfeldtheorien », in *Argument*

& Analyse – Sektionsvorträge, édité par A. Beckermann et C. Nimtz, Mentis, Paderborn.

Lyre, H. (2004a) *Lokale Symmetrien und Wirklichkeit: eine Naturphilosophische Studie über Eichtheorien und Strukturenrealismus*, Mentis, Paderborn.

Lyre, H. (2004b) « Holism and structuralism in $U(1)$ gauge theory » *Studies in history and philosophy of modern physics* **35**, 643-70.

Mandl, F. et G. Shaw (1984) *Quantum field theory*, Wiley, Chichester.

Martin, C. (2002) « Gauge principles, gauge arguments and the logic of nature » *Philosophy of science* **69**, S221-234.

Martin, C. (2003) « On continuous symmetries and the foundations of modern physics » p. 29-60, in Brading & Castellani (2003).

Mattingly, J. (2006) « Which gauge matters » *Studies in history and philosophy of modern physics* **37**, 243-62.

Mattingly, J. (2007) « Classical fields and quantum time-evolution in the Aharonov-Bohm effect » *Studies in history and philosophy of modern physics* **38**, 888-905.

Maudlin, T. (2007) *The metaphysics within physics*, Oxford University Press.

Nakahara, M. (2003) *Geometry, topology and physics*, Institute of physics publishing, Bristol & Philadelphie.

Nash, C. et S. Sen (1983) *Topology and geometry for physicists*, Academic Press, Londres.

Nounou, A. (2003) « A fourth way to the Aharonov-Bohm effect » p. 174-99, in Brading & Castellani (2003).

O'Raifeartaigh, L. (1997) *The dawning of gauge theory*, Princeton University Press.

O'Raifeartaigh, L. et N. Straumann (2000) « Gauge theory: historical origins and some modern developments » *Reviews of modern physics* **72**, 1-23.

Pauli, W. (1979) *Wissenschaftlicher Briefwechsel, Band I: 1919-1929*, Springer, Berlin.

Perlick, V. (1991) « Observer fields in Weylian spacetime models » *Classical and quantum gravity* **8**, 1369-85.

Poincaré, H. (1902) *La science et l'hypothèse*, Flammarion, Paris.

Poincaré, H. (1905) *La valeur de la science*, Flammarion, Paris.

Ramond, P. (1990) *Field theory : a modern primer*, Westview Press, Boulder.

Redhead, M. (2003) « The interpretation of gauge symmetry » p. 124-39, in Brading & Castellani (2003).

Russell, B. (1927) *The analysis of matter*, Kegan Paul, Londres.

Ryckman, T. (2005) *The reign of relativity: philosophy in physics 1915-1925*, Oxford university press.

Ryder, L. (1996) *Quantum field theory*, Cambridge University Press.

Sakurai, J. J. (1967) *Advanced quantum mechanics*, Addison-Wesley, Reading.

Scholz, E. (2005) « Local spinor structures in V. Fock's and H. Weyl's work on the Dirac equation (1929) » p. 289-301, in *Géométrie au vingtième siècle, 1930-2000*, édité par D. Flament *et al.*, Hermann, Paris.

Schrödinger, E. (1926) « Quantisierung als Eigenwertproblem (erste Mitteilung) » *Annalen der Physik* **79**, 361-76.

Seelig, K. (1960) *Albert Einstein*, Europa Verlag, Zurich.

Straumann, N. (1987) « Zum Ursprung der Eichtheorien bei Hermann Weyl » *Physikalische Blätter* **43**, 414-21.

Suzuki, F. (2011) « Homotopy and path integrals » arXiv:1107.1459v3.

Taylor, J. C. (éd.) (2001) *Gauge theories in the twentieth century*, Imperial College Press, Londres.

Teller, P. (2000) « The gauge argument » *Philosophy of science* **67**, S466-81.

Trautman, A. (1982) « Yang-Mills theory and gravitation: a comparison » p. 179-189 in *Geometric techniques in gauge theories*, édité par R. Martini et E. M. de Jager, Springer, Berlin.

Utiyama, R. (1956) « Invariant theoretical interpretation of interaction » *Physical review* **101**, 1597-607.

Vizgin, V. (1994) *Unified field theories in the first third of the 20th century*, Birkhäuser, Bâle.

Weyl, H. (1918a) « Gravitation und Elektrizität » p. 147-59, in *Das Relativitätsprinzip*, Teubner, Stuttgart, 1990.

Weyl, H. (1918b) lettre à Albert Einstein du 10 décembre.

Weyl, H. (1927) *Philosophie der Mathematik und Naturwissenschaft*, Oldenbourg, Munich.

Weyl, H. (1929a) « Gravitation and the electron » *Proceedings of the National academy of sciences, USA* **15**, 323-34.

Weyl, H. (1929b) « Elektron und Gravitation » *Zeitschrift für Physik* **56**, 330-52.

Weyl, H. (1929c) « Gravitation and the electron » *The Rice institute pamphlet* **16**, 280-95.

Weyl, H. (1931a) « Geometrie und Physik » *Die Naturwissenschaften* **19**, 49-58.

Weyl, H. (1931b) *Gruppentheorie und Quantenmechanik*, Hirzel, Leipzig.

Wu, T. T. et C. N. Yang (1975a) « Some remarks about unquantized non-Abelian gauge fields » *Physical Review D* **12**, 3843-4.

Wu, T. T. et C. N. Yang (1975b) « Concept of nonintegrable phase factors and global formulation of gauge fields » *Physical review D* **12**, 3845-57.

Yang, C. N. (1974) « Integral formalism for gauge fields » *Physical review letters* **33**, 445-7.

Yang, C. N. (1985) « Hermann Weyl's contribution to physics » p. 7-21, in *Hermann Weyl 1885-1985*, édité par K. Chandrasekharan, Springer, Berlin.

Yang, C. N. et R. Mills (1954) « Conservation of isotopic spin and isotopic gauge invariance » *Physical review* **96**, 191-5.

CHAPITRE II

Gravitation et électricité

I. Gravitation und Elektrizität

H. Weyl[1]

Nach Riemann[2] beruht die Geometrie auf den beiden folgenden Tatsachen: 1. *Der Raum ist ein dreidimensionales Kontinuum*, die Mannigfaltigkeit seiner Punkte läßt sich also in stetiger Weise durch die Wertsysteme dreier Koordinaten $x_1x_2x_3$ zur Darstellung bringen; 2. *(Pythagoreischer Lehrsatz)* Das Quadrat des Abstandes ds^2 zweier unendlich benachbarter Punkte

$$P = (x_1, x_2, x_3) \text{ und } P' = (x_1 + dx_1, x_2 + dx_2, x_3 + dx_3) \tag{II.1}$$

ist (bei benutzung beliebiger Koordinaten) eine quadratische Form der relativen Koordinaten dx_i:

$$ds^2 = \sum_{ik} g_{ik} dx_i dx_k \qquad (g_{ki} = g_{ik}). \tag{II.2}$$

Die zweite Tatsache drücken wir kurz dadurch aus, daß wir sagen: der Raum ist ein *metrisches* Kontinuum. Ganz dem Geiste der modernen Nahewirkungsphysik gemäß setzen wir den Pythagoreischen Lehrsatz nur im Unendlichkleinen als streng gültig voraus. Die spezielle Relativitätstheorie führte zu der Einsicht, daß *die Zeit* als vierte Koordinate (x_0) gleichberechtigt zu den drei Raumkoordinaten hinzutritt, daß der Schauplatz des materiellen Geschehens, *die Welt*, also *ein vierdimensionales, metrisches Kontinuum* ist. Die quadratische Form (II.2), welche die Weltmetrik festlegt, ist dabei nicht positiv-definit wie im Falle der dreidimensionalen Raumgeometrie, sondern vom Trägheitsindex 3. Schon Riemann äußerte den Gedanken, daß die Metrik als etwas Reales zu betrachten sei, da sie sich z. B. in den Zentrifugalkräften als eine auf die Materie reale Wirkungen ausübende Potenz offenbart, und daß man demgemäß anzunehmen habe, die Materie wirke auch auf sie zurück; während bis dahin alle Geometer und Philosophen die Vorstellung gehabt haben, daß die Metrik dem Raum an sich, unabhängig von dem materialen Gehalt, der ihn erfüllt, zukomme. Auf diesem Gedanken,

---

1. Abgedruckt aus den Sitzungsberichten der Preußischen Akad. d. Wissenschaften 1918. — Einige vom Verf. bei Gelegenheit dieses Abdrucks hinzugefügte Fußnoten sind durch eckige Klammern kenntlich gemacht.

2. Über die Hypothesen, welche der Geometrie zugrunde liegen; Math. Werke (2. Aufl., Leipzig 1892), Nr. XII, S. 282.

zu dessen Durchführung Riemann durchaus noch die Möglichkeit fehlte, hat in unsern Tagen Einstein (unabhängig von Riemann) das grandiose Gebäude seiner allgemeinen Relativitätstheorie errichtet. Nach Einstein kommen auch die Erscheinungen der *Gravitation* auf Rechnung der Weltmetrik, und die Gesetze, nach denen die Materie auf die Metrik einwirkt, sind keine andern als die Gravitationsgesetze; die g_{ik} in (II.2) bilden die Komponenten des Gravitationspotentials. — Während so das Gravitationspotential aus einer invarianten *quadratischen* Differentialform besteht, werden *die elektromagnetischen Erscheinungen* von einem Viererpotential beherrscht, dessen Komponenten φ_i sich zu einer invarianten *linearen* Differentialform $\sum \varphi_i dx_i$ zusammenfügen. Beide Erscheinungsgebiete, Gravitation und Elektrizität, stehen aber bisher isoliert nebeneinander. Aus neueren Darstellungen der HH. Levi-Civita [3], Hessenberg [4] und des Verf. [5] geht mit voller Deutlichkeit hervor, daß einem naturgemäßen Aufbau der Riemannschen Geometrie als Grundbegriff der der infinitesimalen Parallelverschiebung eines Vektors zugrunde zu legen ist. Sind P und P^* irgend zwei durch eine Kurve verbundene Punkte, so kann man einen in P gegebenen Vektor parallel mit sich längs dieser Kurve von P nach P^* schieben. Diese Vektorübertragung von P nach P^* ist aber, allgemein zu reden, nicht integrabel, d. h. der Vektor in P^*, zu dem man gelangt, hängt ab von dem Wege, längs dessen die Verschiebung vollzogen wird. Integrabilität findet allein in der Euklidischen („gravitationslosen") Geometrie statt. — In der oben charakterisierten Riemannschen Geometrie hat sich nun ein letztes ferngeometrisches Element erhalten — soviel ich sehe, ohne jeden sachlichen Grund; nur die zufällige Entstehung dieser Geometrie aus der Flächentheorie scheint daran schuld zu sein. Die quadratische Form (II.2) ermöglicht es nämlich, nicht nur zwei Vektoren in demselben Punkte, sondern auch in irgend zwei voneinander entfernten Punkten ihrer Länge nach zu vergleichen. *Eine wahrhafte Nahe-Geometrie darf jedoch nur ein Prinzip der Übertragung einer Länge von einem Punkt zu einem unendlich benachbarten kennen*, und es ist dann von vornherein ebensowenig anzunehmen, daß das Problem der Längenübertragung von einem Punkte zu einem endlich entfernten integrabel ist, wie sich das Problem der Richtungsübertragung als integrabel herausgestellt hat. Indem man die erwähnte Inkonsequenz beseitigt, kommt eine Geometrie zustande, die überraschenderweise, auf die Welt angewendet, *nicht nur die Gravitationserscheinungen, sondern auch die des elektromagnetischen Feldes erklärt*. Beide entspringen nach der so entstehenden Theorie aus derselben Quelle, ja *im allgemeinen kann man Gravitation und Elektrizität gar nicht in willkürloser Weise voneinander trennen*. In dieser Theorie haben *alle physikalischen Größen eine weltgeometrische Bedeutung; die Wirkungsgröße insbesondere tritt in ihr von vornherein als reine Zahl auf. Sie führt zu einem im wesentlichen eindeutig bestimmten Weltgesetz; ja sie gestattet sogar in einem gewissen Sinne zu begreifen, warum die Welt vierdimensional ist.* — Ich will den Aufbau der korrigierten Riemannschen Geometrie hier zunächst ohne jeden physikalischen Hintergedanken skizzieren; die physikalische Anwendung ergibt sich dann von selber. In einem bestimmten Koordinatensystem sind die relativen Koordinaten dx_i eines dem Punkte P

3. Nozione di parallelismo…, Rend. del Circ. Matem. di Palermo 42 (1917).
4. Vektorielle Begründung der Differentialgeometrie, Math. Ann. 78 (1917).
5. Raum, Zeit, Materie (1. Aufl., Berlin 1918), §14.

unendlich benachbarten Punktes P' — siehe (II.1) — die Komponenten der *infinitesimalen Verschiebung* $\overrightarrow{PP'}$. Der Übergang von einem Koordinatensystem zu einem andern drückt sich durch stetige Transformationsformeln aus:

$$x_i = x_i(x_1^* x_2^* \cdots x_n^*) \qquad (i = 1, 2, \cdots, n),$$

welche den Zusammenhang zwischen den Koordinaten desselben Punktes in dem einen und andern System festlegen. Zwischen den Komponenten dx_i, bzw. dx_i^* derselben infinitesimalen Verschiebung des Punktes P bestehen dann die linearen Transformationsformeln

$$dx_i = \sum_k \alpha_{ik} dx_k^*, \tag{II.3}$$

in denen α_{ik} die Werte der Ableitungen $\partial x_i / \partial x_k^*$ in dem Punkte P sind. Ein (kontravarianter) *Vektor* $\mathfrak{x}$ im Punkte P hat mit bezug auf jedes Koordinatensystem gewisse n Zahlen ξ^i zu Komponenten, die sich beim Übergang zu einem andern Koordinatensystem genau in der gleichen Weise (II.3) transformieren wie die Komponenten einer infinitesimalen Verschiebung. Die Gesamtheit der Vektoren im Punkte P bezeichne ich als den *Vektorraum* in P. Er ist 1. *linear oder affin*, d. h. durch Multiplikation eines Vektors in P mit einer Zahl, und durch Addition zweier solcher Vektoren entsteht immer wieder ein Vektor in P, und 2. *metrisch*: durch die zu (II.2) gehörige symmetrische Bilinearform ist je zwei Vektoren $\mathfrak{x}$ und $\mathfrak{y}$ mit den Komponenten ξ^i, η^i in invarianter Weise ein skalares Produkt

$$\mathfrak{x} \cdot \mathfrak{y} = \mathfrak{y} \cdot \mathfrak{x} = \sum_{ik} g_{ik} \xi^i \eta^k$$

zugeordnet. Nach unserer Auffassung *ist diese Form jedoch nur bis auf einen willkürlich bleibenden positiven Proportionalitätsfaktor bestimmt.* Wird die Mannigfaltigkeit der Raumpunkte durch Koordinaten x_i dargestellt, so sind durch die Metrik im Punkte P die g_{ik} nur ihrem Verhältnis nach festgelegt. Auch physikalisch hat allein das Verhältnis der g_{ik} eine unmittelbar anschaulische Bedeutung. Der Gleichung

$$\sum_{ik} g_{ik} dx_i dx_k = 0$$

genügen nämlich bei gegebenem Anfangspunkt P diejenigen unendlich benachbarten Weltpunkte P', in denen ein in P aufgegebenes Lichtsignal eintrifft. Zum Zwecke der analytischen Darstellung haben wir 1. ein bestimmtes Koordinatensystem zu wählen und 2. in jedem Punkte P den willkürlichen Proportionalitätsfaktor, mit welchem die g_{ik} behaftet sind, festzulegen. Die auftretenden Formeln müssen dementsprechend eine doppelte Invarianzeigenschaft besitzen: 1 sie müssen *invariant* sein *gegenüber beliebigen stetigen Koordinatentransformationen*, 2. sie müssen ungeändert bleiben, *wenn man die g_{ik} durch λg_{ik} ersetzt*, wo λ eine willkürliche stetige Ortsfunktion ist. Das hinzutreten dieser zweiten Invarianzeigenschaft ist für unsere Theorie charakteristisch. Sind P, P^* irgend zwei Punkte und ist jedem Vektor $\mathfrak{x}$ in P ein Vektor $\mathfrak{x}^*$ in P^* in solcher Weise zugeordnet, daß dabei allgemein $\alpha\mathfrak{x}$ in $\alpha\mathfrak{x}^*$, $\mathfrak{x} + \mathfrak{y}$ in $\mathfrak{x}^* + \mathfrak{y}^*$ übergeht (α eine beliebige Zahl) und der Vektor 0 in P der einzige ist, welchem der Vektor 0 in P^* entspricht, so ist dadurch eine *affine oder lineare Abbildung* des Vektorraumes in P auf den Vektorraum in P^* bewerkstelligt. Diese Abbildung ist insbesondere *ähnlich*, wenn das skalare Produkt der Bildvektoren $\mathfrak{x}^* \cdot \mathfrak{y}^*$ in P^* dem von $\mathfrak{x}$ und $\mathfrak{y}$ in P für alle Vektorpaare $\mathfrak{x}$, $\mathfrak{y}$ proportional ist. (Nur dieser Begriff der *ähnlichen* Abbildung hat nach unserer Auffassung einen objektiven Sinn; die bisherige Theorie ermöglichte es, den schärferen der *kongruenten* Abbildung aufzustellen.) Was unter *Parallelverschiebung eines Vektors* im Punkte P nach einem Nachbarpunkte P' zu verstehen ist, wird durch die beiden axiomatischen Forderungen festgelegt: 1. Durch Parallelverschiebung der Vektoren in Punkte P nach dem Nachbarpunkte P' wird eine ähnliche Abbildung des Vektorraumes in P auf den Vektorraum in P' vollzogen; 2. sind P_1, P_2 zwei Nachbarpunkte zu P und geht der infinitesimale Vektor $\overrightarrow{PP_2}$ in P durch Parallelverschiebung nach dem Punkte P_1 in $\overrightarrow{P_1P_{12}}$ über, $\overrightarrow{PP_1}$ aber durch Parallelverschiebung nach P_2 in $\overrightarrow{P_2P_{21}}$, so fallen P_{12}, P_{21} zusammen (Kommutativität). Derjenige Teil der 1. Forderung, welcher besagt, daß die Parallelverschiebung eine affine Verpflanzung des Vektorraumes von P nach P' ist, drückt sich analytisch folgendermaßen aus: der Vektor ξ^i in $P = (x_1 x_2 \cdots x_n)$ geht durch Verschiebung in einen Vektor

$$\xi^i + d\xi^i \quad \text{in} \quad P' = (x_1 + dx_1, x_2 + dx_2, \cdots, x_n + dx_n)$$

über, dessen Komponenten linear von ξ_i abhängen:

$$d\xi^i = -\sum_r d\gamma^i_r \xi^r. \tag{II.4}$$

Die 2. Forderung lehrt, daß die $d\gamma^i_r$ lineare Differentialformen sind:

$$d\gamma^i_r = \sum_s \Gamma^i_{rs} dx_s,$$

deren Koeffizienten die Symmetrieeigenschaft besitzen

$$\Gamma^i_{sr} = \Gamma^i_{rs}. \tag{II.5}$$

Gehen zwei Vektoren ξ^i, η^i in P durch die Parallelverschiebung nach P' in $\xi^i + d\xi^i$, $\eta^i + d\eta^i$ über, so besagt die unter 1. gestellte, über die Affinität hinausgehende Forderung der Ähnlichkeit, daß

$$\sum_{ik} (g_{ik} + dg_{ik})(\xi^i + d\xi^i)(\eta^k + d\eta^k) \text{ zu } \sum_{ik} g_{ik} \xi^i \eta^k$$

proportional sein muß. Nennen wir den unendlich wenig von 1 abweichenden Proportionalitätsfaktor $1 + d\varphi$ und definieren daß Herunterziehen eines Index in üblicher Weise durch die Formel

$$a_i = \sum_k g_{ik} a^k,$$

so ergibt sich

$$dg_{ik} - (d\gamma_{ki} + d\gamma_{ik}) = g_{ik} d\varphi. \tag{II.6}$$

Daraus geht hervor, daß $d\varphi$ eine lineare Differentialform ist:

(II.7) $$d\varphi = \sum_i \varphi_i dx_i$$

Ist sie bekannt, so liefert die Gleichung (II.6) oder

$$\Gamma_{i,kr} + \Gamma_{k,ir} = \frac{\partial g_{ik}}{\partial x_r} - g_{ik}\varphi_r$$

zusammen mit der Symmetriebedingung (II.26) eindeutig die Größen Γ. *Der innere Maßzusammenhang des Raumes hängt also außer von der* (nur bis auf einen willkürlichen Proportionalitätsfaktor bestimmten) *quadratischen Form* (II.2) *noch von einer Linearform* (II.7) ab [6]. Ersetzen wir, ohne das Koordinatensystem zu ändern, g_{ik} durch λg_{ik}, so ändern sich die Größen $d\gamma^i_k$ nicht, $d\gamma_{ik}$ nimmt den Faktor λ an, dg_{ik} geht über in $\lambda dg_{ik} + g_{ik}d\lambda$. Die Gleichung (II.6) lehrt dann, daß $d\varphi$ übergeht in

$$d\varphi + \frac{d\lambda}{\lambda} = d\varphi + d\lg\lambda.$$

In der Linearform $\sum \varphi_i dx_i$ bleibt also nicht etwa ein Proportionalitätsfaktor unbestimmt, der durch willkürliche Wahl einer Maßeinheit festgelegt werden müßte, die ihr anhaftende Willkür besteht vielmehr in einem *additiven totalen Differential.* Für die analytische Darstellung der Geometrie sind die Formen

(II.8) $$g_{ik}dx_idx_k, \quad \varphi_i dx_i$$

gleichberechtigt mit

(II.9) $$\lambda \cdot g_{ik}dx_idx_k \text{ und } \varphi_i dx_i + d\lg\lambda,$$

wo λ eine beliebige positive Ortsfunktion ist. *Invariante Bedeutung hat demnach der schiefsymmetrische Tensor mit den Komponenten*

(II.10) $$F_{ik} = \frac{\partial \varphi_i}{\partial x_k} - \frac{\partial \varphi_k}{\partial x_i},$$

6. [Diesen Aufbau habe ich später — vgl. die endgültige Darstellung in der 5. Aufl. von Raum, Zeit, Materie, 1923. §15-17 — in folgenden Punkten modifiziert. a) An Stelle der Forderungen 1. und 2., welche die Parallelverschiebung zu erfüllen hat, tritt die eine: es soll zum Punkte P ein Koordinatensystem geben, bei dessen Benutzung die Komponenten eines jeden Vektors in P durch Parallelverschiebung nach einem beliebigen zu P unendlich benachbarten Punkte nicht geändert werden. Sie kennzeichnet das Wesen der Parallelverschiebung als einer Verpflanzung, von der man mit Recht behaupten darf, daß sie die Vektoren „ungeändert" läßt. b) Zu der *Metrik* im einzelnen Punkte P, nach welcher mit jedem Vektor $\mathfrak{x} = (\xi^i)$ in P eine *Strecke* so verknüpft ist, daß zwei Vektoren dann und nur dann dieselbe Strecke bestimmen, wenn sie dieselbe Maßzahl $l = \sum g_{ik}\xi^i\xi^k$ besitzen, tritt *der metrische Zusammenhang* von P mit den Punkten seiner Nachbarschaft: durch kongruente Verpflanzung nach dem unendlich benachbarten Punkte P' geht eine Strecke in P in eine bestimmte Strecke in P' über. Stellt man an diesen Begriff der kongruenten Verpflanzung von Strecken die analoge Forderung wie eben unter a) an den Begriff der Parallelverschiebung von Vektoren, so erkennt man, daß sich dieser Prozeß (bei welchem die Maßzahl l der Strecke den Zuwachs dl erfährt) in einer Gleichung ausdrückt

$$dl = l d\varphi; \quad d\varphi = \sum \varphi_i dx_i.$$

Die Metrik und der metrische Zusammenhang bestimmen unter diesen Umständen den „affinen" Zusammenhang (Parallelverschiebung) eindeutig — und nach meiner jetzigen Auffassung des Raumproblems ist dies sogar die fundamentalste Tatsache der Geometrie —, während nach der Darstellung des Textes die Linearform $d\varphi$ dasjenige ist, was bei gegebener Metrik an der Parallelverschiebung willkürlich bleibt.]

d. i. die Form

$$F_{ik}dx_i\delta x_k = \frac{1}{2}F_{ik}\Delta x_{ik},$$

welche von zwei willkürlichen Verschiebungen dx und δx im Punkte P bilinear — oder besser, von dem durch diese beiden Verschiebungen aufgespannten Flächenelement mit den Komponenten

$$\Delta x_{ik} = dx_i\delta x_k - dx_k\delta x_i$$

linear abhängt. Der Sonderfall der bisherigen Theorie, in welchem sich die in einem Anfangspunkt willkürlich gewählte Längeneinheit durch Parallelverschiebung in einer von Wege unabhängigen Weise nach allen Raumpunkten übertragen läßt, liegt vor, wenn die g_{ik} sich in solcher Weise absolut festlegen lasse, daß die φ_i verschwinden. Die Γ^i_{rs} sind dann nichts anderes als die Christoffelschen Drei-Indizessymbole. Die notwendige und hinreichende invariante Bedingung dafür, daß dieser Fall vorliegt, besteht in dem identischen Verschwinden des Tensors F_{ik}. Es ist danach sehr naheliegend, in der Weltgeometrie φ_i als *Viererpotential*, den Tensor F mithin als *elektromagnetisches Feld* zu deuten. Denn das Nichtvorhandensein eines elektromagnetischen Feldes ist die notwendige Bedingung dafür, daß die bisherige Einsteinsche Theorie, aus welcher sich nur die Gravitationserscheinungen ergeben, Gültigkeit besitzt. Akzeptiert man diese Auffassung, so sieht man, daß die elektrischen Größen von solcher Natur sind, daß ihre Charakterisierung durch Zahlen in einem bestimmten Koordinatensystem nicht von der willkürlichen Wahl einer Maßeinheit abhängt. Zur Frage der Maßeinheit und Dimension muß man sich überhaupt in dieser Theorie neu orientieren. Bisher sprach man eine Größe z. B. als einen Tensor der 2. Stufe (vom Range 2) an, wenn ein einzelner Wert derselben *nach Wahl einer willkürlichen Maßeinheit* in jedem Koordinatensystem eine Matrix von Zahlen a_{ik} bestimmt, welche die Koeffizienten einer invarianten Bilinearform zweier willkürlicher infiniteismaler Verschiebungen

$$a_{ik}dx_i\delta x_k \tag{II.11}$$

bilden. Hier sprechen wir von einem Tensor, wenn bei Zugrundelegung eines Koordinatensystems und *nach bestimmter Wahl des in den g_{ik} enthaltenen Proportionalitätsfaktors* die Komponenten a_{ik} eindeutig bestimmt sind, und zwar so, daß bei Koordinatentransformation die Form (II.11) invariant bleibt, bei Ersetzung von g_{ik} durch λg_{ik} aber die a_{ik} übergehen in $\lambda^e a_{ik}$. Wir sagen dann, der Tensor habe das *Gewicht e*, oder auch, indem wir dem Linienelement ds die Dimension „*Länge* $= l$" zuschreiben, er sei von der Dimension l^{2e}. Absolut invariante Tensoren sind nur die vom Gewichte 0. Von dieser Art ist der Feldtensor mit den Komponenten F_{ik}. Er genügt nach (II.31) dem ersten System der Maxwellschen Gleichungen

$$\frac{\partial F_{kl}}{\partial x_i} + \frac{\partial F_{li}}{\partial x_k} + \frac{\partial F_{ik}}{\partial x_l} = 0.$$

Liegt einmal der Begriff der Parallelverschiebung fest, so läßt sich die Geometrie und Tensorrechnung mühelos begründen. *a*) *Geodätische Linie*. Ist ein Punkt P und in ihm ein Vektor gegeben, so entsteht die von P in Richtung dieses Vektors ausgehende geodätische Linie dadurch, daß man den Vektor beständig parallel mit sich in seiner eigenen Richtung verschiebt. Die Differentialgleichung der geodätischen Linie lautet bei Benutzung eines geeigneten Parameters τ:

$$\frac{d^2x_i}{d\tau^2}+\Gamma^i_{rs}\frac{dx_r}{d\tau}\frac{dx_s}{d\tau}=0.$$

(Sie läßt sich hier natürlich nicht als Linie kürzester Länge charakterisieren, da der Begriff der Kurvenlänge ohne Sinn ist.) *b*) *Tensorkalkül.* Um z. B. aus einem kovarianten Tensorfeld 1. Stufe vom Gewicht 0 mit den Komponenten f_i durch Differentiation ein Tensorfeld 2. Stufe herzuleiten, nehmen wir einen willkürlichen Vektor ξ_i im Punkte P zu Hilfe, bilden die Invariante $f_i\xi^i$ und ihre unendlich kleine Änderung beim Übergang vom Punkte P mit den Koordinaten x_i zum Nachbarpunkte P' mit den Koordinaten x_i+dx_i, indem wir bei diesem Übergang den Vektor ξ parallel mit sich verschieben. Es kommt für diese Änderung

$$\frac{\partial f_i}{\partial x_k}\xi^i dx_k+f_r d\xi^r=\left(\frac{\partial f_i}{\partial x_k}-\Gamma^r_{ik}f_r\right)\xi^i dx_k.$$

Die auf der rechten Seite eingeklammerten Größen sind also die Komponenten eines Tensorfeldes 2. Stufe vom Gewichte 0, das in völlig invarianter Weise aus dem Felde f gebildet ist. *c*) *Krümmung.* Um das Analogon des Riemannschen Krümmungstensors zu konstruieren, knüpfe man an die oben benutzte unendlich kleine Parallelogramfigur an, bestehend aus den Punkten P, P_1, P_2 und $P_{12}=P_{21}$.[7] Verschiebt man einen Vektor $\mathfrak{x}=(\xi^i)$ in P parallel mit sich nach P_1 und von da nach P_{12}, ein andermal zunächst nach P_2 und von da nach P_{21}, so hat es einen Sinn, da P_{12} und P_{21} zusammenfallen, die Differenz $\Delta\mathfrak{x}$ der beiden in diesem Punkte erhaltenen Vektoren zu bilden. Für die Komponenten ergibt sich

$$\Delta\xi^i=\Delta R^i_j\cdot\xi^j, \tag{II.12}$$

wo die $\Delta\xi^i_j$ unabhängig sind von dem verschobenen Vektor $\mathfrak{x}$, hingegen linear abhängen von dem Flächenelement, das durch die beiden Verschiebungen $\overrightarrow{PP_1}=(dx_k)$, $\overrightarrow{PP_2}=(\delta x_i)$ aufgespannt wird:

$$\Delta R^i_j=R^i_{jkl}dx_k\delta x_l=\frac{1}{2}R^i_{jkl}\Delta x_{kl}.$$

Die nur von der Stelle P abhängigen Krümmungskomponenten R^i_{jkl} haben die beiden Symmetrieeigenschaften: 1. sie ändern ihr Vorzeichen durch Vertauschung der beiden letzten Indizes k und l; 2. nimmt man mit jkl die drei zyklischen Vertauschungen vor und addiert die zugehörigen Komponenten, so ergibt sich 0. Ziehen wir den Index i herunter, so erhalten wir in R_{ijkl} die Komponenten eines kovarianten Tensors 4. Stufe vom Gewichte 1. Noch ohne Ausrechnung ergibt sich durch eine einfache Überlegung, daß R auf natürliche invariante Weise sich in zwei Summanden spaltet:

$$R^i_{jkl}=P^i_{jkl}-\frac{1}{2}\delta^i_j F_{kl}\qquad \delta^i_j=\begin{cases}1(i=j)\\0(i\neq j)\end{cases}, \tag{II.13}$$

7. [Es ist hierbei unwesentlich, daß gegenüberliegende Seiten des unendlichkleinen „Parallelograms" durch Parallelverschiebung auseinander hervorgehen: es kommt nur auf das Zusammenfallen der Punkte P_{12} und P_{21} an.]

von denen der erste P_{ijkl} nicht nur in den Indizes kl, sondern auch in i und j schiefsymmetrisch ist. Während die Gleichungen $F_{ik} = 0$ unsern Raum als einen solchen ohne elektromagnetisches Feld charakterisieren, d. h. als einen solchen, in welchem das Problem der Längenübertragung integrabel ist, sind $P^i_{jkl} = 0$, wie aus (II.13) hervorgeht, die invarianten Bedingungen dafür, daß in ihm kein Gravitationsfeld herrscht, d. h. daß das Problem der Richtungsübertragung integrabel ist. Nur der Euklidische Raum ist ein zugleich elektrizitäts- und gravitationsleer. Die einfachste Invariante einer linearen Abbildung wie (II.12), die jedem Vektor $\mathfrak{x}$ einen Vektor $\Delta\mathfrak{x}$ zuordnet, ist ihre „Spur"

$$\frac{1}{n}R^i_i.$$

Für diese ergibt sich hier nach (II.13) die Form

$$-\frac{1}{2}F_{ik}dx_i\delta x_k,$$

welche uns schon oben begegnete. Die Einfachste Invariante eines Tensors wie $-\frac{1}{2}F_{ik}$ ist das Quadrat seines Betrages:

$$L = \frac{1}{4}F_{ik}F^{ik}.$$

L ist offenbar, da der Tensor F das Gewicht 0 besitzt, eine Invariante vom Gewichte -2. Ist g die negative Determinante der g_{ik},

$$d\omega = \sqrt{g}dx_0dx_1dx_2dx_3 = \sqrt{g}dx$$

das Volumen eines unendlich kleinen Volumelementes, so wird bekanntlich die Maxwellsche Theorie beherrscht von der elektrischen Wirkungsgröße, welche gleich dem über ein beliebiges Weltgebiet erstreckten Integral $\int L d\omega$ dieser einfachsten Invariante ist; und zwar in dem Sinne, daß bei beliebiger Variation der g_{ik} und φ_i, die an den Grenzen des Weltgebiets verschwindet,

$$\delta\int L d\omega = \int(S^i d\varphi_i + T^{ik}dg_{ik})d\omega$$

gilt, wo

$$S^i = \frac{1}{\sqrt{g}}\frac{\partial(\sqrt{g}F^{ik})}{\partial x_k}$$

die linken Seiten der inhomogenen Maxwellschen Gleichungen sind (auf deren rechter seite die Komponenten des Viererstroms stehen), und die T^{ik} den Energie-Impuls-Tensor des elektromagnetischen Feldes bilden. Da L eine Invariante vom Gewichte -2 ist, das Volumelement aber in der n-dimensionalen Geometrie eine solche vom Gewichte $n/2$, so hat das Integral $\int L d\omega$ nur einen Sinn, wenn die Dimesionszahl $n = 4$ ist. *Die Möglichkeit der Maxwellschen Theorie ist also in unserer Deutung an die Dimensionszahl* 4 *gebunden.* In der vierdimensionalen Welt aber wird die elektromagnetische Wirkungsgröße eine reine Zahl. Als wie groß sich dabei die Wirkungsgröße 1 in den traditionellen Maßeinheiten des CGS-Systems herausstellt, kann freilich erst ermittelt werden, wenn auf Grund unserer Theorie ein an der Beobachtung zu prüfendes physikalisches Problem, z. B. das Elektron, berechnet vorliegt. Von der Geometrie zur Physik übergehend, haben wir nach dem Vorbild der Mieschen Theorie [8] anzunehmen, daß die gesamte Gesetzmäßigkeit der Natur auf einer bestimmten Integralinvariante, der *Wirkungsgröße*

$$\int W d\omega = \int \mathfrak{W} dx \qquad (\mathfrak{W} = W\sqrt{g})$$

beruht, derart, daß *die wirkliche Welt unter allen möglichen vierdimensionalen metrischen Räumen dadurch ausgezeichnet ist, daß für sie die in jedem Weltgebiet enthaltene Wirkungsgröße einen extremalen Wert annimmt* gegenüber solchen Variationen der Potentiale g_{ik}, φ_i, welche an den Grenzen des betreffenden Weltgebiets verschwinden. W, die Weltdichte der Wirkung, muß eine Invariante vom Gewichte -2 sein. *Die Wirkungsgröße ist auf jeden Fall eine reine Zahl*; so gibt unsere Theorie von vornherein Rechenschaft über diejenige atomistische Struktur der Welt, der nach heutiger Auffassung die fundamentalste Bedeutung zukommt: das Wirkungsquantum. Der einfachste und natürlichste Ansatz, den wir für W machen können, lautet

$$W = R^i_{jkl} R_i^{jkl} = |R|^2. \tag{II.14}$$

Nach (II.13) ergibt sich dafür auch

$$W = |P|^2 + 4L.$$

(Höchstens der Faktor 4, mit welchem der zweite [elektrische] Term L zu dem ersten hinzutritt, könnte hier noch zweifelhaft sein.) Aber ohne noch die Wirkungsgröße zu spezialisieren, können wir aus dem Wirkungsprinzip einige allgemeine Schlüsse ziehen. Wir werden nämlich zeigen: *in der gleichen Weise*, wie nach Untersuchungen von Hilbert, Lorentz, Einstein, Klein und dem Verf. [9] *die vier Erhaltungssätze der Materie* (des Energie-Impuls-Tensors) *mit der*, vier willkürliche Funktionen enthaltenden *Invarianz der Wirkungsgröße gegen Koordinatentransformationen zusammenhängen, ist mit der hier neu hinzutretenden*, eine fünfte willkürliche Funktion hereinbringenden „*Maßstab-Invarianz*" [Übergang von (II.8) zu (II.9)] *das Gesetz von der Erhaltung der Elektrizität verbunden.* Die Art und Weise, wie sich so das letztere dem Energie-Impuls-Prinzip gesellt, erscheint mir als eines der stärksten allgemeinen Argumente zugunsten der hier vorgetragenen Theorie — soweit im rein Spekulativen überhaupt von einer Bestätigung die Rede sein kann. Wir setzten für eine beliebige, an den Grenzen des betrachteten Weltgebiets verschwindenden Variation

$$\delta \int \mathfrak{W} dx = \int (\mathfrak{W}^{ik} \delta g_{ik} + \mathfrak{w}^i \delta\varphi_i) dx \qquad (\mathfrak{W}^{ki} = \mathfrak{W}^{ik}). \tag{II.15}$$

Die Naturgesetze lauten dann

$$\mathfrak{W}^{ik} = 0, \quad \mathfrak{w}^i = 0. \tag{II.16}$$

8. Ann. d. Physik, 37, 39, 40 (1912-13).

9. Hilbert, Die Grundlagen der Physik, 1. Mitt., Gött. Nach., 20. Nov. 1915 ; H. A. Lorentz in vier Abhandlungen in den Versl. K. Ak. van Wetensch. Amsterdam 1915-16; A. Einstein, Berl. Ber. 1916, S. 1111-1116; F. Klein, Gött. Nachr., 25. Januar 1918; H. Weyl, Ann. d. Physik 54 (1917), S. 121-125.

Die ersten können wir als die Gesetze des Gravitationsfeldes, die zweiten als die des elektromagnetischen Feldes ansprechen. Die durch

$$\mathfrak{W}_k^i = \sqrt{g}\,W_k^i, \quad \mathfrak{w}^i = \sqrt{g}\,w^i$$

eingeführten Größen W_k^i, w^i sind die gemischten bzw. kontravarianten Komponenten eines Tensors 2. bzw. 1. Stufe vom Gewichte -2. In dem System der Gleichungen (II.16) sind gemäß den Invarianzeigenschaften 5 überschüssige enthalten. Das spricht sich aus in den folgenden 5 invarianten Identitäten, die zwischen ihren linken Seiten bestehen:

$$\frac{\partial \mathfrak{w}^i}{\partial x_i} \equiv \mathfrak{W}_i^i; \tag{II.17}$$

$$\frac{\partial \mathfrak{W}_k^i}{\partial x_i} - \Gamma_{kr}^s \mathfrak{W}_s^r \equiv \frac{1}{2} F_{ik} \mathfrak{w}^i. \tag{II.18}$$

Die erste resultiert aus der Maßstab-Invarianz. Nehmen wir nämlich in dem Übergang von (II.8) zu (II.9) für $\lg \lambda$ eine unendliche kleine Ortsfunktion $\delta\rho$ an, so erhalten wir die Variation

$$\delta g_{ik} = g_{ik}\,\delta\rho, \quad \delta\varphi_i = \frac{\partial(\delta\rho)}{\partial x_i}.$$

Für sie muß (II.36) verschwinden. Indem man zweitens die Invarianz der Wirkungsgröße gegenüber Koordinatentransformationen durch eine unendlich kleine Deformation des Weltkontinuums ausnutzt [10], gewinnt man die Identitäten

$$\left(\frac{\partial \mathfrak{W}_k^i}{\partial x_i} - \frac{1}{2}\frac{\partial g_{rs}}{\partial x_k}\mathfrak{W}^{rs}\right) + \frac{1}{2}\left(\frac{\partial \mathfrak{w}^i}{\partial x_i}\cdot\varphi_k - F_{ik}\mathfrak{w}^i\right) \equiv 0,$$

die sich in (II.18) verwandeln, wenn nach (II.17) $\partial \mathfrak{w}^i/\partial x_i$ durch $g_{rs}\mathfrak{W}^{rs}$ ersetzt wird. Aus den Gravitationsgesetzen allein ergibt sich also bereits, daß

$$\frac{\partial \mathfrak{w}^i}{\partial x_i} = 0 \tag{II.19}$$

ist, aus den elektromagnetischen Feldgesetzen allein, daß

$$\frac{\partial \mathfrak{W}_k^i}{\partial x_i} - \Gamma_{kr}^s \mathfrak{W}_s^r = 0 \tag{II.20}$$

sein muß. In der Maxwellschen Theorie hat $\mathfrak{w}^i$ die Form

$$\mathfrak{w}^i \equiv \frac{\partial(\sqrt{g}F^{ik})}{\partial x_k} - \mathfrak{s}^i \qquad (\mathfrak{s}^i = \sqrt{g}\cdot s^i),$$

10. Weyl, Ann. d. Physik 54 (1917), S. 121-125; F. Klein, Gött. Nachr., Sitzung v. 25. Jan. 1918.

wo s^i den Viererstrom bedeutet. Da hier der erste Teil identisch der Gleichung (II.19) genügt, liefert diese das Erhaltungsgesetz der Elektrizität:

$$\frac{1}{\sqrt{g}}\frac{\partial(\sqrt{g}\cdot s^i)}{\partial x_i}=0.$$

Ebenso besteht in der Einsteinschen Gravitationstheorie $\mathfrak{W}^i_k$ aus zwei Termen, von denen der erste der Gleichung (II.20) identisch genügt, der zweite gleich den mit $\sqrt{g}$ multiplizierten gemischten Komponenten T^i_k des Energie-Impuls-Tensors ist. So führen die Gleichungen (II.20) zu den vier Erhaltungssätzen der Materie. Ganz analoge Umstände treffen in unserer Theorie zu, wenn wir für die Wirkungsgröße den Ansatz (II.14) wählen. Die fünf Erhaltungsprinzipe sind „Eliminanten" der Feldgesetze, d. h. folgen auf doppelte Weise aus ihnen und setzen dadurch in Evidenz, daß unter ihnen fünf überschüssige enthalten sind. Für den Ansatz (II.14) lauten die Maxwellschen Gleichungen beispielsweise

$$\text{(II.21)} \qquad \frac{1}{\sqrt{g}}\frac{\partial(\sqrt{g}F^{ik})}{\partial x_k}=s^i,$$

und es ist der Strom

$$s_i=\frac{1}{4}\left(R\varphi_i+\frac{\partial R}{\partial x_i}\right).$$

R bezeichnet diejenige Invariante vom Gewichte -1, die aus R^i_{jkl} entsteht, wenn man zunächst nach i, k, darauf nach j und l verjüngt. Die Rechnung ergibt, wenn R^* die nur aus den g_{ik} aufgebaute Riemannsche Krümmungsinvariante bedeutet:

$$R=R^*-\frac{3}{\sqrt{g}}\frac{\partial(\sqrt{g}\varphi^i)}{\partial x_i}+\frac{3}{2}(\varphi_i\varphi^i).$$

Im statischen Falle, wo die Raumkomponenten des elektromagnetischen Potentials verschwinden und alle Größen unabhängig von der Zeit x_0 sind, muß nach (II.21)

$$R=R^*+\frac{3}{2}\varphi_0\varphi^0=\text{const.}$$

sein. Aber man kann auch ganz allgemein in einem Weltgebiet, in welchem $R\neq 0$ ist, durch geeignete Festlegung der willkürlichen Längeneinheit $R=\text{const.}=\pm 1$ erzielen. Nur hat man bei zeitlich veränderlichen Zuständen Flächen $R=0$ zu erwarten, die offenbar eine gewisse singuläre Rolle spielen werden. Als Wirkungsdichte (R^* tritt als solche in der Einsteinschen Gravitationstheorie auf) ist R nicht zu gebrauchen, da sie nicht das Gewicht -2 besitzt. Dies hat zur Folge, daß unsere Theorie wohl auf die Maxwellschen elektromagnetischen, nicht aber auf die Einsteinschen Gravitationsgleichungen führt; an ihre Stelle treten Differentialgleichungen 4. Ordnung. In der Tat ist es aber auch sehr unwahrscheinlich, daß die Einsteinschen Gravitationsgleichungen streng richtig sind, vor allem deshalb, weil die in ihnen vorkommende Gravitationskonstante ganz aus dem Rahmen der übrigen Naturkonstanten herausfällt, so daß der Gravitationsradius der Ladung und Masse eines Elektrons z. B. von völlig anderer Größenordnung (nämlich

10^{20} bzw. 10^{40} mal so klein) ist wie der Radius des Elektrons selber [11]. Es war hier nur meine Absicht, die allgemeinen Grundlagen der Theorie kurz zu entwickeln. Es entsteht natürlich die Aufgabe, unter Zugrundelegung des speziellen Ansatzes (II.14) ihre physikalischen Konsequenzen zu ziehen [12] und diese mit der Erfahrung zu vergleichen, insbesondere zu untersuchen, ob sich aus ihr die Existenz des Elektrons und die Besonderheiten der bisher unaufgeklärten Vorgänge im Atom herleiten lassen [13]. Die Aufgabe ist in mathematischer Hinsicht außerordentlich kompliziert, da es ausgeschlossen ist, durch Beschränkung auf die linearen Glieder Näherungslösungen zu erhalten; denn da die Vernachlässigung der Glieder höherer Ordnung im Innern des Elektrons gewiß nicht statthaft ist, so dürfen die durch eine derartige Vernachlässigung entstehenden linearen Gleichungen im wesentlichen nur die Lösung 0 besitzen. Ich behalte mir vor, an anderem Ort ausführlicher auf alle diese Dinge zurückzukommen.

Nachtrag. Herr A. Einstein bemerkt zu der vorliegenden Arbeit

Wenn Lichtstrahlen das einzige Mittel wären, um die metrischen Verhältnisse in der Umgebung eines Weltpunktes empirisch zu ermitteln, so bliebe in dem Abstand ds (sowie in den g_{ik}) allerdings ein Faktor unbestimmt. Diese Unbestimmtheit ist aber nicht vorhanden, wenn man zur Definition von ds Massergebnisse heranzeiht, die mit (unendlich kleinen) starren Körpern (Massstäben) und Uhren zu gewinnen sind. Ein zeitartiges ds kann dann unmittelbar gemessen werden durch eine Einheitsuhr, deren Weltlinie ds enthält. Eine derartige Definition des elementaren Abstandes ds würde nur dann illusorisch werden, wenn die Begriffe 'Einheitsmaßstab' und 'Einheitsuhr' auf einer prinzipiell falschen Voraussetzung beruhten; dies wäre dann der Fall, wenn die Länge eines Einheitsmaßstabes (bzw. die Ganggeschwindigkeit einer Einheitsuhr) von der Vorgeschichte abhingen. Wäre dies in der Natur wirklich so, dann könnte es nicht chemische Elemente mit Spektrallinien von bestimmter Frequenz geben, sondern es müsste die relative Frequenz zweier (räumlich benachbarter) Atome der gleichen Art im allgemein verschieden sein. Da dies nicht der Fall ist, scheint mir die Grundhypothese der Theorie leider nicht annehmbar, deren Tiefe und Kühnheit aber jeden Leser mit Bewunderung erfüllen muss.

Erwiderung des Verfassers

Ich danke Herrn Einstein dafür, dass er mir Gelegenheit gibt, sogleich dem von ihn erhobenen Einwand zu begegnen. In der Tat glaube ich nicht, dass er berechtigt ist.

---

11. Vgl. Weyl, Zur Gravitationstheorie, Ann. d. Physik 54 (1917), S. 133.

12. [Die Aufgabe, alle als Wirkungsgrößen zulässigen Invarianten W zu bestimmen, wenn gefordert ist, daß sie die Ableitungen der g_{ik} höchstens bis zur 2., die der φ_i nur bis zur 1. Ordnung enthalten dürfen, wurde von R. Weitzenböck gelöst. (Sitzungsber. d. Akad. d. Wissensch. in Wien, Abt. Iia, 129 (1920), Sitzung vom 21. und 28. Okt.; 130 (1921, 10. Febr.)). Läßt man solche Invarianten W fort, für welche die Variation $\delta \int W d\omega$ identisch verschwindet, so bleiben nach einer weiteren Rechnung von R. Bach (Math. Zeitschrift 9 (1921), S. 125 u. 189) nur 3 Möglichkeiten übrig. Das wirkliche W scheint eine lineare Kombination der Maxwellschen L und des Quadrats von R zu sein. Dieser Ansatz ist von W. Pauli (Physik. Zeitschr. 20 (1919), S. 457-467) und mir genauer durchgearbeitet worden; insbesondere gelang es, auf dieser Grundlage zur Herleitung der Bewegungsgleichungen eines materiellen Teilchens vorzudringen. Die hier zunächst aufs Geratewohl bevorzugte Invariante (II.14) scheint hingegen in der Natur keine Rolle zu spielen. Vgl. Raum, Zeit, Materie, 5. Aufl., §§38, 40.]

13. [Dieser durch die Miesche Theorie geweckten Hoffnungen habe ich mich inzwischen ganz entschlagen; das Problem der Materie, glaube ich, ist durch eine bloße Feldtheorie nicht zu lösen. Vgl. darüber meinen Artikel „Feld und Materie", Ann. d. Physik 65 (1921), S. 541-563.]

Nach der speziellen Relativitätstheorie hat ein starrer Maßstab immer wieder die gleiche Ruhlänge, wenn er in einem tauglichen Bezugsraum zur Ruhe gekommen ist, und eine richtiggehende Uhr besitzt unter diesen Umständen immer wieder, im Eigenzeit gemessen, dieselbe Periode (Michelson-Versuch, Doppler-Effekt). Es ist aber gar nicht die Rede davon, dass bei beliebig stürmischer Bewegung eine Uhr die Eigenzeit, $\int ds$, misst (so wenig wie etwa in der Thermodynamik ein beliebig rasch und ungleichmässig erhitztes Gas lauter Gleichgewichtszustände durchläuft); das ist erst recht nicht der Fall, wenn die Uhr (das Atom) der Einwirkung eines starken veränderlichen elektromagnetischen Feldes ausgesetzt ist. In der allgemeinen Relativitätstheorie kann man also höchstens soviel behaupten: Eine in einem *statischen* Gravitationsfeld *ruhende Uhr* misst *bei Abwesenheit eines elektromagnetischen Feldes* das Integral $\int ds$. Wie sich eine Uhr bei beliebiger Bewegung unter der gemeinsamen Einwirkung eines beliebigen elektromagnetischen und Gravitationsfeldes verhält, kann erst die Durchführung einer auf den physikalischen Gesetzen beruhenden Dynamik lehren. Wegen dieses problematischen Verhaltens der Maßstäbe und Uhren habe ich mich in meinem Buch *Raum, Zeit, Materie* zur prinzipiellen Messung der g_{ik} allein auf die Beobachtung der Ankunft von Lichtsignalen gestützt (S. 182ff.); dadurch können diese Grössen in der Tat, *falls die Einsteinsche Theorie gültig ist*, nicht nur ihrem Verhältnis nach, sondern (nach Wahl einer festen Masseinheit) absolut bestimmt werden. Auf den gleichen Gedanken ist, unabhängig von mir, Kretschmann gekommen [14]. Nach der hier entwickelten Theorie lautet, ausser im Innersten der Atome, bei geeigneter Wahl der Koordinaten und des unbestimmten Proportionalitätsfaktors, die quadratische Form ds^2 mit grosser Annäherung so wie in der speziellen Relativitätstheorie und ist die lineare Form mit der gleichen Annäherung $= 0$. Im Falle der Abwesenheit eines elektromagnetischen Feldes (Linearform streng $= 0$) ist durch die in der Klammer ausgesprochene Forderung ds^2 sogar völlig exakt bestimmt (bis auf einen *konstanten* Proportionalitätsfaktor, der ja auch nach Einstein willkürlich bleibt; das gleiche tritt noch ein, wenn nur ein elektrostatisches Feld vorhanden ist.) Die plausibelste Annahme, die man über eine im statischen Feld ruhende Uhr machen kann, ist die, dass sie das Integral des *so normierten ds* misst; es bleibt in meiner wie in der Einsteinschen Theorie die Aufgabe, diese Tatsache [15] aus einer explizite durchgeführten Dynamik abzuleiten. Auf jeden Fall aber wird sich ein schwingendes Gebilde von bestimmter Konstitution, das dauernd in einem bestimmten statischen Felde ruht, auf eine eindeutig bestimmte Weise verhalten (der Einfluss einer etwaigen stürmischen Vorgeschichte wird rasch abklingen); ich glaube nicht, dass mit dieser (durch die Existenz chemischer Elemente für die Atome bestätigten) Erfahrung meine Theorie irgendwie in Widerspruch gerät. Es ist zu beachten, dass der mathematisch-ideale Prozess der Vektor-Verschiebung, welcher dem mathematischen Aufbau der Geometrie zugrunde zu legen ist, nichts zu schaffen hat mit dem realen Vorgang der Bewegung einer Uhr, dessen Verlauf durch die Naturgesetze bestimmt wird. Die hier entwickelte Geometrie ist, das muss vom mathematischen Standpunkt aus betont werden, die wahre Nahegeometrie. Es wäre merkwürdig, wenn in der Natur statt dieser wahren eine halbe und inkonsequente Nahegeometrie mit einem angeklebten elektromagnetischen Felde realisiert wäre. Aber

14. E. Kretschmann, *Über den physikalischen Sinn der Relativitätspostulate*, Ann. Phys. 53, S. 575 (1917).

15. Deren experimentelle Prüfung zum Teil noch aussteht (Rotverschiebung der Spektrallinien in der Nähe grosser Massen).

natürlich kann ich mit meiner ganzen Auffassung auf dem Holzwege sein; es handelt sich hier wirklich um reine Spekulation; der Vergleich mit der Erfahrung ist selbstverständliches Erfordernis. Dazu müssen aber die Konsequenzen der Theorie gezogen werden; bei dieser schwierigen Aufgabe hoffe ich auf Mithilfe.

Nachtrag Juni 1955

Diese Arbeit steht am Anfang der Versuche, eine „Einheitliche Feldtheorie" aufzubauen, die später von vielen anderen – wie mir scheint, bisher ohne durchschlagender Erfolg – fortgesetzt wurden: das Problem hat insbesondere Einstein selbst, wie bekannt, bis zu seinem Ende unablässig beschäftigt. Den Ausbau meiner Theorie vollzog ich in zwei Arbeiten (34), (46), ferner in der 4. und vor allem 5. Auflage meines Buches „Raum, Zeit, Materie". Dabei gab ich – zunächst aus formalen Gründen, dann aber bestärkt durch eine Untersuchung von W. Pauli (Verh. dtsch. phys. Ges. *21*, 1919) – einem andern Wirkungsprinzip den Vorzug. Das stärkste Argument für meine Theorie schien dies zu sein, dass die Eichinvarianz dem Prinzip von der Erhaltung der elektrischen Ladung so entspricht wie die Koordinaten-Invarianz dem Erhaltungssatz von Energie-Impuls. Später führte die Quantentheorie die Schrödinger-Diracschen Potentiale ψ des Elektron-Positron-Feldes ein; in ihr trat ein aus der Erfahrung gewonnenes und die Erhaltung der Ladung garantierendes Prinzip der Eichinvarianz auf, das die ψ mit den elektromagnetischen Potentialen φ_i in ähnlicher Weise verknüpft wie meine spekulative Theorie die Gravitationspotentiale g_{ik} mit den φ_i, wobei zudem die φ_i in einer bekannten atomaren statt in einer unbekannten kosmologischen Einheit gemessen werden. Es scheint mir kein Zweifel, dass das Prinzip der Eichinvarianz hier seine richtige Stelle hat, und nicht, wie ich 1918 geglaubt hatte, im Zusammenspiel von Gravitation und Elektrizität. Man vergleiche darüber meinen Aufsatz (93): *Geometrie und Physik*.

II. Gravitation et électricité

H. Weyl [16]

La géométrie repose d'après Riemann [17] sur les deux faits qui suivent :

1. *L'espace est un continu à trois dimensions*, la variété de ses points se laisse donc représenter de manière continue avec les trois coordonnées $x_1x_2x_3$;
2. *(Théorème de Pythagore)* Le carré ds^2 de la distance entre deux points voisins

   (II.22) $$P = (x_1, x_2, x_3) \text{ et } P' = (x_1 + dx_1, x_2 + dx_2, x_3 + dx_3)$$

   est (en utilisant des coordonnées arbitraires) une forme quadratique des coordonnées relatives dx_i :

   (II.23) $$ds^2 = \sum_{ik} g_{ik}\, dx_i\, dx_k \qquad (g_{ki} = g_{ik}).$$

16. Imprimé d'après les *Sitzungsberichten der Preußischen Akademie der Wissenschaften* (1918). — Des notes ajoutées par l'auteur en l'occasion de cette impression sont distinguées par des crochets.
17. « Über die Hypothesen, welche der Geometrie zugrunde liegen », *Mathematische Werke* (deuxième édition, Leipzig 1892), XII, p. 282.

Nous exprimons cette deuxième circonstance en qualifiant l'espace de continu *métrique*. Dans l'esprit local de la physique moderne nous n'attribuons une validité rigoureuse au théorème de Pythagore que dans le très petit.

La théorie de la relativité restreinte nous amène à croire que *le temps* en tant que quatrième coordonnée (x_0) intervient de la même manière que les trois coordonnées spatiales ; que le théâtre du déroulement matériel, l'*univers*, est ainsi un *continu métrique à quatre dimensions*. La forme quadratique (II.23), qui donne la métrique d'univers, n'est donc pas définie positive — comme elle l'est dans le cas de la géométrie spatiale à trois dimensions — mais à « indice inertiel » 3 [a]. Déjà Riemann avait soutenu que la métrique doit être considérée comme quelque chose de réel puisque, dans les forces centrifuges par exemple, elle se manifeste par une action réelle sur la matière, et que la matière agit sur elle en retour ; alors que, auparavant, tout géomètre et physicien croyait que la métrique caractérisait l'espace en tant que tel, indépendamment du contenu matériel qui le remplissait. De nos jours Einstein (indépendamment de Riemann) a érigé la construction grandiose de la relativité générale sur cette notion, que Riemann n'eut pas moyen de réaliser.

D'après Einstein, les phénomènes de la *gravité* sont également régis par la métrique d'univers, et les lois selon lesquelles la matière agit sur la métrique ne sont autres que celles de la gravitation ; les g_{ik} de (II.23) constitutent les composantes du potentiel gravitationnel. — Tandis que le potentiel gravitationnel est représenté par une forme différentielle invariante *quadratique*, les *phénomènes électromagnétiques* le seront par un quadripotentiel, dont les composantes φ_i constituent une forme différentielle invariante $\sum \varphi_i \, dx_i$ linéaire. Mais jusqu'ici les deux domaines, gravitation et électricité, sont restés isolés l'un à côté de l'autre.

Des dernières conceptions de MM. Levi-Civita [18], Heisenberg [19] et de l'auteur [20] il ressort de la manière la plus claire qu'il faut poser le transport parallèle d'un vecteur comme fondement d'une construction naturelle de la géométrie riemannienne[b]. Si P et P^* sont deux points quelconques reliés par une courbe, on peut déplacer un vecteur appartenant à P le long de cette courbe en le gardant parallèle à lui-même. Mais en général ce transport vectoriel de P à P^* n'est pas intégrable, c'est-à-dire le vecteur en P^* auquel on parvient dépend du parcours le long duquel s'effectue le déplacement. L'intégrabilité n'a lieu que dans le cas euclidien (« sans gravité »). — La géométrie de Riemann dont il vient d'être question garde un dernier élément télégéométrique — sans aucune raison factuelle, pour autant que je puisse voir ; l'émergence fortuite de cette géométrie de la théorie des surfaces semble en être seule blâmable. La forme quadratique (II.23) permet justement la comparaison non seulement des longueurs de deux vecteurs au même endroit, mais même en deux endroits arbitrairement éloignés l'un de l'autre. *Une vraie géométrie du proche ne doit pourtant admettre un principe de transport d'une longueur qu'entre des points infiniment rapprochés*, et il est inadmissible que le problème du transport de longueur le long d'un parcours fini soit intégrable, alors que le transport de la direction a révélé sa dépendance vis à vis du parcours. Une fois qu'on se débarrasse de cette inconséquence, on voit émerger

18. « Nozione di parallelismo in una varietà qualunque e conseguente specificazione geometrica della curvatura riemanniana », *Rendiconti del Circolo matematico di Palermo* **42** (1917).

19. « Vektorielle Begründung der Differentialgeometrie », *Mathematische Annalen* **78** (1917).

20. *Raum, Zeit, Materie* (première édition, Berlin, 1918), p. 14.

une géométrie qui surprend car, lorsqu'elle est appliquée au monde, elle explique *non seulement les phénomènes de la gravitation, mais également ceux du champ électromagnétique*. D'après la théorie ainsi produite, les deux découlent de la même source, *on ne peut en général séparer gravitation et électricité de manière arbitraire*. Dans cette théorie *toute grandeur physique prend un sens dans la géométrie d'univers ; l'action apparaît en particulier d'emblée comme nombre pur. Elle conduit à une loi d'univers essentiellement déterminée de manière univoque ; elle permet même de comprendre en un certain sens pourquoi le monde a quatre dimensions*. — Je vais d'abord esquisser la construction de la géométrie riemannienne corrigée, sans songer à la physique ; après, l'application physique viendra d'elle-même.

Dans un système de coordonnées donné les coordonnées relatives dx_i d'un point P' par rapport à un autre point P infiniment voisin sont — voir (II.22) — les composantes du *déplacement infinitesimal* $\overrightarrow{PP'}$. Le passage d'un système de coordonnées à un autre s'exprime moyennant des formules de transformation continues :

$$x_i = x_i(x_1^* x_2^* \cdots x_n^*) \qquad (i = 1, 2, \cdots, n),$$

qui établissent le lien entre les coordonnées du même point dans les deux systèmes. Entre les composantes dx_i et dx_i^* du déplacement infinitésimal du point P on aura donc les transformations linéaires

$$dx_i = \sum_k \alpha_{ik}\, dx_k^*, \tag{II.24}$$

où les α_{ik} sont les valeurs des dérivées $\partial x_i / \partial x_k^*$ au point P. Un *vecteur* (contravariant) $\mathfrak{x}$ au point P aura, par rapport à chaque système de coordonnées, n composantes ξ^i qui se transforment, en passant à un autre système de coordonnées, de la même manière (II.24) que les composantes d'un déplacement infinitésimal. J'appelle *espace vectoriel* en P l'ensemble des vecteurs qui s'y trouvent. Il est 1. *linéaire ou affine*, c'est-à-dire que la multiplication d'un vecteur en P par un nombre, ou l'addition de vecteurs, produit toujours un vecteur en P ; et 2. *métrique* : à la forme bilinéaire symétrique (II.23) est associé un produit scalaire invariant

$$\mathfrak{x} \cdot \mathfrak{y} = \mathfrak{y} \cdot \mathfrak{x} = \sum_{ik} g_{ik}\ \xi^i\ \eta^k,$$

ici agissant sur une paire de vecteurs $\mathfrak{x}$ und $\mathfrak{y}$ de composantes ξ^i, η^i. D'après notre conception, *cette forme n'est cependant déterminée qu'à un facteur arbitraire de proportionnalité près*[c] Étant donnée la variété des points de l'espace, représentée par des coordonnées x_i, la métrique au point P ne fixe que les rapports entre les g_{ik}. Même physiquement, seuls les rapports entre les g_{ik} sont doués d'un sens immédiatement saisissable[d]. L'équation

$$\sum_{ik} g_{ik}\, dx_i\, dx_k = 0$$

est satisfaite par les points P' atteints par un signal lumineux émanant du point voisin P. Pour obtenir une représentation analytique nous devons 1. choisir un système de coordonnées et 2. établir en tout point P le facteur arbitraire de proportionnalité qui fixe les g_{ik}. Les formules qui émergent doivent donc posséder une double invariance : 1. *par rapport à toute transformation continue des coordonnées*, 2. *quand on remplace les g_{ik} par λg_{ik}*, où λ est une fonction continue arbitraire de la position[e]. C'est cette deuxième invariance qui est la caractéristique originale de notre théorie.

Soient P, P^* deux points ; à tout vecteur $\mathfrak{x}$ en P, on associe un vecteur $\mathfrak{x}^*$ en P^* d'une manière telle que $\alpha\mathfrak{x}^*$ corresponde à $\alpha\mathfrak{x}$ et $\mathfrak{x}^* + \mathfrak{y}^*$ à $\mathfrak{x} + \mathfrak{y}$ (α étant un nombre quelconque), et que le vecteur 0 en P soit le seul auquel correspond 0 en P^* ; on aura alors une *application affine ou linéaire* de l'espace vectoriel en P vers l'espace vectoriel en P^*. Cette application est en particulier *semblable*, si le produit scalaire $\mathfrak{x}^* \cdot \mathfrak{y}^*$ des vecteurs résultants en P^* est proportionnel au produit scalaire de $\mathfrak{x}$ et $\mathfrak{y}$ en P pour toute paire $\mathfrak{x}$, $\mathfrak{y}$. (Cette notion d'application *semblable* est seule douée d'un sens objectif dans notre conception ; la théorie précédente admettait la notion plus forte d'application *congruente*.) Le *déplacement parallèle d'un vecteur* du point P au point voisin P' est caractérisé par les deux axiomes :

1. Le déplacement parallèle de P à P' représente une application semblable entre les espaces vectoriels associés à P et à P' ;
2. soient P_1, P_2 deux points voisins de P ; le transport parallèle de P vers P_1 envoie d'abord le vecteur infinitésimal $\overrightarrow{PP_2}$ sur $\overrightarrow{P_1P_{12}}$; puis le transport parallèle de P vers P_2 envoie le vecteur infinitésimal $\overrightarrow{PP_1}$ sur $\overrightarrow{P_2P_{21}}$; alors les points P_{12} et P_{21} doivent coïncider (commutativité)[f].

La partie de la première condition qui exprime le caractère affine du déplacement parallèle entre les espaces vectoriels associés à P et à P' s'exprime analytiquement ainsi : le vecteur ξ^i en $P = (x_1 x_2 \cdots x_n)$ devient un vecteur

$$\xi^i + d\xi^i \quad \text{en} \quad P' = (x_1 + dx_1, x_2 + dx_2, \cdots, x_n + dx_n)$$

dont les composantes dépendent linéairement de ξ_i :

$$d\xi^i = -\sum_r d\gamma^i_r \; \xi^r. \tag{II.25}$$

D'après la deuxième condition, les $d\gamma^i_r$ sont des formes différentielles linéaires :

$$d\gamma^i_r = \sum_s \Gamma^i_{rs} \, dx_s$$

dont les coefficients possèdent la symétrie

$$\Gamma^i_{sr} = \Gamma^i_{rs}. \tag{II.26}$$

Si deux vecteurs ξ^i, η^i de P deviennent $\xi^i + d\xi^i$ et $\eta^i + d\eta^i$ par déplacement parallèle vers P', la condition de similitude requise en 1., qui va au-delà de l'affinité, exige que

$$\sum_{ik} (g_{ik} + dg_{ik})(\xi^i + d\xi^i)(\eta^k + d\eta^k)$$

soit proportionnel à

$$\sum_{ik} g_{ik} \, \xi^i \eta^k.$$

Si nous appelons $1+d\varphi$ le facteur de proportionnalité qui diffère très peu de 1, et si abaissons un indice comme d'habitude par la formule

$$a_i = \sum_k g_{ik}\, a^k,$$

nous aurons

$$dg_{ik} - (d\gamma_{ki} + d\gamma_{ik}) = g_{ik}\, d\varphi. \tag{II.27}$$

Il s'ensuit que $d\varphi$ sera une forme différentielle linéaire :

$$d\varphi = \sum_i \varphi_i\, dx_i \tag{II.28}$$

Si elle est connue, l'équation (II.27) ou

$$\Gamma_{i,kr} + \Gamma_{k,ir} = \frac{\partial g_{ik}}{\partial x_r} - g_{ik}\, \varphi_r$$

donne, avec la condition de symétrie (II.26), les grandeurs Γ sans ambiguïté. *La connexion métrique inhérente à la structure de l'espace dépend donc non seulement de la forme quadratique* (II.23) (qui n'est donnée qu'à un facteur arbitraire de proportionnalité près), *mais encore d'une forme linéaire* (II.28)[21]. En remplaçant, sans changer de système de coordonnées, g_{ik} par λg_{ik}, les grandeurs $d\gamma^i_k$ ne changent pas, $d\gamma_{ik}$ acquiert le facteur λ, dg_{ik} devient $\lambda dg_{ik} + g_{ik}d\lambda$. L'équation (II.27) nous apprend ainsi que $d\varphi$ devient[g]

$$d\varphi + \frac{d\lambda}{\lambda} = d\varphi + d\lg\lambda.$$

Dans la forme linéaire $\sum \varphi_i dx_i$, ne reste donc aucun facteur de proportionnalité indéterminé, qui serait fixé par un choix arbitraire d'unité de mesure ; l'arbitraire se manifeste plutôt sous la forme d'une *différentielle totale additive*. Pour la représentation analytique de la géométrie, les formes

$$g_{ik}\, dx_i\, dx_k, \quad \varphi_i\, dx_i \tag{II.29}$$

21. [J'ai par la suite — cf. la représentation définitive dans la cinquième édition de *Raum, Zeit, Materie*, 1923, p. 15 — apporté à cette construction les modifications qui suivent. a) Les conditions 1. et 2. auxquelles le déplacement parallèle doit satisfaire sont remplacées par l'unique condition : au point P il doit y avoir un système de coordonnées, par rapport auquel les composantes de tout vecteur en P demeurent inchangées par un déplacement parallèle vers n'importe quel point voisin. Elle caractérise l'essence du déplacement parallèle comme une propagation qui laisse les vecteurs « tels quels ». b) À la *métrique* au point particulier P, qui associe un *module* à tout vecteur $\mathfrak{x} = (\xi^i)$ en P, tel que deux vecteurs possédant la même mesure numérique $l = \sum g_{ik}\xi^i\xi^k$ déterminent le même module, correspond *la connexion de longueur* de P avec les points de son voisinage : la propagation congruente transforme un module en P en un module au point voisin P'. En imposant la condition analogue à a) à cette notion de propagation congruente de modules, pour le transport parallèle des vecteurs, on reconnaît que cette démarche (moyennant laquelle la mesure numérique l du module subit l'accroissement dl) s'exprime par l'équation

$$dl = l d\varphi \ ; \quad d\varphi = \sum \varphi_i dx_i.$$

La métrique et la connexion de longueur déterminent ainsi la connexion « affine » (transport parallèle) sans ambiguïté — et ceci est le fondement de la géométrie dans ma conception actuelle du problème de l'espace — tandis que, d'après l'exposition du texte la forme linéaire $d\varphi$ est justement ce qui reste arbitraire pour le déplacement parallèle avec une métrique donnée.]

sont aussi valables que

$$\lambda \cdot g_{ik}\, dx_i\, dx_k \text{ et } \varphi_i\, dx_i + d\lg\lambda, \tag{II.30}$$

où λ est une fonction arbitraire positive de la position. Seul est vraiment invariant le tenseur antisymétrique de composantes[h]

$$F_{ik} = \frac{\partial \varphi_i}{\partial x_k} - \frac{\partial \varphi_k}{\partial x_i}, \tag{II.31}$$

c'est-à-dire la forme

$$F_{ik} dx_i \delta x_k = \frac{1}{2} F_{ik} \Delta x_{ik},$$

qui dépend bilinéairement des deux déplacements arbitraires dx et δx au point P — ou plutôt linéairement de l'élément de surface avec composantes

$$\Delta x_{ik} = dx_i \delta x_k - dx_k \delta x_i$$

déterminé par ces deux déplacements. Le cas particulier de l'ancienne théorie, où une unité de longueur choisie librement au départ peut être transportée parallèlement partout ailleurs sans dépendance au parcours suivi, s'obtient quand les g_{ik} sont fixés absolument de telle sorte que les φ_i s'annulent. Les Γ^i_{rs} ne sont alors autres que les symboles de Christoffel à trois indices. Pour ceci il faut et suffit que le tenseur F_{ik} soit partout nul.

Il est donc très naturel d'interpréter, dans la géométrie d'univers, φ_i comme *quadri-potentiel*, et le tenseur F comme *champ électromagnétique*. La validité de la théorie d'Einstein, qui ne fournit que les phénomènes de gravitation, dépendrait par conséquent de l'absence de champ électromagnétique. En admettant cette conception, on constate que la nature des grandeurs électriques est telle que leur caractérisation numérique dans un système de coordonnées donné ne dépend pas du choix arbitraire d'une unité de mesure. Cette théorie exige de se réorienter complètement pour ce qui concerne l'unité de mesure et la dimensionnalité. Avant on définissait une grandeur par exemple comme tenseur de valence 2 (de rang 2) lorsque, *après le choix d'une unité de mesure arbitraire*, chacune de ses valeurs détermine dans chaque système de coordonnées une matrice de nombres a_{ik}, qui constituent les coefficients d'une forme invariante bilinéaire de deux déplacement infinitésimaux arbitraires

$$a_{ik}\, dx_i\, \delta x_k. \tag{II.32}$$

Ici on parle d'un tenseur lorsque, dans un système de coordonnées donné et *après le choix du facteur de proportionnalité contenu dans les* g_{ik}, les composantes a_{ik} sont déterminées de manière univoque ; et de telle sorte qu'une transformation de coordonnées laisse invariante la forme (II.32), mais que le remplacement des g_{ik} par les λg_{ik} transforme les a_{ik} en $\lambda^e a_{ik}$. Nous disons alors que le tenseur *est de poids* e, ou encore, une fois que nous attribuons la dimension « *longueur* $= l$ » à l'élément de ligne ds, qu'il est de dimension l^{2e}. Seuls les tenseurs de poids 0 sont absolument invariants. Le tenseur de champ avec les composantes F_{ik} est bien de ce genre[i]. Il satisfait, d'après (II.31), au premier système

$$\frac{\partial F_{kl}}{\partial x_i} + \frac{\partial F_{li}}{\partial x_k} + \frac{\partial F_{ik}}{\partial x_l} = 0$$

des équations de Maxwell[j]. Une fois établie la notion de déplacement parallèle, la géométrie et le calcul tensoriel se laissent développer sans peine. *a*) *Ligne géodésique*. Étant donné un vecteur en un point P, la ligne géodésique issue de P dans la direction de ce vecteur est engendrée par son déplacement parallèle dans sa propre direction. L'équation différentielle satisfaite par la ligne géodésique s'exprime comme suit, en utilisant un paramètre convenable τ :

$$\frac{d^2x_i}{d\tau^2} + \Gamma^i_{rs}\frac{dx_r}{d\tau}\frac{dx_s}{d\tau} = 0.$$

(Ici elle ne se laisse pas caractériser naturellement comme ligne de longueur minimale puisque la notion de longueur d'une courbe est dépourvue de sens[k].) *b*) *Calcul tensoriel*. Pour obtenir par exemple (par différentiation) un champ tensoriel deux fois covariant, à partir d'un champ tensoriel une fois covariant de poids 0 et de composantes f_i, nous nous aidons d'un vecteur arbitraire ξ_i au point P ; construisons l'invariant $f_i\xi^i$ ainsi que sa variation infiniment petite qui résulte du passage du point P de coordonnées x_i au point voisin P' de coordonnées $x_i + dx_i$, pendant que nous déplaçons le vecteur ξ parallèlement à lui-même. Pour cette variation on a

$$\frac{\partial f_i}{\partial x_k}\xi^i dx_k + f_r d\xi^r = \left(\frac{\partial f_i}{\partial x_k} - \Gamma^r_{ik}f_r\right)\xi^i dx_k.$$

Les grandeurs entre parenthèses à droite sont donc les composantes d'un champ tensoriel de deuxième ordre de poids 0, constitué de manière entièrement invariante à partir du champ f. *c*) *Courbure*. Pour construire l'analogue du tenseur de courbure de Riemann, on reprend le petit parallélogramme dont il vient d'être question, formé par les points P, P_1, P_2 et $P_{12} = P_{21}$ [22]. Déplaçons un vecteur $\mathfrak{x} = (\xi^i)$ en P parallèlement à lui-même vers P_1 puis vers P_{12} ; et une seconde fois vers P_2 puis vers P_{21} ; on peut alors, vu que P_{12} et P_{21} coïncident, prendre la différence $\Delta\mathfrak{x}$ des deux vecteurs ainsi obtenus en ce point. Pour les composantes on a

(II.33) $$\Delta\xi^i = \Delta R^i_j \cdot \xi^j,$$

où les $\Delta\xi^i_j$ ne dépendent pas du vecteur déplacé $\mathfrak{x}$, mais linéairement de l'élément de surface

$$\Delta R^i_j = R^i_{jkl}\, dx_k\, \delta x_l = \frac{1}{2}R^i_{jkl}\,\Delta x_{kl}$$

engendré par les deux déplacements $\overrightarrow{PP_1} = (dx_k)$, $\overrightarrow{PP_2} = (\delta x_i)$. Les composantes R^i_{jkl} de courbure, qui ne dépendent que du point, ont les deux propriétés de symétrie qui suivent : 1. elles changent de signe par permutation des deux derniers indices k et l ; 2. la somme des trois termes obtenus en effectuant les permutations cycliques de jkl est nulle. En abaissant l'indice i nous obtenons les composantes R_{ijkl} d'un tenseur quatre fois covariant de poids 1. Et on voit, même sans calculs, que R se casse de manière naturellement invariante en deux termes :

(II.34) $$R^i_{jkl} = P^i_{jkl} - \frac{1}{2}\delta^i_j F_{kl} \qquad \delta^i_j = \begin{cases} 1(i=j) \\ 0(i \neq j) \end{cases},$$

22. [Il n'est pas essentiel que les côtés opposés du petit « parallélogramme » soient issus l'un de l'autre par déplacement parallèle, seule compte la coïncidence des points P_{12} et P_{21}.]

dont le premier, P_{ijkl}, est antisymétrique non seulement dans les indices kl, mais également en i et j. Tandis que les équations $F_{ik} = 0$ caractérisent un espace dépourvu de champ électromagnétique, c'est-à-dire un espace où le déplacement congruent est intégrable, l'équation $P^i_{jkl} = 0$ exprime, comme il s'ensuit de (II.34), l'absence de champ gravitationnel, correspondant à une variation de direction intégrable. L'espace euclidien est le seul à la fois sans électricité et sans gravité[1].

L'invariant le plus simple d'une application linéaire comme (II.33), qui à tout vecteur $\mathfrak{x}$ fait correspondre un vecteur $\Delta\mathfrak{x}$, est sa « trace »

$$\frac{1}{n}R^i_i.$$

Pour celle-ci on a d'après (II.34) la forme

$$-\frac{1}{2}F_{ik}\,dx_i\,\delta x_k,$$

que l'on vient de voir. L'invariant le plus simple d'un tenseur comme $-\frac{1}{2}F_{ik}$ est le carré de sa norme :

$$L = \frac{1}{4}F_{ik}F^{ik}.$$

Comme le tenseur F est de poids 0, L est manifestement un invariant de poids -2[m]. Si g est le déterminant négatif des g_{ik},

$$d\omega = \sqrt{g}\,dx_0\,dx_1\,dx_2\,dx_3 = \sqrt{g}dx$$

le volume d'un tout petit élément de volume,[n] la théorie de Maxwell sera régie par l'action électrique égale à l'intégrale $\int L\,d\omega$ de cet invariant le plus simple, prise sur une région d'univers arbitraire ; dans cette optique, une variation arbitraire des g_{ik} et des φ_i, qui s'annule au bord de la région d'univers, donne

$$\delta\int L\,d\omega = \int (S^i d\varphi_i + T^{ik}\,dg_{ik})\,d\omega,$$

où les

$$S^i = \frac{1}{\sqrt{g}}\frac{\partial(\sqrt{g}F^{ik})}{\partial x_k}$$

sont les premiers membres des équations de Maxwell inhomogènes (au deuxième on a les composantes du quadricourant), et les T^{ik} constituent les composantes du tenseur énergie-impulsion du champ électromagnétique. Comme L est un invariant de poids -2, tandis que l'élément de volume dans la géométrie à n dimensions est un invariant de poids $n/2$, l'intégrale $\int Ld\omega$ n'est douée de sens que si le nombre de dimensions est $n = 4$. *La possibilité même de la théorie de Maxwell est donc liée dans notre interprétation au nombre de dimensions* 4. Mais dans l'univers à quatre dimensions la grandeur d'action électromagnétique devient un nombre pur.

La grandeur de l'action 1 dans les unités de mesure traditionnelles CGS ne sera certes déterminée, sur la base de notre théorie, que par la résolution d'un problème — par exemple concernant l'électron — confrontable avec l'observation.

Passant de la géométrie à la physique, nous devons admettre, d'après l'exemple fourni par la théorie[23] die Mie, que toute la législation de la nature repose sur un certain invariant intégral, l'action

$$\int W d\omega = \int \mathfrak{W}\, dx \qquad (\mathfrak{W} = W\sqrt{g}),$$

de telle sorte que *le monde réel est distingué parmi tous les espaces metriques possibles à quatre dimensions par le fait que, pour lui, l'action contenue dans toute région d'univers prend une valeur extrémale* par rapport aux variations des potentiels g_{ik}, φ_i, qui s'annulent aux bords de la région d'univers en question[o]. W, la densité d'univers de l'action, doit être un invariant de poids -2. *L'action est en tout cas un nombre pur*; notre théorie permet donc de rendre compte *a priori* de cette structure atomistique de l'univers, laquelle possède d'après la conception actuelle la signification la plus fondamentale : celle du quantum d'action. La forme la plus simple et naturelle que nous pouvons donner à W est

(II.35) $$W = R^i_{jkl}\, R_i^{jkl} = |R|^2.$$

D'après (II.34) il en résulte

$$W = |P|^2 + 4L.$$

(Tout au plus le facteur 4, avec lequel le deuxième terme L [électrique] s'ajoute au premier, pourrait demeurer douteux.) Mais sans spécialiser davantage l'action, nous pouvons tirer certaines conclusions du principe d'action. Nous démontrerons notamment : *de même que*, d'après des recherches de Hilbert, Lorentz, Einstein, Klein et l'auteur,[24] *les quatre lois de conservation de la matière* (du tenseur énergie-impulsion) *se lient à l'invariance* (exprimée par quatre fonctions arbitraires) *de l'action par rapport aux transformations de coordonnées, la nouvelle* « invariance *(exprimée par une cinquième fonction arbitraire)* d'échelle » [passage de (II.29) à (II.30)] *est liée à la conservation de l'électricité*. La manière dont cette dernière s'associe au principe d'énergie-impulsion me semble l'argument général le plus fort en faveur de la théorie exposée ici — pour autant qu'il puisse s'agir de confirmation dans le domaine de la spéculation pure.

Nous posons, pour une variation arbitraire qui s'annule aux bords de la région d'univers considérée,[p]

(II.36) $$\delta \int \mathfrak{W} dx = \int (\mathfrak{W}^{ik}\delta g_{ik} + \mathfrak{w}^i \delta\varphi_i)\, dx \qquad (\mathfrak{W}^{ki} = \mathfrak{W}^{ik}).$$

Les lois de la nature seront donc

(II.37) $$\mathfrak{W}^{ik} = 0, \quad \mathfrak{w}^i = 0.$$

23. *Annalen der Physik* **37**, **39**, **40** (1912-3).

24. Hilbert « Die Grundlagen der Physik (Erste Mitteilung) », *Göttinger Nachrichten*, 20 novembre 1915; H. A. Lorentz en quatre articles dans les *Verslagen van de Koninklijke Akademie van Wetenschappen te Amsterdam* 1915-6; A. Einstein, « Hamiltonsches Prinzip und allgemeine Relativitätstheorie » *Sitzungsberichte der preussischen Akademie der Wissenschaften* (1916), p. 1111-1116; F. Klein, *Göttinger Nachrichten*, 25 janvier 1918; H. Weyl, *Annalen der Physik* **54** (1917), p. 121.

Nous pouvons prendre les premières comme lois du champ de gravitation, les secondes comme celles du champ électromagnétique. Les grandeurs W_k^i, w^i, telles que

$$\mathfrak{W}_k^i = \sqrt{g} W_k^i, \quad \mathfrak{w}^i = \sqrt{g} w^i$$

sont respectivement les composantes mixtes et contravariantes de tenseurs de deuxième et de premier rang, de poids -2. Le système d'équations (II.37) en contient, selon les propriétés d'invariance, cinq de trop. Cela s'exprime selon les cinq identités invariantes suivantes, qui concernent les premiers membres :

$$\frac{\partial \mathfrak{w}^i}{\partial x_i} \equiv \mathfrak{W}_i^i; \tag{II.38}$$

$$\frac{\partial \mathfrak{W}_k^i}{\partial x_i} - \Gamma_{kr}^s \mathfrak{W}_s^r \equiv \frac{1}{2} F_{ik} \, w^i. \tag{II.39}$$

La première découle de l'invariance d'échelle. En prenant, pour le passage de (II.29) à (II.30), $\lg \lambda$ égal à une fonction infinitésimale $\delta\rho$ de la position, nous obtenons la variation

$$\delta g_{ik} = g_{ik} \, \delta\rho, \quad \delta\varphi_i = \frac{\partial(\delta\rho)}{\partial x_i}.$$

Pour elle, (II.36) doit s'annuler. En écrivant ensuite l'invariance de l'action par rapport aux transformations de coordonnées exprimant une déformation infinitésimale du continu d'univers[25], on obtient les identités

$$\left(\frac{\partial \mathfrak{W}_k^i}{\partial x_i} - \frac{1}{2} \frac{\partial g_{rs}}{\partial x_k} \mathfrak{W}^{rs} \right) + \frac{1}{2} \left(\frac{\partial \mathfrak{w}^i}{\partial x_i} \cdot \varphi_k - F_{ik} \mathfrak{w}^i \right) \equiv 0,$$

qui se transforment en (II.39), si $\partial \mathfrak{w}^i / \partial x_i$ est remplacé par $g_{rs}\mathfrak{W}^{rs}$ conformément à (II.38). À partir des seules lois de gravitation on a donc déjà

$$\frac{\partial \mathfrak{w}^i}{\partial x_i} = 0, \tag{II.40}$$

et à partir des seules lois de champ électromagnétiques,

$$\frac{\partial \mathfrak{W}_k^i}{\partial x_i} - \Gamma_{kr}^s \mathfrak{W}_s^r = 0. \tag{II.41}$$

Dans la théorie de Maxwell $\mathfrak{w}^i$ a la forme

$$\mathfrak{w}^i \equiv \frac{\partial(\sqrt{g} F^{ik})}{\partial x_k} - \mathfrak{s}^i \qquad (\mathfrak{s}^i = \sqrt{g} \cdot s^i),$$

où s^i est le quadricourant. Le fait qu'ici le premier morceau satisfait à l'équation (II.40) identiquement conduit à la conservation de l'électricité :

$$\frac{1}{\sqrt{g}} \frac{\partial(\sqrt{g} \cdot s^i)}{\partial x_i} = 0.$$

25. Weyl, *Annalen der Physik* **54** (1917), p. 121 ; F. Klein, *Göttinger Nachrichten*, séance du 25 janvier 1918.

Dans la théorie einsteinienne de la gravitation $\mathfrak{W}_k^i$ est donc composée de deux termes, dont le premier satisfait identiquement l'équation (II.41) et le deuxième est égal aux composantes mixtes T_k^i du tenseur énergie-impulsion, multipliées par $\sqrt{g}$. Les équations (II.41) mènent donc aux quatre lois de conservation de la matière. Il en est de même dans notre théorie si nous adoptons la substitution (II.35) pour l'action. Les cinq principes de conservation sont « éliminateurs » des lois de champ, c'est-à-dire elles en découlent doublement et montrent que cinq en sont superflues.

Avec la substitution (II.35) les équations de Maxwell prennent par exemple la forme

$$\text{(II.42)} \qquad \frac{1}{\sqrt{g}}\frac{\partial(\sqrt{g}F^{ik})}{\partial x_k} = s^i,$$

et le courant sera

$$s_i = \frac{1}{4}\left(R\varphi_i + \frac{\partial R}{\partial x_i}\right).$$

R indique l'invariant de poids -1, obtenu à partir de R^i_{jkl}, en contractant d'abord les indices i, k, ensuite j, l. Le calcul donne :

$$R = R^* - \frac{3}{\sqrt{g}}\frac{\partial(\sqrt{g}\,\varphi^i)}{\partial x_i} + \frac{3}{2}(\varphi_i\,\varphi^i),$$

R^* étant l'invariant riemannien de courbure construit à partir des seuls g_{ik}. Dans le cas statique, où les composantes spatiales du potentiel électromagnétique disparaissent et où toutes les grandeurs sont indépendantes du temps x_0, on aura

$$R = R^* + \frac{3}{2}\varphi_0\,\varphi^0 = \text{const.}$$

d'après (II.42). Mais dans une région d'univers où $R \neq 0$ on peut aussi obtenir $R =$ const. $= \pm 1$ de manière générale, par un choix convenable de l'unité arbitraire de mesure. Néanmoins, pour des états variables dans le temps il pourra y avoir des surfaces $R = 0$ qui auront manifestement un certain rôle singulier. Pour la densité d'action (c'est R^* qui intervient en tant que telle dans la théorie einsteinienne de gravitation) il ne faut pas employer R, puisque celui-ci ne possède pas le poids -2. Il s'ensuit que notre théorie mène aux équations maxwelliennes de l'électromagnétisme, mais pas aux équations einsteiniennes de la gravitation ; à leur place interviennent des équations différentielles du quatrième ordre. Mais en fait il est de toutes façons fort invraisemblable que les équations einsteiniennes de la gravitation soient strictement exactes, surtout parce que la constante gravitationnelle qui y figure sort du cadre des autres constantes naturelles, de sorte que le rayon gravitationnel de la charge et de la masse d'un électron par exemple ont des ordres de grandeur complètement différents (à savoir respectivement 10^{20} fois et 10^{40} fois plus petits) du rayon de l'électron lui-même [26]

Mon propos ici n'a été que de développer brièvement les fondements généraux de la théorie. Reste naturellement la tâche d'en déduire, en appliquant la substitution

26. Cf. Weyl « Zur Gravitationstheorie » *Annalen der Physik* **54** (1917), p. 133.

spéciale (II.35), ses conséquences physiques [27] et de les comparer avec l'expérience, surtout d'établir si elle permet de dériver l'existence de l'électron et les particularités des processus atomiques qui attendent encore une explication [28]. La tâche est mathématiquement fort compliquée, puisqu'on ne peut pas obtenir des solutions approchées en ne conservant que les termes linéaires ; car étant donné que l'omission des termes d'ordre supérieur à l'intérieur de l'électron n'est certes pas acceptable, les équations linéaires provenant d'une telle omission n'auraient essentiellement que la solution nulle. Je propose de m'étendre ailleurs sur toutes ces questions.

Supplément. Commentaire de Monsieur A. Einstein

Si les rayons de lumière fournissaient le seul moyen empirique de trouver les relations métriques autour d'un point d'univers, un facteur resterait indéterminé dans l'intervalle ds (ainsi que dans les g_{ik}). Il n'y a pas de telle indétermination, toutefois, si le ds est déterminé à partir de résultats de mesure obtenus avec de (tout petits) corps rigides (règles) et des horloges. Un ds de genre temps peut alors être immédiatement mesuré avec une horloge unitaire, qui décrit la ligne d'univers le long de laquelle s'évalue le ds.

Une telle définition de l'intervalle élémentaire ds ne serait illusoire que si les notions de « règle unitaire » et d'« horloge unitaire » reposaient sur une hypothèse de principe erronée ; ce serait le cas si la longueur d'une règle unitaire (ou la cadence d'une horloge unitaire) dépendait de la préhistoire. S'il en était vraiment ainsi, les éléments chimiques ne pourraient exister dans la nature avec leurs raies spectrales de fréquences fixes ; les fréquences de deux atomes (spatialement proches) de la même espèce devraient en général être différentes. Comme ce n'est pas le cas, l'hypothèse fondamentale de la théorie me semble malheureusement inadmissible — théorie dont la profondeur et hardiesse doivent cependant remplir tout lecteur d'admiration.

Réponse de l'auteur

Je remercie Monsieur Einstein de me permettre de répondre à l'objection qu'il a soulevée. En fait je ne crois pas qu'elle soit justifiée. D'après la théorie de la relativité restreinte une règle rigide a toujours la même longueur au repos, pourvu qu'elle y parvienne dans un référentiel convenable, et une horloge possède, dans ces mêmes conditions, une même période (expérience de Michelson, effet Doppler), mesurée en temps propre. Mais il n'est pas question ici qu'une horloge violemment secouée

---

27. [La tâche de déterminer tous les invariants W exprimables comme grandeurs d'action — il est requis que les dérivées des g_{ik} ne dépassent pas le deuxième ordre, celles des φ_i le premier ordre — a été résolue par R. Weitzenböck. (*Sitzungsberichte der Akademie der Wissenschaften in Wien, Abteilung IIa* **129** (1920), séances du 21 et du 28 octobre ; **130** (1921, 10 février).) En écartant les invariants W pour lesquels la variation $\delta \int W d\omega$ est identiquement nulle, il ne reste d'après un ultérieur calcul entrepris par R. Bach (*Mathematische Zeitschrift* **9** (1921), p. 125, 189) que trois possibilités. La véritable W semble être une combinaison linéaire du L maxwellien et du carré de R. Les conséquences de cette substitution ont été plus précisément explorées par W. Pauli (*Physikalische Zeitschrift* **20** (1919), p. 457-467) et par moi-même ; elles ont en particulier amené à la dérivation des équations du mouvement d'un corpuscule matériel. L'invariant (II.35), privilégié d'emblée par hasard, ne semble en revanche jouer aucun rôle dans la nature. Cf. *Raum, Zeit, Materie*, cinquième édition, § 38, 40.]

28. [J'ai depuis lors tout à fait renoncé à de tels espoirs, éveillés par la théorie de Mie ; le problème de la matière n'est pas selon moi à résoudre avec une simple théorie de champ. Cf. mon article « Feld und Materie » *Annalen der Physik*, **65** (1921) p. 541-563.]

mesure le temps propre $\int ds$ (de même qu'en thermodynamique un gaz chauffé de manière arbitrairement rapide et irrégulière ne parcourt pas exclusivement des états d'équilibre) ; il n'en sera d'abord pas ainsi si l'horloge (l'atome) est soumise à l'action d'un champ électromagnétique intense et variable. La relativité générale permet donc tout au plus d'affirmer : une *horloge au repos* dans un champ gravitationnel *statique*, mesure *en l'absence d'un champ électromagnétique*, l'intégrale $\int ds$. Mais comment se comportera une horloge mobile soumise à l'action combinée d'un champ arbitraire électromagnétique et gravitationnel, on ne l'apprendra qu'en développant une dynamique fondée sur les lois physiques. À cause de ce comportement problématique des règles et des horloges, je n'ai appuyé, dans mon livre *Raum, Zeit, Materie*, la mesure théorique des g_{ik} que sur l'observation de l'arrivée des signaux lumineux (p. 182ff.) ; ces grandeurs peuvent ainsi, *si la théorie d'Einstein est bonne*, être déterminées non seulement dans leurs rapports, mais (après le choix d'une unité fixe de mesure) de manière absolue. Kretschmann est parvenu indépendamment à la même idée [29].

Selon la théorie ici développée, la forme quadratique ds^2 équivaut avec une bonne approximation — en dehors de l'atome et en choisissant convenablement les coordonnées et le facteur indéterminé de proportionnalité — à ce qu'elle est en relativité restreinte, et la forme linéaire est nulle avec la même approximation. En l'absence de champ électromagnétique (forme linéaire exactement nulle) le ds^2 sera exactement déterminé par la condition exprimée entre parenthèses (à un facteur *constant* de proportionnalité près, qui demeure arbitraire même selon Einstein ; on aura la même chose avec un champ qui n'est qu'électrostatique). L'hypothèse la plus plausible que l'on puisse exprimer à propos d'une horloge au repos dans un champ statique est qu'elle mesure l'intégrale du *ds ainsi normalisé* ; reste la tâche, dans ma théorie comme dans celle d'Einstein, de dériver ce fait [30] à partir d'une dynamique explicitement développée. Mais en tout cas un objet oscillant, de constitution spécifiée, durablement plongé dans un certain champ statique, se comportera de manière uniquement déterminée (l'influence d'une éventuelle préhistoire tumultueuse disparaîtrait tout de suite) ; je ne crois pas que cette expérience (confirmée pour les atomes par l'existence d'éléments chimiques) condamne ma théorie à l'incohérence. Il faut noter que le processus mathématique-idéel de la translation vectorielle, qu'il a fallu poser à la base de la construction mathématique de la géométrie, ait quoi que ce soit à voir avec le processus réel du mouvement d'une horloge, dont la marche est déterminée par les lois de la nature.

La géométrie ici développée est — la chose doit être soulignée du point de vue mathématique — la vraie géométrie du proche. Il serait étonnant qu'à la place de cette vraie géométrie du proche, se réalise une géométrie du proche inconséquente et partielle, avec un champ électromagnétique surajouté. Mais je peux bien sûr m'être fourvoyé avec ma conception ; il n'est guère question ici que de pure spéculation ; la comparaison avec l'expérience est bien entendu requise. Il faut en outre tirer les conséquences de la théorie ; dans cette tâche ardue j'espère qu'on m'aidera.

29. E. Kretschmann « Über den physikalischen Sinn der Relativitätspostulate », *Annalen der Physik* **53** (1917), p. 575.

30. Dont la preuve expérimentale existe déjà en partie (décalage vers le rouge des lignes spectrales en proximité des grandes masses).

Supplément juin 1955

Cet article se situe au début des tentatives de bâtir une « théorie de champ unifiée », tentatives poursuivies par la suite — sans trop de succès jusque-là, me semble-t-il — par bien d'autres : le problème a en particulier inlassablement occupé Einstein lui-même, comme on le sait, jusqu'à la fin de sa vie.

J'ai accompli la construction de ma théorie en deux articles (34), (46), puis dans la quatrième et surtout la cinquième édition de mon livre *Raum, Zeit, Materie* ; d'abord pour des raisons formelles, mais ensuite soutenu par les recherches de W. Pauli (*Verhandlungen der deutschen physikalischen Gesellschaft* **21**, 1919), j'y ai préféré un principe d'action différent.

L'argument le plus fort en faveur de ma théorie me semble résider dans la correspondance entre l'invariance de jauge et le principe de conservation de la charge, analogue à celle entre l'invariance de coordonnées et la conservation de l'énergie-impulsion. Par la suite la théorie quantique introduisit les potentiels Schrödinger-Dirac ψ du champ électron-positon ; elle fait intervenir un principe d'invariance de jauge dérivé de l'expérience, qui garantit la conservation de la charge ; avec une relation entre ψ et les potentiels électromagnétiques φ_i qui rappelle celle entre les potentiels g_{ik} et les φ_i dans ma théorie spéculative, où les φ_i sont d'ailleurs mesurés dans une unité atomique connue plutôt que dans une unité cosmologique inconnue. Je n'ai aucun doute que c'est ici que le principe d'invariance trouve sa place légitime, plutôt que dans le jeu des relations entre gravitation et électricité comme je le croyais en 1918. On se reportera à mon article : « Geometrie und Physik. »

Notes

[a] Weyl veut dire que la signature est lorentzienne, c'est-à-dire 1,3.

[b] Weyl suggère d'exprimer la géométrie riemannienne en termes de connexions plutôt que de métrique. Notons que ceci est la conception moderne, qui permet de traiter la relativité générale de la même manière (en tout cas avec un formalisme similaire) que les autres théories de champ classiques. En particulier, les tentatives de quantification de la relativité générale se basent ainsi sur une expression en termes de connexions.

[c] Ceci exprime que l'on a affaire à une structure conforme. Notons que Weyl emploie le terme « forme » pour désigner la métrique. Ce n'est évidemment pas une forme différentielle, mais une forme bilinéaire. Notons également que, bien que Weyl s'intéresse à une structure conforme (c'est-à-dire à une classe de métriques reliées par des transformations d'échelle), il travaille avec un représentant choisi, g, de cette classe.

[d] Comme il l'écrit, la métrique (en fait la structure conforme) au point P ne fixe que les rapports entre les g_{ik}. Le fondement de sa conception est que, même physiquement, seuls ces rapports sont doués d'un sens immédiatement saisissable. Le déplacement parallèle d'un vecteur est exprimé par une *application affine* de l'espace vectoriel en P à l'espace vectoriel en P'. En géométrie riemannienne ordinaire, elle est *congruente*. Ici elle est *similaire*, notion plus large.

[e] Il mentionne deux types de transformations, les difféomorphismes (déjà présents en géométrie riemannienne), et la similarité, aujourd'hui appelée transformation d'échelle (ou *Weyl scaling*, ou *transformation conforme*), qui est en fait un changement particulier de métrique sur une variété différentielle donnée. En attribuant aux deux types de transformations des rôles analogues, il considère les premières comme ce que l'on appellerait aujourd'hui transformations de jauge.

[f] La condition 1., accompagnée de la condition 2. (qui traduit l'absence de torsion, exprimée par (5)) définit la connexion. La condition de similitude requise en 1., qui va au-delà de l'affinité, exige que la connexion dépende d'une forme linéaire (7). Attention, la notation $d\varphi$ voudrait dire, dans le langage contemporain, que la forme est exacte, ce qui n'est pas le cas ici (voir équation (10)). De fait, une structure conforme correspond à un degré de liberté de moins qu'une structure métrique (celle-ci pouvant être vue comme possédant les 10 composantes du tenseur métrique dans un système de coordonnées choisi) ; ce

degré en moins est la fonction arbitraire qui intervient dans une transformation d'échelle. Ceci, même avec la contrainte de torsion nulle, ne suffit pas à déterminer uniquement une connexion (alors qu'une métrique définit canoniquement l'unique connexion de Levi-Civita). La connexion qu'introduit Weyl doit donc dépendre d'autre chose, en plus de la structure conforme : la forme donnée par (7) précisément.

[g] La formule précédant (8) est exactement celle d'une transformation de jauge appliquée à la connexion, ici nommée « liberté d'une différentielle totale additive ». Nous dirions aujourd'hui que la connexion se transforme selon la représentation adjointe du groupe de jauge (ici celui associé aux transformations d'échelle). Mais Weyl va montrer ensuite que la forme de courbure dérivée de la connexion est, elle, invariante sous de telles transformations (nous dirions *invariante conforme*). Ceci est aujourd'hui connu comme un théorème très général, s'appliquant à toute connexion sur un fibré principal.

[h] Le tenseur F — champ électromagnétique — est exactement la forme de courbure de la connexion. On l'écrirait aujourd'hui en termes de *dérivée extérieure covariante* ; ici, grâce à la commutativité du groupe de jauge $\mathbb{U}(1)$, la dérivée extérieure covariante se réduit à la dérivée extérieure ordinaire.

[i] Un tenseur usuel est indifférent à un changement d'une métrique pour une autre. Mais on peut définir des objets qui, outre leurs propriétés tensorielles sous les difféomorphismes, sont aussi modifiées de manière particulière par un changement d'échelle. Ceci correspond à la définition d'une *densité tensorielle*, à laquelle on associe un *poids conforme*. Weyl fait un choix de jauge pour définir le poids conforme. Le poids 0 équivaut à l'invariance conforme de l'électromagnétisme.

[j] L'équation qui suit l'équation (11), l'équation de champ, serait aujourd'hui écrite simplement $dF = 0$: la forme de courbure est une forme fermée, ce qui découle de son exactitude $F = dA$, qui n'est autre que l'écriture moderne de l'équation (10).

[k] La connexion ici définie n'est pas celle de Levi-Civita. Elle dépend de la structure conforme, identifiée à la gravitation, et de la forme identifiée au potentiel électromagnétique. Cette connexion définit à son tour les géodésiques. Ces dernières ne se laissent pas caractériser comme lignes de longueur minimale (comme en géométrie riemannienne), puisque la notion de longueur est dépourvue de sens. La connexion possède (comme toute connexion) une courbure, mais pas de torsion.

[l] Weyl calcule explicitement le tenseur de courbure associé à la connexion, qui se décompose naturellement en deux parties (équation (13)). La première, qui ressemble à un tenseur de courbure de Riemann, dépend de la structure conforme, exprimée par g ; l'autre de F, c'est-à-dire du champ électromagnétique. Comme F est de trace nulle (à cause de son antisymétrie), on ne peut lui associer qu'un invariant quadratique. Weyl va l'utiliser pour construire la partie non gravitationnelle du Lagrangien.

[m] Ce Lagrangien permet de définir d'une part les équations du champ (dans une gravitation considérée comme fixe), et le tenseur d'énergie-impulsion associé à l'électromagnétisme. Soulignant le fait que son action doit être invariante conforme, Weyl remarque que ceci implique une dimension 4 pour l'espace-temps.

[n] Ici, $d\omega$ est la quatre-forme de volume associée à la métrique g. Ainsi définie, elle n'est pas invariante conforme, mais entrera dans l'écriture d'une action invariante conforme.

[o] Reste à définir la partie gravitationnelle de l'action. Weyl propose une forme « la plus simple et la plus naturelle » qui a le mérite de se construire de manière analogue à l'action électromagnétique, de manière quadratique par rapport au tenseur de courbure (équation (14)), et qui se décompose en deux termes, correspondant aux morceaux de la courbure définis plus haut. Cette action est un nombre pur. Elle est invariante à la fois sous les difféomorphismes, et sous les transformations d'échelle. D'après le théorème de Noether (que Weyl ne mentionne pas), ces invariances sont liées aux conservations du tenseur d'énergie-impulsion et de l'électricité. Ces transformations ont ici des rôles analogues (que l'on qualifiera plus tard de transformations de jauge). Weyl reconnait dans cette analogie l'argument le plus convaincant en faveur de son approche.

[p] La variation (15) de l'action donne les lois d'évolution, ou équations de mouvement (16). Il y en a 5 de trop : les quantités physiques sont en fait des classes d'équivalence par rapport aux transformations de jauge, si bien que les quantités impliquées représentent un nombre surabondant de degrés de liberté. Elles sont liées par des contraintes exprimées par les équations (17) et (18).

CHAPITRE III

Électron et gravitation

I. Elektron und Gravitation

H. Weyl in Princeton, N. J.
(Eingegangen am 8. Mai 1929)

In dieser Arbeit entwickle ich in ausgeführter Form eine Gravitation, Elektrizität und Materie umfassende Theorie, von der eine kurze Skizze in den Proc. Nat. Acad., April 1929, erschienen ist. Es ist von verschiedenen Autoren der Zusammenhang der Einsteinschen Theorie des Fernparallelismus mit der Spintheorie des Elektrons bemerkt worden [1] Trotz gewisser formaler Übereinstimmung unterscheidet sich mein Ansatz in radikaler Weise dadurch, daß ich den Fernparallelismus ablehne und an Einsteins klassischer Relativitätstheorie der Gravitation festhalte. Um zweier Gründe willen verspricht die *Adaption der Pauli-Diracschen Theorie des spinnenden Elektrons an die allgemeine Relativität* zu physikalisch fruchtbaren Ergebnissen zu führen. 1. Die Diracsche Theorie, in welcher das Wellenfeld des Elektrons durch ein Potential ψ mit vier Komponenten beschrieben wird, gibt doppelt zu viel Energieniveaus; man sollte darum, ohne die relativistische Invarianz preiszugeben, zu den zwei Komponenten der Paulischen Theorie zurückkehren können. Daran hindert das die Masse m des Elektrons als Faktor enthaltende Glied der Diracschen Wirkungsgröße. *Masse ist aber ein Gravitationseffekt*; es besteht so die Hoffnung, für dieses Glied in der Gravitationstheorie einen Ersatz zu finden, der die gewünschte Korrektur herbeiführt. 2. Die Diracschen Feldgleichungen für ψ zusammen mit den Maxwellschen Gleichungen für die vier Potentiale f_p des elektromagnetischen Feldes haben eine Invarianzeigenschaft, die in formaler Hinsicht derjenigen gleicht, die ich in meiner Theorie von Gravitation und Elektrizität vom Jahre 1918 als *Eichinvarianz* bezeichnet hatte; die Gleichungen bleiben ungeändert, wenn man gleichzeitig

$$\psi \text{ durch } e^{i\lambda}\cdot\psi \quad \text{und} \quad f_p \text{ durch } f_p - \frac{\partial\lambda}{\partial x_p}$$

ersetzt, unter λ eine willkürliche Ortsfunktion in der vierdimensionalen Welt verstanden. Dabei ist in f_p der Faktor e/ch aufgenommen ($-e$ Ladung des Elektrons, c Lichtgeschwindigkeit, $h/2\pi$ Wirkungsquantum). Auch die Beziehung dieser „Eichinvarianz“ zum Erhaltungssatz der Elektrizität bleibt unangetastet. Es ist aber ein wesentlicher und für den Anschluß an die Erfahrung bedeutungsvoller Unterschied,

1. E. Wigner, ZS. f. Phys. **53**, 592, 1929; u. a.

daß der Exponent des Faktors, den ψ annimmt, nicht reell, sondern rein imaginär ist. ψ übernimmt jetzt die Rolle, welche in jener alten Theorie das Einsteinsche ds spielte. Es scheint mir darum dieses nicht aus der Spekulation, sondern aus der Erfahrung stammende neue Prinzip der Eichinvarianz zwingend darauf hinzuweisen, daß *das elektrische Feld ein notwendiges Begleitphänomen nicht des Gravitationsfeldes, sondern des Materiewellen, durch ψ dargestellten Wellenfeldes ist.* Da die Eichinvarianz eine willkürliche Funktion λ einschließt, hat sie den Charakter „allgemeiner" Relativität und kann natürlich nur in ihrem Rahmen verstanden werden. An den *Fernparallelismus* vermag ich aus mehreren Gründen nicht zu glauben. Erstens sträubt sich mein mathematisches Gefühl a priori dagegen, eine so künstliche Geometrie zu akzeptieren; es fällt mir schwer, die Macht zu begreifen, welche die lokalen Achsenkreuze in den verschiedenen Weltpunkten in ihrer verdrehten Lage zu starrer Gebundenheit aneinander hat einfrieren lassen. Es kommen, wie ich glaube, zwei gewichtige physikalische Gründe hinzu. Gerade dadurch, daß man den Zusammenhang zwischen den lokalen Achsenkreuzen löst, verwandelt sich der Eichfaktor $e^{i\lambda}$, der in der Größe ψ willkürlich bleibt, notwendig aus einer Konstante in eine willkürliche Ortsfunktion; d. h. nur durch diese Lockerung wird die tatsächlich bestehende Eichinvarianz verständlich. Und zweitens ist die Möglichkeit, die Achsenkreuze an verschiedenen Stellen unabhängig voneinander zu drehen, wie wir im folgenden sehen werden, gleichbedeutend mit der *Symmetrie des Energieimpulstensors* oder mit der Gültigkeit des Erhaltungssatzes für das Impulsmoment. Bei jedem Versuch zur Aufstellung der quantentheoretischen Feldgleichungen muß man im Auge haben, daß diese nicht direkt mit der Erfahrung verglichen werden können, sondern erst *nach ihrer Quantisierung* die Unterlage liefern für die statistischen Aussagen über das Verhalten der materiellen Teilchen und Lichtquanten. Die Dirac-Maxwellsche Theorie in ihrer bisherigen Form enthält nur die elektromagnetischen Potentiale f_p und das Wellenfeld ψ des *Elektrons.* Zweifellos muß das Wellenfeld ψ' des Protons hinzugefügt werden. Und zwar werden in den Feldgleichungen ψ, ψ' und f_p Funktionen *derselben* vier Raum-Zeitkoordinaten sein, man wird vor der Quantisierung nicht etwa verlangen dürfen, daß ψ Funktion eines Weltpunktes (t, xyz) und ψ' Funktion eines davon unabhängigen Weltpunktes $(t', x'y'z')$ ist. Es ist naheliegend, zu erwarten, daß von den beiden Komponentenpaaren der Diracschen Größe das eine dem Elektron, das andere dem Proton zugehört. Ferner werden zwei Erhaltungssätze der Elektrizität auftreten müssen, die (nach der Quantisierung) besagen, daß die Anzahl der Elektronen wie der Protonen konstant bleibt. Ihnen wird eine zweifache, zwei willkürliche Funktionen involvierende Eichinvarianz entsprechen müssen. Wir prüfen zunächst die Sachlage in der speziellen Relativitätstheorie daraufhin, ob und inwieweit bereits die formalen Erfordernisse der Gruppentheorie, noch ganz abgesehen von den mit der Erfahrung in Einklang zu bringenden dynamischen Differentialgleichungen, die Erhöhung der Komponentenzahl ψ von zwei auf vier notwendig machen. Wir werden sehen, daß man mit zwei Komponenten auskommt, wenn die *Symmetrie von links und rechts* aufgehoben wird.

Zweikomponententheorie

1. Transformationsgesetz von ψ

Führt man im Raume mit den kartesischen Koordinaten x, y, z homogene projektive Koordinaten x_α ein:

$$x = \frac{x_1}{x_0}, \quad y = \frac{x_2}{x_0}, \quad z = \frac{x_3}{x_0},$$

so lautet die Gleichung der Einheitskugel

$$-x_0^2 + x_1^2 + x_2^2 + x_3^2 = 0. \tag{III.1}$$

Projiziert man sie vom Südpol auf die Äquatorebene $z = 0$, die als Träger der komplexen Variablen

$$x + iy = \zeta = \frac{\psi_2}{\psi_1}$$

betrachtet wird, so gelten die Gleichungen

$$\left.\begin{array}{ll} x_0 = \overline{\psi}_1\psi_1 + \overline{\psi}_2\psi_2, & x_1 = \overline{\psi}_1\psi_2 + \overline{\psi}_2\psi_1, \\ x_2 = i(-\overline{\psi}_1\psi_2 + \overline{\psi}_2\psi_1) & x_3 = \overline{\psi}_1\psi_1 - \overline{\psi}_2\psi_2. \end{array}\right\} \tag{III.2}$$

x_α sind Hermitesche Formen von ψ_1, ψ_2. Die Variablen ψ_1, ψ_2 sowie die Koordinaten x_α kommen hier nur *ihrem Verhältnis nach* in Frage. Eine homogene lineare Transformation von ψ_1, ψ_2 (mit komplexen Koeffizienten) bewirkt eine lineare, reelle Transformation unter den Koordinaten x_α: sie stellt eine Kollineation dar, welche die Einheitskugel in sich überführt und auf der Einheitskugel den Drehsinn ungeändert läßt. Es ist leicht zu zeigen und wohl bekannt, daß man auf diese Weise jede derartige Kollineation einmal und nur einmal erhält. Von homogenen Standpunkt zum inhomogenen übergehend, fasse man jetzt x_α als Koordinaten in der vierdimensionalen Welt und (III.34) als die Gleichung des „Lichtkegels" auf; und man beschränke sich auf solche lineare Transformationen U von ψ_1, ψ_2, deren Determinante den absoluten Betrag 1 hat. U bewirkt an den x_α eine *Lorentztransformation*, d. i. eine reelle homogene lineare Transformation, welche die form

$$-x_0^2 + x_1^2 + x_2^2 + x_3^2$$

in sich überführt. Doch lehren die Formel für x_0 und unsere Bemerkung über die Erhaltung des Drehungssinnes auf der Kugel ohne weiteres, daß wir unter den Lorentztransformationen nur die ein einziges in sich abgeschlossenes Kontinuum bildenden Λ bekommen, welche 1. Vergangenheit und Zukunft nicht vertauschen und 2. die Determinante $+1$, nicht -1, besitzen; diese freilich ohne Ausnahme. Durch Λ ist die lineare Transformation U der ψ nicht eindeutig festgelegt, sondern es bleibt ein willkürlicher konstanter Faktor $e^{i\lambda}$ vom absoluten Betrage 1 zur Disposition. Man kann ihn normalisieren durch die Forderung, daß die Determinante von U gleich 1 sei, aber selbst dann bleibt eine Doppeldeutigkeit zurück. An der Einschränkung 1. möchte man festhalten; es ist eine der hoffnungsvollsten Seiten der ψ-Theorie, daß sie der *Wesensverschiedenheit von Vergangenheit und Zukunft* Rechnung tragen kann. Die Einschränkung 2. hebt die Gleichberechtigung von links und rechts auf. Nur diese tatsächlich in der Natur bestehende Symmetrie von rechts und links wird uns zwingen (Teil II), ein zweites Paar von ψ-Komponenten einzuführen. Die Hermitesche Konjugierte einer Matrix $A = \|a_{ik}\|$ werde mit A^* bezeichnet:

$$a_{ik}^* = \bar{a}_{ki}.$$

S_α sei die Koeffizientenmatrix der Hermiteschen Form der Variablen ψ_1, ψ_2, durch welche in (III.35) die Koordinate x_α dargestellt wird:

$$x_\alpha = \psi^* S_\alpha \psi; \tag{III.3}$$

hier bedeutet ψ die *Spalte* ψ_1, ψ_2. S_0 ist die Einheitsmatrix; es gelten die Gleichungen

$$S_1^2 = 1, \quad S_2 S_3 = i S_1 \tag{III.4}$$

und die daraus durch zyklische Vertauschung der Indizes 1, 2, 3 hervorgehenden. Es ist formal etwas bequemer, die reelle Zeitkoordinate x_0 durch die imaginäre ix_0 zu ersetzen. Die Lorentztransformationen erscheinen dann als orthogonale Transformationen der vier Größen

$$x(0) = ix_0, \quad x(\alpha) = x_\alpha \quad [\alpha = 1, 2, 3].$$

Statt (III.36) schreibe man

$$x(\alpha) = \psi^* S(\alpha) \psi. \tag{III.5}$$

Das Transformationsgesetz der ψ-Komponenten besteht darin, daß sie unter dem Einfluß einer Transformation Λ der Weltkoordinaten $x(\alpha)$ sich so umsetzen, daß die Größen (III.38) die Transformation Λ erleiden. *Eine Größe von dieser Art stellt, wie sich aus dem Spinphänomen ergeben hat, das Wellenfeld eines materiellen Teilchens dar.* $x(\alpha)$ sind die Koordinaten in einem „normalen Achsenkreuz" $\mathbf{e}(\alpha)$; $\mathbf{e}(1)$, $\mathbf{e}(2)$, $\mathbf{e}(3)$ sind reelle raumartige Vektoren, welche ein kartesisches Linkskoordinatensystem bilden, $\mathbf{e}(0)/i$ ist ein reeller zeitartiger, in die Zukunft gerichteter Weltvektor. Die Transformation Λ beschreibt den Übergang von einem solchen normalen Achsenkreuz zu einem anderen gleichberechtigten, der weiterhin kurz als *Drehung des Achsenkreuzes* bezeichnet werden möge. Wir bekommen dieselben Koeffizienten $c(\alpha\beta)$ ob wir die Transformation Λ an den Grundvektoren des Achsenkreuzes oder den Koordinaten ausdrücken:

$$\mathbf{x} = \sum_\alpha x(\alpha)\mathbf{e}(\alpha) = \sum_\alpha x'(\alpha)\mathbf{e}'(\alpha),$$
$$\mathbf{e}'(\alpha) = \sum_\beta c(\alpha\beta)\mathbf{e}(\beta), \quad x'(\alpha) = \sum_\beta c(\alpha\beta) x(\beta);$$

das folgt aus dem orthogonalen Charakter von Λ. Für das Folgende ist es nötig, die infinitesimale Transformation

$$d\psi = dE \cdot \psi \tag{III.6}$$

zu berechnen, welche einer beliebigen infinitesimalen Drehung $d\Omega$:

$$dx(\alpha) = \sum_\beta do(\alpha\beta) \cdot x(\beta),$$

entspricht. Die $do(\alpha\beta)$ bilden eine schiefsymmetrische Matrix. Die Transformation (III.39) ist so normiert gedacht, daß die Spur von dE gleich 0 wird. Die Matrix dE hängt linear homogen von den $do(\alpha\beta)$ ab; wir schreiben daher

$$dE = \frac{1}{2}\sum_{\alpha\beta} do(\alpha\beta)\cdot A(\alpha\beta) = \sum do(\alpha\beta)\cdot A(\alpha\beta).$$

Die letzte Summe soll nur über die Paare

$$(\alpha\beta) = (01),(02),(03); \quad (23),(31),(12)$$

erstreckt werden. $A(\alpha\beta)$ hängt natürlich schiefsymmetrisch von α und β ab. Es darf nicht vergessen werden, daß die Koeffizienten $do(\alpha\beta)$ für die ersten drei Paare $(\alpha\beta)$ rein imaginär, für die letzten drei Paare reell, im übrigen aber willkürlich sind. Man findet

$$A(23) = -\frac{1}{2i}S(1), \quad A(01) = \frac{1}{2i}S(1) \tag{III.7}$$

und zwei analoge Paare von Gleichungen, die daraus durch zyklische Vertauschung der Indizes 1, 2, 3 entstehen. Zur Bestätigung hat man lediglich auszurechnen, daß die infinitesimalen Transformationen dE

$$d\psi = \frac{1}{2i}S(1)\,\psi \text{ und } d\psi = \frac{1}{2}S(1)\,\psi$$

die infinitesimalen Drehungen

$$dx(0) = 0, \quad dx(1) = 0, \quad dx(2) = -x(3), \quad dx(3) = x(2)$$

bzw.

$$dx(0) = ix(1), \quad dx(1) = -ix(0), \quad dx(2) = 0, \quad dx(3) = 0$$

hervorbringen.

2. Metrik und Parallelverschiebung

Wir gehen über zur *allgemeinen Relativitätstheorie*. Die *Metrik* in einem Weltpunkte P beschreiben wir durch Angabe eines *lokalen normalen Achsenkreuzes* $\mathbf{e}(\alpha)$. Nur die Klasse der normalen Achsenkreuze — welche die Gruppe der Drehungen Λ miteinander verbunden sind — ist durch die Metrik bestimmt; durch einen Akt der Willkür wird ein einzelnes Individuum aus dieser Klasse ausgesucht. Die Gesetze sind demnach *invariant gegenüber beliebigen Drehungen der lokalen Achsenkreuze*; dabei ist die Drehung des Achsenkreuzes in dem von P verschiedenen Punkt P' unabhängig von der Drehung in P. $\psi_1(P)$, $\psi_2(P)$ seien die Komponenten des Materiepotentials im Punkte P relativ zum daselbst gewählten lokalen Achsenkreuz $\mathbf{e}(\alpha)$. Ein Vektor $\mathbf{t}$ in P kann in der Form geschrieben werden

$$\mathbf{t} = \sum_{\alpha} t(\alpha)\mathbf{e}(\alpha);$$

die Zahlen $t(\alpha)$ sind seine Komponenten im Achsenkreuz. Zur analytischen Darstellung bedürfen wir ferner eines *Koordinatensystems* x_p; x_p sind irgend vier stetige Ortsfunktionen in der Welt, deren Werte die verschiedenen Weltpunkte voneinander zu unterscheiden gestatten. Die Gesetze sind demnach *invariant gegenüber beliebigen Koordinatentransformationen.* $e^p(\alpha)$ mögen die Komponenten von $\mathbf{e}(\alpha)$ im Koordinatensystem sein. Diese $4 \cdot 4$ Größen $e^p(\alpha)$ beschreiben das Gravitationsfeld. Die kontravarianten Komponenten t^p eines Vektors $\mathbf{t}$ im Koordinatensystem hängen mit seinen Komponenten $t(\alpha)$ im Achsenkreuz durch die Gleichungen zusammen:

$$t^p = \sum_\alpha t(\alpha) \cdot e^p(\alpha).$$

Andererseits berechnen sich die $t(\alpha)$ aus seinen kovarianten Komponenten t_p im Koordinatensystem vermöge

$$t(\alpha) = \sum_p t_p \cdot e^p(\alpha).$$

Diese Gleichungen regeln die Verwandlung der Indizes. Die auf das Achsenkreuz bezüglichen griechischen Indizes habe ich als Argumente geschrieben, weil hier zwischen Hoch- und Tiefstellung nicht zu unterscheiden ist. Die Verwandlung im umgekehrten Sinne geschieht mittels der zu $\|e^p(\alpha)\|$ inversen Matrix $\|e_p(\alpha)\|$:

$$\sum_\alpha e_p(\alpha) e^q(\alpha) = \delta_p^q \quad \text{und} \quad \sum_p e_p(\alpha) e^p(\beta) = \delta(\alpha, \beta).$$

δ ist 0 oder 1, je nachdem die Indizes übereinstimmen oder nicht. Die Regel über das Fortlassen der Summenzeichen wird fortan sowohl für die lateinischen wie die griechischen Indizes befolgt. ε sei der absolute Betrag der Determinante $|e^p(\alpha)|$. Die Division einer lateinisch benannten Größe durch ε wird, wie üblich, durch die Verwandlung des lateinischen in den entsprechenden deutschen Buchstaben bezeichnet; z. B.

$$\mathfrak{e}^p(\alpha) = \frac{e^p(\alpha)}{\varepsilon}.$$

Einen Vektor und einen Tensor kann man durch die auf das Koordinatensystem oder durch die auf das Achsenkreuz bezüglichen Komponenten beschreiben. In bezug auf die Größe ψ kann aber nur von Komponenten im Achsenkreuz die Rede sein. Denn das Transformationsgesetz ihrer Komponenten ist durch eine Darstellung der Drehungsgruppe geregelt, welche sich nicht auf die Gruppe aller linearen Transformationen ausdehnen läßt. Daher die Notwendigkeit, in der Theorie der Materie das Gravitationsfeld auf die hier geschilderte Art, statt durch die metrische Grundform

$$\sum_{p,q} g_{p,q} dx_p dx_q,$$

analytisch darzustellen [2]. Übrigens ist

$$g_{pq} = e_p(\alpha) e_q(\alpha).$$

2. In formaler Übereinstimmung mit Einsteins neueren Arbeiten über Gravitation und Elektrizität, Sitzungsber. Preuß. Ak. Wissensch. 1928, S. 217, 224; 1929, S. 2. Einstein gebraucht den Buchstaben h statt e.

Die Gravitationstheorie muß nun in diese neue analytische Form umgegossen werden. Ich beginne mit den Formeln für die durch die Metrik bestimmte *infinitesimale Parallelverschiebung*. Der Vektor $\mathbf{e}(\alpha)$ im Punkte P gehe durch sie in den Vektor $\mathbf{e}'(\alpha)$ im unendlich benachbarten Punkte P' über. Die $\mathbf{e}'(\alpha)$ bilden in P' ein normales Achsenkreuz, das aus dem lokalen Achsenkreuz $\mathbf{e}(\alpha) = \mathbf{e}(\alpha; P')$ daselbst durch eine infinitesimale Drehung $d\Omega$ hervorgeht:

(III.8) $$\delta\mathbf{e}(\beta) = \sum_{\gamma} do(\beta\gamma)\cdot\mathbf{e}(\gamma), \quad \delta\mathbf{e}(\beta) = \mathbf{e}'(\beta) - \mathbf{e}(\beta; P').$$

$d\Omega$ hängt linear von der Verschiebung PP' oder ihren Komponenten

$$dx_p = (dx)^p = v^p = e^p(\alpha)v(\alpha)$$

ab. Wir schreiben darum

(III.9) $$d\Omega = \Omega_p(dx)^p, \quad do(\beta\gamma) = o_p(\beta\gamma)(dx)^p = o(\alpha;\beta\gamma)v(\alpha).$$

Die Parallelverschiebung des Vektors $\mathbf{t}$ mit den Komponenten t^p wird, wie man weiß, durch eine Gleichung beschrieben:

$$d\mathbf{t} = -d\Gamma\cdot\mathbf{t}, \quad \text{d. i.} \quad dt^p = -d\Gamma^p_r\cdot t^r, \quad d\Gamma^p_r = \Gamma^p_{rq}(dx)^q,$$

in welcher die sowohl von $\mathbf{t}$ wie von der Verschiebung dx unabhängigen Größen Γ^p_{rq} symmetrisch in r und q sind. Wir haben also

$$\mathbf{e}'(\beta) - \mathbf{e}(\beta) = -d\Gamma\cdot\mathbf{e}(\beta).$$

Daneben gilt die Gleichung (III.41). Subtraktion der beiden Differenzen auf der linken Seite ergibt das Differential $d\mathbf{e}(\beta) = \mathbf{e}(\beta; P') - \mathbf{e}(\beta; P)$:

$$d\mathbf{e}^p(\beta) + d\Gamma^p_r e^r(\beta) = -do(\beta\gamma)\cdot e^p(\gamma),$$
$$\frac{\partial e^p(\beta)}{\partial x_q}\cdot e^q(\alpha) + \Gamma^p_{rq}e^r(\beta)e^q(\alpha) = -o(\alpha;\beta\gamma)e^p(\gamma).$$

Man kann hier die o eliminieren und erhält die bekannten Gleichungen zur Bestimmung zur Γ, wenn man ausdrückt, daß $o(\alpha;\beta\gamma)$ schiefsymmetrisch ist in bezug auf β und γ. Man eliminiert die Γ und berechnet o, indem man Gebrauch davon macht, daß Γ^p_{rq} symmetrisch in bezug auf r und q oder

$$\Gamma^p(\beta,\alpha) = \Gamma^p_{rq}e^r(\beta)e^q(\alpha)$$

symmetrisch in α und β ist:

(III.10) $$\frac{\partial e^p(\alpha)}{\partial x_p}\cdot e^q(\beta) - \frac{\partial e^p(\beta)}{\partial x_q}\cdot e^q(\alpha) = \{o(\alpha;\beta\gamma) - o(\beta;\alpha\gamma)\}e^p(\gamma).$$

Die linke Seite besteht aus den Komponenten jenes gegenüber Koordinatentransformationen invarianten „Kommutatorprodukts“ der beiden Vektorfelder $\mathbf{e}(\alpha)$, $\mathbf{e}(\beta)$, welches die entscheidende Rolle in der Lieschen Theorie der infinitesimalen Transformationen spielt; es soll mit $[\mathbf{e}(\alpha), \mathbf{e}(\beta)]$ bezeichnet werden. Weil $o(\beta;\alpha\gamma)$ schiefsymmetrisch ist in α und γ, hat man daher

$$[\mathbf{e}(\alpha), \mathbf{e}(\beta)]^p = \{o(\alpha;\beta\gamma) + o(\beta;\gamma\alpha)\} e^p(\gamma)$$

oder

$$o(\alpha;\beta\gamma) + o(\beta;\gamma\alpha) = [\mathbf{e}(\alpha), \mathbf{e}(\beta)](\gamma). \tag{III.11}$$

Nimmt man in dieser Gleichung die drei zyklischen Vertauschungen von $\alpha\,\beta\,\gamma$ vor und addiert die entstehenden Gleichungen mit den Vorzeichen $+ - +$, so erhält man

$$2o(\alpha;\beta\gamma) = [\mathbf{e}(\alpha), \mathbf{e}(\beta)](\gamma) - [\mathbf{e}(\beta), \mathbf{e}(\gamma)](\alpha) + [\mathbf{e}(\gamma), \mathbf{e}(\alpha)](\beta).$$

$o(\alpha;\beta\gamma)$ ist also in der Tat eindeutig bestimmt. Der gefundene Ausdruck genügt allen Bedingungen, weil er, wie ohne weiteres ersichtlich, schiefsymmetrisch in β und γ ist. Für das Folgende benötigen wir insbesondere die Verkürzung

$$o(\rho,\rho\alpha) = [\mathbf{e}(\alpha), \mathbf{e}(\rho)](\rho) = \frac{\partial e^p(\alpha)}{\partial x_p} - \frac{\partial e^p(\rho)}{\partial x_q} \cdot e^q(\alpha) e_p(\rho).$$

Da

$$-\varepsilon \cdot \delta\left(\frac{1}{\varepsilon}\right) = \frac{\delta\varepsilon}{\varepsilon} = e_q(\rho) \cdot \delta e^q(\rho)$$

ist, kommt

$$o(\rho,\rho\alpha) = \varepsilon \cdot \frac{\partial \mathfrak{e}^p(\alpha)}{\partial x^p}. \tag{III.12}$$

3. Wirkung der Materie

Mit Hilfe der Parallelverschiebung kann nicht nur die kovariante Ableitung eines Vektor- oder Tensorfeldes, sondern auch diejenige des ψ-Feldes berechnet werden. $\psi_a(P)$, $\psi_a(P')$ $[a = 1,2]$ seien die Komponenten relativ zu dem lokalen Achsenkreuz $\mathbf{e}(\alpha)$ in P bzw. P'. Die Differenz $\psi_a(P') - \psi_a(P) = d\psi_a$ ist das gewöhnliche Differential. Andererseits übertragen wir das Achsenkreuz $\mathbf{e}(\alpha)$ von P nach P' durch Parallelverschiebung: $\mathbf{e}'(\alpha)$; ψ'_a seien die Komponenten von ψ in P' in bezug auf das Achsenkreuz $\mathbf{e}'(\alpha)$ daselbst. ψ_a wie ψ'_a hängen nur von der Wahl des Achsenkreuzes $\mathbf{e}(\alpha)$ in P ab; sie haben nichts mit dem lokalen Achsenkreuz in P' zu tun. Mit der Drehung des Achsenkreuzes in P transformieren sich die ψ'_a ebenso wie die ψ_a, desgleichen die Differenzen $\delta\psi_a = \psi'_a - \psi_a$. Sie sind die Komponenten des *kovarianten Differentials* $\delta\psi$ von ψ. $\mathbf{e}'(\alpha)$ geht aus dem lokalen Achsenkreuz $\mathbf{e}(\alpha) = \mathbf{e}(\alpha;P')$ in P' durch die in 2 bestimmte infinitesimale Drehung $d\Omega$ hervor. Die entsprechende infinitesimale Transformation

$$dE = \frac{1}{2} do(\beta\gamma) \cdot A(\beta\gamma)$$

führt $\psi_a(P')$ in ψ'_a über, d. h. $\psi' - \psi(P')$ ist $= dE \cdot \psi$. Addiert man $d\psi = \psi(P') - \psi(P)$, so erhält man

$$\delta\psi = d\psi + dE \cdot \psi. \tag{III.13}$$

Alles hängt linear von der Verschiebung PP' ab. Es werde

$$\delta\psi = \psi_p (dx)^p = \psi(\alpha) v(\alpha), \quad dE = E_p (dx)^p = E(\alpha) v(\alpha)$$

geschrieben. Wir finden

$$\psi_p = \left(\frac{\partial}{\partial x_p} + E_p\right)\psi \quad \text{oder} \quad \psi(\alpha) = \left(e^p(\alpha)\frac{\partial}{\partial x_p} + E(\alpha)\right)\psi.$$

Darin ist

$$E(\alpha) = \frac{1}{2} o(\alpha; \beta\gamma) A(\beta\gamma).$$

Ist ψ' eine Größe von demselben Transformationsgesetz wie ψ, so sind

$$\psi^* S(\alpha)\, \psi'$$

die Komponenten eines Vektors mit Bezug auf das lokale Achsenkreuz. Darum ist

$$v'(\alpha) = \psi^* S(\alpha)\, \delta\psi = \psi^* S(\alpha)\, \psi(\beta) \cdot v(\beta)$$

eine vom Achsenkreuz unabhängige lineare Abbildung $v \to v'$ des Vektorkörpers in P. Ihre Spur

$$\psi^* S(\alpha)\, \psi(\alpha)$$

ist folglich ein Skalar, und die Gleichung

$$i\varepsilon\mathfrak{m} = \psi^* S(\alpha)\, \psi(\alpha) \tag{III.14}$$

definiert eine skalare Dichte $\mathfrak{m}$, deren Integral

$$\int \mathfrak{m}\, dx \quad (dx = dx_0\, dx_1\, dx_2\, dx_3)$$

als Wirkungsgröße Verwendung finden kann. Um zu einen expliziten Ausdruck von $\mathfrak{m}$ zu kommen, müssen wir

$$S(\alpha) E(\alpha) = \frac{1}{2} S(\alpha) A(\beta\gamma) \cdot o(\alpha; \beta\gamma) \tag{III.15}$$

ausrechnen. Aus (III.40) und (III.37) ergibt sich, daß

$$S(\beta) A(\beta\alpha) = \frac{1}{2} S(\alpha) \quad [\alpha \neq \beta, \text{ nicht über } \beta \text{ summieren !}]$$

ist und

$$S(\beta) A(\gamma\delta) = \frac{1}{2} S(\alpha),$$

wenn $\alpha\beta\gamma\delta$ eine gerade Permutation der Indizes 0 1 2 3 ist. Die Glieder der ersten und zweiten Art liefern darum als Beitrag zu (III.48) die folgenden Multipla von $S(\alpha)$:

$$\frac{1}{2}o(\rho;\rho\alpha) = \frac{1}{2\varepsilon}\frac{\partial \mathfrak{e}^p(\alpha)}{\partial x_p}$$

bzw.

$$o(\beta;\gamma\delta)+o(\gamma;\delta\beta)+o(\delta;\beta\gamma) = \frac{i}{2}\varphi(\alpha).$$

Nach (III.44) ist, wenn $\alpha\beta\gamma\delta$ eine gerade Permutation von 0 1 2 3 ist,

$$i\varphi(\alpha) = [\mathbf{e}(\beta),\mathbf{e}(\gamma)](\delta) + +(\text{zykl. Permutationen von } \beta\gamma\delta)$$

1 = 1(III.16)

$$= \sum + \frac{\partial e^p(\beta)}{\partial x_q}e^q(\gamma)e_p(\delta).$$

Die Summe erstreckt sich alternierend über die sechs Permutationen von $\beta\gamma\delta$ (außerdem natürlich über p und q). Mit diesen Bezeichnungen gilt

$$\text{(III.17)} \qquad \mathfrak{m} = \frac{1}{i}\left(\psi^*\mathfrak{e}^p(\alpha)S(\alpha)\frac{\partial\psi}{\partial x_p} + \frac{1}{2}\frac{\partial \mathfrak{e}^p(\alpha)}{\partial x_p}\cdot\psi^*S(\alpha)\psi\right) + \frac{1}{4\varepsilon}\cdot\varphi(\alpha)s(\alpha).$$

Der zweite Teil ist

$$= \frac{1}{4i\varepsilon}\left|e_p(\alpha), e^q(\alpha), \frac{\partial e^p(\alpha)}{\partial x_q}, s(\alpha)\right|$$

(summiert über p und q); jedes Glied ist eine Determinante von vier Zeilen, die man aus der hingeschriebenen Zeile erhält, wenn man der Reihe nach $\alpha = 0, 1, 2, 3$ setzt.

$$\text{(III.18)} \qquad s(\alpha) \text{ ist} = \psi^*S(\alpha)\psi.$$

Nicht das Wirkungsintegral

$$\text{(III.19)} \qquad \int \mathfrak{h}\, dx$$

selbst, sondern nur seine Variation ist von Bedeutung für die Naturgesetze. Darum ist es nicht nötig, daß $\mathfrak{h}$ reell ist, sondern es genügt, wenn die Differenz $\bar{\mathfrak{h}} - \mathfrak{h}$ eine Divergenz ist. In diesem Falle sagen wir, $\mathfrak{h}$ sei praktisch reell. Wir müssen prüfen, wie es in dieser Hinsicht mit $\mathfrak{m}$ bestellt ist. $e^p(\alpha)$ ist reell für $\alpha = 1, 2, 3$, rein imaginär für $\alpha = 0$. Darum ist $e^p(\alpha)S(\alpha)$ eine Hermitesche Matrix. Desgleichen ist $\varphi(\alpha)$ reell für $\alpha = 1, 2, 3$, rein imaginär für $\alpha = 0$; also ist auch $\varphi(\alpha)S(\alpha)$ hermitesch. Folglich ist

$$\overline{\mathfrak{m}} = -\frac{1}{i}\left(\frac{\partial\psi^*}{\partial x_p}\mathfrak{S}^p\psi + \frac{1}{2}\frac{\partial \mathfrak{e}^p(\alpha)}{\partial x_p}\cdot\psi^*S(\alpha)\psi\right) + \frac{1}{4\varepsilon}\cdot\varphi(\alpha)s(\alpha),$$

$$i(\mathfrak{m}-\overline{\mathfrak{m}}) = \psi^*\mathfrak{S}^p\frac{\partial\psi}{\partial x_p} + \frac{\partial\psi^*}{\partial x_p}\mathfrak{S}^p\psi + \frac{\partial \mathfrak{e}^p(\alpha)}{\partial x_p}\cdot\psi^*S(\alpha)\psi$$

$$= \frac{\partial}{\partial x_p}(\psi^*\mathfrak{S}^p\psi) = \frac{\partial \mathfrak{s}^p}{\partial x_p}.$$

$\mathfrak{m}$ ist also in der Tat praktisch reell. Zur speziellen Relativitätstheorie kehren wir zurück, wenn wir

$$e^0 = -i, \qquad e^1(1) = e^2(2) = e^3(3) = 1,$$

alle übrigen $e^p(\alpha) = 0$ setzen.

4. Energie

(III.52) sei das Wirkungsintegral für die Materie im weiteren Sinne (Materie + elektrisches Feld), welche durch die ψ und die elektromagnetischen Potentiale f_p beschrieben ist. Die Naturgesetze drücken aus, daß die Variation

$$\delta \int \mathfrak{h}\, dx = 0$$

ist, wenn die ψ und f_p willkürlichen infinitesimalen Variationen unterworfen werden, die außerhalb eines endlichen Weltgebietes verschwinden. Die Variation der ψ gibt die materiellen Gleichungen im engeren Sinne, die Variation der f_p die elektromagnetischen Gleichungen. Auf Grund dieser Naturgesetze wird, wenn man auch die $e^p(\alpha)$, die bisher festgehalten wurde, einer analogen infinitesimalen Variation unterwirft, eine Gleichung bestehen

$$\delta \int \mathfrak{h}\, dx = \int \mathfrak{t}_p(\alpha) \cdot \delta e^p(\alpha) \cdot dx, \tag{III.20}$$

durch welche die Tensordichte $\mathfrak{t}_p(\alpha)$ der Energie zu definieren ist. Zufolge der Invarianz der Wirkungsgröße muß (III.53) verschwinden, wenn die Variation $\delta e^p(\alpha)$ dadurch hervorgebracht wird,

1. daß bei festgehaltenem Koordinatensystem x_p das lokale Achsenkreuz $\mathbf{e}(\alpha)$ eine infinitesimale Drehung erleidet; oder
2. daß bei festgehaltenem Achsenkreuz die Koordinaten x_p einer infinitesimalen Transformation unterworfen werden.

Der Erste Vorgang ist beschrieben durch die Gleichungen

$$\delta e^p(\alpha) = o(\alpha\beta) \cdot e_p(\beta).$$

Hierin bilden die $o(\alpha, \beta)$ eine Schiefsymmetrische (infinitesimale) Matrix, die willkürlich vom Orte abhängt. Und das verschwinden von (III.53) sagt aus, daß

$$\mathfrak{t}(\beta, \alpha) = \mathfrak{t}_p(\alpha) e^p(\beta)$$

symmetrisch ist in α und β. *Die Symmetrie des Energietensors ist so mit der ersten Invarianzeigenschaft äquivalent.* Das Symmetriegesetz ist aber nicht identisch erfüllt, sondern eine Folge der materiellen und elektromagnetischen Gesetze. Denn bei festgehaltenem ψ-Feld werden sich ja durch die Drehung des Achsenkreuzes die Komponenten von ψ ändern! Etwas mühsamer ist die Berechnung der durch den zweiten Prozeß hervorgebrachten Variation $\delta e^p(\alpha)$. Aber die Überlegungen sind aus der Relativitätstheorie in ihrer früheren anayltischen Fassung geläufig [3]. Der Punkt P mit den Koordinaten x_p habe im transformierten Koordinatensystem die Koordinaten

$$x'_p = x_p + \delta x_p, \qquad \delta x_p = \xi^p(x).$$

3. Vgl. etwa H. Weyl, Raum, Zeit, Materie, 5. Aufl., S. 233ff. (zitiert als RZM). Berlin 1923.

Der Punkt, der im neuen Koordinatensystem dieselben Koordinaten x_p hat wie P im alten, werde mit P' bezeichnet; er hat im alten System die Koordinaten $x_p - \delta x_p$. Der Vektor **t** in P wird im neuen Koordinatensystem die Komponenten

$$\frac{\partial x'_p}{\partial x_q} \cdot t^q = t_p + \frac{\partial \xi^p}{\partial x_q} \cdot t^q$$

besitzen. Insbesondere ist die Änderung, welche die Komponenten $e^p(\alpha)$ des festen Vektors $\mathbf{e}(\alpha)$ im festgehaltenen Punkt P durch die Koordinatentransformation erleiden,

$$\delta' e^p(\alpha) = \frac{\partial \xi^p}{\partial x_q} \cdot e^q(\alpha).$$

Andererseits ist der Unterschied zwischen dem Vektor $\mathbf{e}(\alpha)$ in P' und P gegeben durch

$$de^p(\alpha) = -\frac{\partial e^p(\alpha)}{\partial x_q} \cdot \xi^q.$$

Darum ist die Variation, welche durch die Koordinatentransformation *bei festgehaltenen Koordinatenwerten* x_p erzeugt wird:

$$\delta e^p(\alpha) = \frac{\partial \xi^p}{\partial x_q} \cdot e^q(\alpha) - \frac{\partial e^p(\alpha)}{\partial x_q} \cdot \xi^q.$$

Hier sind ξ^p willkürliche, außerhalb eines endlichen Weltgebietes verschwindende Funktionen. Setzen wir in (III.53) ein, so erhalten wir durch eine partielle Integration

$$0 = \int \left\{ \frac{\partial \mathfrak{t}_p^q}{\partial x_q} + \mathfrak{t}_q(\alpha) \frac{\partial e^q(\alpha)}{\partial x_p} \right\} \xi^p dx.$$

Der Quasi-Erhaltungssatz von Energie und Impuls ergibt sich demnach hier in der Gestalt

$$\text{(III.21)} \qquad \frac{\partial \mathfrak{t}_p^q}{\partial x_q} + \frac{\partial e^q(\alpha)}{\partial x_p} \mathfrak{t}_q(\alpha) = 0.$$

Wegen des zweiten Gliedes ist es nur in der speziellen Relativitätstheorie ein wirklicher Erhaltungssatz. In der allgemeinen wird er erst dazu wenn die Energie des Gravitationsfeldes hinzugefügt wird. In der speziellen Relativitätstheorie aber liefert Integration nach $d\xi = dx_1\, dx_2\, dx_3$ über den räumlichen Querschnitt

$$\text{(III.22)} \qquad x_0 = t = \text{const.}$$

die zeitlich konstanten Komponenten von Impuls (J_1, J_2, J_3) und Energie $(-J_0)$:

$$J_p = \int \mathfrak{t}_p^0 d\xi.$$

Mit Hilfe der Symmetrie findet man ferner die Divergenzgleichungen

$$\frac{\partial}{\partial x_q}(x_2 \mathfrak{t}_3^q - x_3 \mathfrak{t}_2^q) = 0, \ldots,$$

$$\frac{\partial}{\partial x_q}(x_0\mathfrak{t}_1^q + x_1\mathfrak{t}_0^q) = 0, \ldots$$

Die drei Gleichungen der ersten Art zeigen, daß das *Impulsmoment* (M_1, M_2, M_3) zeitlich konstant ist:

$$M_1 = \int (x_2\mathfrak{t}_3^0 - x_3\mathfrak{t}_2^0)d\xi, \ldots,$$

die Gleichungen der zweiten Art enthalten den Satz von der *Trägheit der Energie*. Wir rechnen die Energiedichte aus für die oben aufgestellte Wirkungsgröße $\mathfrak{m}$ der Materie; wir behandeln die beiden Teile, in die $\mathfrak{m}$ nach (III.50) zerlegt erscheint, gesondert. Für den ersten Teil kommt nach einer partiellen Integration

$$\int \delta\mathfrak{m}\cdot dx = \int u_p(\alpha)\,\delta\mathfrak{e}^p(\alpha)\cdot dx$$

mit

$$\begin{aligned} iu_p(\alpha) &= \psi^* S(\alpha)\frac{\partial\psi}{\partial x_p} - \frac{1}{2}\frac{\partial(\psi^* S(\alpha)\psi)}{\partial x_p}, \\ &= \frac{1}{2}\left(\psi^* S(\alpha)\frac{\partial\psi}{\partial x_p} - \frac{\partial\psi^*}{\partial x_p}S(\alpha)\psi\right). \end{aligned}$$

Der hieraus entspringende Teil der Energie ist darum

$$\mathfrak{t}_p(\alpha) = \mathfrak{u}_p(\alpha) - e_p(\alpha)\cdot\mathfrak{u}, \qquad \mathfrak{t}_p^q = \mathfrak{u}_p^q - \delta_p^q\mathfrak{u},$$

wo $\mathfrak{u}$ die Verkürzung $e^p(\alpha)\mathfrak{u}_p(\alpha)$ bedeutet. Diese Formeln sind allgemein auch für nichtkonstante $e^p(\alpha)$ richtig. Im zweiten Teil beschränken wir uns aber der Einfachheit halber auf die spezielle Relativität. Für ihn ist dann

$$\begin{aligned} \int \delta\mathfrak{m}\cdot dx &= \frac{1}{4i}\int \left| e_p(\alpha), e^q(\alpha), \frac{\partial(\delta e^p(\alpha))}{\partial x_q}, s(\alpha)\right| dx, \\ &= -\frac{1}{4i}\int \left| \delta e^p(\alpha), e_p(\alpha), e^q(\alpha), \frac{\partial s(\alpha)}{\partial x_q}\right| dx, \\ \mathfrak{t}_p(0) &= -\frac{1}{4i}\left| e_p(\alpha), e^q(\alpha), \frac{\partial s(\alpha)}{\partial x_q}\right|_{\alpha=1,2,3}. \end{aligned}$$

$\mathfrak{t}_p^0$ entsteht daraus durch Multiplikation mit $-i$; somit $\mathfrak{t}_0^0 = 0$ und

$$\mathfrak{t}_1^0 = \frac{1}{4}\left(\frac{\partial s(3)}{\partial x_2} - \frac{\partial s(2)}{\partial x_3}\right). \tag{III.23}$$

Wir vereinigen beide Bestandteile, um totale Energie, Impuls und Impulsmoment zu bestimmen. Aus

$$\mathfrak{t}_0^0 = -\frac{1}{2i}\sum_{p=1}^{3}\left(\psi^* S^p\frac{\partial\psi}{\partial x_p} - \frac{\partial\psi^*}{\partial x_p}S^p\psi\right)$$

ergibt sich nach einer auf den Subtrahenden ausgeübten partiellen Integration

$$-J_0 = -\int \mathfrak{t}_0^0 d\xi = \frac{1}{i}\int \psi^* \cdot \sum_{p=1}^{3} S^p \frac{\partial \psi}{\partial x_p} \cdot d\xi .$$

Dies führt dazu zurück, den Operator

$$\frac{1}{i}\sum_{p=1}^{3} S^p \frac{\partial}{\partial x_p}$$

als Repräsentanten der Energie einer freien Partikel anzusetzen. Ferner wird

$$\begin{aligned} J_1 = \int \mathfrak{t}_1^0 d\xi &= \frac{1}{2i}\int\left(\psi^*\frac{\partial\psi}{\partial x_1} - \frac{\partial\psi^*}{\partial x_1}\psi\right) d\xi \\ &= \frac{1}{i}\int \psi^* \frac{\partial \psi}{\partial x_1} d\xi . \end{aligned}$$

Das Glied (III.56) liefert zum Integral keinen Beitrag. Der Impuls wird, wie es nach Schrödinger sein muß, durch den Operator

$$\frac{1}{i}\left(\frac{\partial}{\partial x_1}, \frac{\partial}{\partial x_2}, \frac{\partial}{\partial x_3}\right)$$

dargestellt. Aus dem vollständigen Ausdruck von

$$x_2 \mathfrak{t}_3^0 - x_3 \mathfrak{t}_2^0$$

erhält man schließliche durch geeignete partielle Integrationen

$$M_1 = \int \left\{ \frac{1}{i}\psi^* \left(x_2 \frac{\partial \psi}{\partial x_3} - x_3 \frac{\partial \psi}{\partial x_2}\right) + \frac{1}{2} s(1) \right\} d\xi .$$

Im Einklang mit bekannten Formeln ist also M_1 repräsentiert durch den Operator

$$\frac{1}{i}\left(x_2 \frac{\partial}{\partial x_3} - x_3 \frac{\partial}{\partial x_2}\right) + \frac{1}{2} S(1).$$

Nachdem man den Spin von Anbeginn in die Theorie hineingesteckt hat, muß er natürlich hier wieder zum Vorschein kommen; es ist aber doch recht überraschend und instruktiv, wie das zustande kommt. Die grundlegenden Ansätze der Quantentheorie haben hiernach einen weniger prinzipiellen Charakter, als man wohl ursprünglich angenommen hatte. Sie sind an die spezielle Wirkungsgröße $\mathfrak{m}$ gebunden. Andererseits bestätigt dieser Zusammenhang die Unersetzbarkeit von $\mathfrak{m}$ in seiner Rolle als Wirkung der Materie. Nur die allgemeine Relativitätstheorie, die durch ihre freie Veränderlichkeit der $e^p(\alpha)$ zu einer willkürfreien Definition der Energie führt, erlaubt uns, in der geschilderten Weise den Zirkel der Quantentheorie zu schließen.

5. Gravitation

Wir nehmen die Transkription von Einsteins klassischer Gravitationstheorie wieder auf und bestimmen zunächst den *Riemannschen Krümmungstensor*[4]. Von dem Punkte P führen die Linienelemente d und δ nach P_d und P_δ. Das Linienelement δ wird irgendwie nach P_d, d nach P_δ so überführt, daß sie sich in einer gemeinsamen, P gegenüberliegenden Ecke P^* eines infinitesimalen „Parallelogramms" treffen. Das Achsenkreuz $\mathbf{e}(\alpha)$ in P wird einmal auf dem Wege PP_dP^*, ein andermal auf dem Wege $PP_\delta P^*$ nach P^* parallel übertragen. Die beiden normalen Achsenkreuze, die man so in P^* erhält, gehen durch eine infinitesimale Drehung

$$\mathbf{P}_{pq}(dx)^p(\delta x)^q = \frac{1}{2}\mathbf{P}_{pq}(\Delta x)^{pq}$$

auseinander hervor, wo

$$(\Delta x)^{pq} = (dx)^p(\delta x)^q - (\delta x)^p(dx)^q$$

die Komponenten des von dx und δx aufgespannten Flächenelements sind und $\mathbf{P}_{pq}$ schiefsymmetrisch ist in bezug auf p und q. $\mathbf{P}_{pq}$ ist eine schiefsymmetrische Matrix $\|r_{pq}(\alpha\beta)\|$; das ist der *Riemannsche Krümmungstensor*. Die Drehung, welche das auf dem ersten Wege nach P^* parallel verschobene Achsenkreuz $\mathbf{e}^*(\alpha)$ aus dem lokalen Achsenkreuz $\mathbf{e}(\alpha)$ in P^* erzeugt, ist in einer leicht verständlichen Bezeichnung

$$(1+d\Omega)(1+\delta\Omega(P_d)).$$

Die Differenz dieses Ausdrucks und desjenigen, der daraus durch Vertauschung von d und δ hervorgeht, ist

$$= \{d(\delta\Omega) - \delta(d\Omega)\} + (d\Omega\cdot\delta\Omega - \delta\Omega\cdot d\Omega).$$

$$d\Omega \text{ ist} = \Omega_p(dx)^p,$$

$$\delta(d\Omega) = \frac{\partial\Omega_p}{\partial x_q}\delta x dx_p + \Omega_p\delta dx_p.$$

Weil das Parallelogramm sich schließt, ist $\delta dx_p = d\delta x_p$; darum schließlich

$$\mathbf{P}_{pq} = \left(\frac{\partial\Omega_q}{\partial x_p} - \frac{\partial\Omega_p}{\partial x_q}\right) + (\Omega_p\Omega_q - \Omega_q\Omega_p).$$

Zur skalaren Krümmung $r = e^p(\alpha)e^q(\beta)r_{pq}(\alpha\beta)$ liefert der erste, differentiierte Bestandteil den Beitrag

$$(e^q(\alpha)e^p(\beta) - e^q(\beta)e^p(\alpha))\frac{\partial o_p(\alpha\beta)}{\partial x_q}.$$

In $\mathfrak{r} = r/\varepsilon$ liefert er, unter Vernachlässigung einer vollständigen Divergenz, die beiden Glieder

$$-2o(\beta,\alpha\beta)\frac{\partial\mathfrak{e}^q(\alpha)}{\partial x_q}$$

4. Vgl. RZM, S. 119f.

und

$$\frac{1}{\varepsilon} o_p(\alpha\beta)\left\{\frac{\partial e^p(\alpha)}{\partial x_q} e^q(\beta) - \frac{\partial e^p(\beta)}{\partial x_q} e^q(\alpha)\right\}.$$

Das erste ist nach (III.45)

$$= -2o(\beta;\rho\beta)o(\alpha;\alpha\rho),$$

das zweite nach (III.43)

$$= 2o(\alpha;\beta\gamma)\cdot o(\gamma;\alpha\beta).$$

Das Resultat ist der folgende Ausdruck für die Wirkungsdichte $\mathfrak{g}$ der Gravitation

(III.24) $$\varepsilon\mathfrak{g} = o(\alpha;\beta\gamma)\cdot o(\gamma;\alpha\beta) + o(\alpha;\alpha\gamma)\cdot o(\beta;\beta\gamma).$$

Das Integral $\int \mathfrak{g}\,dx$ ist nicht wirklich, aber praktisch invariant, $\mathfrak{g}$ unterscheidet sich von der skalaren Dichte $\mathfrak{r}$ um eine Divergenz. Variation der $e^p(\alpha)$ in dem totalen Wirkungsintegral

$$\int (\mathfrak{g} + \kappa\mathfrak{h})\,dx$$

liefert die *Gravitationsgleichungen* (κ ist eine numerische Konstante). Die *Gravitationsenergie* $\mathfrak{v}_p^q$ erhält man aus $\mathfrak{g}$, wenn man im Koordinatenraum eine infinitesimale *Verschiebung* vornimmt[5]:

$$x'_p = x_p + \xi^p, \quad \xi^p = \text{const.}$$

Die dadurch hervorgebrachte Variation

$$\delta\mathbf{e}(\alpha) \text{ ist} = -\frac{\partial\mathbf{e}(\alpha)}{\partial x_p}\cdot\xi^p.$$

$\mathfrak{g}$ ist eine Funktion von $e^p(\alpha)$ und den Ableitungen $e_q^p(\alpha) = \partial e^p(\alpha)/\partial x_q$; das totale Differential sei mit

$$\delta\mathfrak{g} = \mathfrak{g}_p(\alpha)\delta e^p(\alpha) + \mathfrak{g}_p^q(\alpha)\delta e_q^p(\alpha)$$

bezeichnet. Für die durch die infinitesimale Translation im Koordinatenraum hervorgerufene Änderung muß

(III.25) $$\int \delta\mathfrak{g}\cdot dx + \int \frac{\partial\mathfrak{g}}{\partial x_p}\xi^p\cdot dx = 0$$

gelten; das Integral erstreckt sich über ein beliebiges Stück der Welt.

$$\int \delta\mathfrak{g}\cdot dt = \int\left(\mathfrak{g}_p(\alpha) - \frac{\partial\mathfrak{g}_p^q(\alpha)}{\partial x_q}\right)\delta e^p(\alpha)\cdot dx + \int \frac{\partial(g_p^q(\alpha)\delta e^p(\alpha))}{\partial x_q}\,dx.$$

Nach den Gravitationsgleichungen ist die Klammer im ersten Integral $= -\kappa\,\mathfrak{t}_p(\alpha)$, das Integral selbst

$$= -\kappa\int \mathfrak{t}_q(\alpha)\frac{\partial e^q(\alpha)}{\partial x_p}\cdot\xi^p dx.$$

5. Vgl. RZM, S. 272f.

Man führe

$$\mathfrak{v}_p^q = \delta_p^q \mathfrak{g} - \frac{\partial e^r(\alpha)}{\partial x_p} \cdot \mathfrak{g}_r^q(\alpha)$$

ein. Gleichung (III.58) besagt, daß das über ein beliebiges Weltstück erstreckte Integral von

$$\left(\mathfrak{v}_p^q - \kappa \mathfrak{t}_q(\alpha) \frac{\partial e^q(\alpha)}{\partial x_p}\right) \xi^p$$

Null ist. Der Integrand muß darum überall verschwinden. Da die ξ^p beliebige Konstanten sind, sind die Faktoren von ξ^p einzeln Null. So verwandelt sich (III.54) in die reine Divergenzgleichung

$$\frac{\partial(\mathfrak{v}_p^q + \kappa \mathfrak{t}_p^q)}{\partial x_q} = 0,$$

und $\mathfrak{v}_p^q/\kappa$ erweist sich als Gravitationsenergie. Um daneben einen wirklichen differentiellen Erhaltungssatz des Impulsmoments in der allgemeinen Relativitätstheorie formulieren zu können, muß man die Koordinaten so spezialisieren, daß die kongrediente Drehung aller Achsenkreuze als eine orthogonale Transformation der Koordinaten erscheint. Dies ist sicher möglich, doch gehe ich hier darauf nicht näher ein.

6. Elektrisches Feld

Wir kommen jetzt zu dem kritischen Teil der Theorie. Meiner Meinung nach liegt der Ursprung und die Notwendigkeit des elektromagnetischen Feldes im folgendem begründet. Die Komponenten ψ_1, ψ_2 sind in Wahrheit nicht eindeutig durch das Achsenkreuz bestimmt, sondern nur insoweit, daß sie noch mit einem beliebigen „Eichfaktor" $e^{i\lambda}$ vom absoluten Betrag 1 multipliziert werden können. Nur bis auf einen solchen Faktor ist die Transformation bestimmt, welche die ψ unter dem Einfluß einer Drehung des Achsenkreuzes erleiden. In der speziellen Relativitätstheorie muß man diesen Eichfaktor als eine Konstante ansehen, weil wir hier ein einziges, nicht an einen Punkt gebundes Achsenkreuz haben. Anders in der allgemeinen Relativitätstheorie: jeder Punkt hat sein eigenes Achsenkreuz und darum auch einen eigenen willkürlichen Eichfaktor; dadurch, daß man die starre Bindung der Achsenkreuze in verschiedenen Punkten aufhebt, wird der Eichfaktor notwendig zu einer willkürlichen Ortsfunktion. Dann ist aber auch die infinitesimale lineare Transformation dE der ψ, welche der infinitesimalen Drehung $d\Omega$ entspricht, nicht vollständig festgelegt, sondern dE kann um ein beliebiges rein imaginäres Multiplum $i \cdot df$ der Einheitsmatrix vermehrt werden. Zur eindeutigen Festlegung des kovarianten Differentials $\delta\psi$ von ψ hat man also außer der Metrik in der Umgebung des Punktes P ein solches df für jedes von P ausgehende Linienelement $\overrightarrow{PP'} = (dx)$ nötig. Damit $\delta\psi$ nach wie vor linear von dx abhängt, muß

$$df = f_p(dx)^p$$

eine Linearform in den Komponenten des Linienelements sein. Ersetzt man ψ durch $e^{i\lambda} \cdot \psi$, so muß man zugleich, wie aus der Formel für das kovariante Differential hervorgeht, df ersetzen durch $df - d\lambda$. Dies hat zur Folge, daß zur Wirkungsdichte m

das Glied

(III.26) $$\frac{1}{\varepsilon}f(\alpha)s(\alpha)\psi = \frac{1}{\varepsilon}f(\alpha)\cdot\psi^* S(\alpha) = f_p\cdot\psi^*\mathfrak{S}^p\psi$$

zu addieren ist. $\mathfrak{m}$ *bedeutet fortan die so ergänzte Wirkungsgröße*. Es herrscht notwendig Eichinvarianz in dem Sinne, daß die Wirkungsgröße ungeändert bleibt, wenn

$$\psi \text{ durch } e^{i\lambda}\cdot\psi, \qquad f_p \text{ durch } f_p - \frac{\partial\lambda}{\partial x_p}$$

ersetzt wird, unter λ eine willkürliche Ortsfunktion verstanden. Genau in der durch (III.59) beschriebenen Weise wirkt nach der Erfahrung das elektromagnetische Potential auf die Materie. Wir sind daher berechtigt, die hier eingeführten Größen f_p mit den Komponenten jenes Potentials zu identifizieren. Der Beweis ist vollkommen, wenn wir zeigen, daß auch umgekehrt das f_p-Feld nach denselben Gesetzen von der Materie beeinflußt wird, welche nach der Erfahrung für das elektromagnetische Potentialfeld gelten.

$$f_{pq} = \frac{\partial f_q}{\partial x_p} - \frac{\partial f_p}{\partial x_q}$$

ist ein eichinvarianter schiefsymmetrischer Tensor und

(III.27) $$\mathfrak{l} = \frac{1}{4}f_{pq}\mathfrak{f}^{pq}$$

die für die Maxwellsche Theorie charakteristische skalare Dichte. Der Ansatz

(III.28) $$\mathfrak{h} = \mathfrak{m} + a\mathfrak{l}$$

(a eine numerische Konstante) liefert durch Variation der f_p die Maxwellschen Gleichungen mit

(III.29) $$-\mathfrak{s}^p = -\psi^*\mathfrak{S}^p\psi$$

als Dichte des elektrischen Viererstroms. Die Eichinvarianz steht in engem Zusammenhang mit dem Erhaltungssatz für die Elektrizität. Weil $\mathfrak{h}$ eichinvariant ist, muß $\delta\int\mathfrak{h}\,dx$ identisch verschwinden, wenn bei festgehaltenen $e^p(\alpha)$ die ψ und f_p gemäß

$$\delta\psi = i\lambda\cdot\psi, \qquad \delta f_p = -\frac{\partial\lambda}{\partial x_p}$$

variiert werden; λ ist eine willkürliche Ortsfunktion. Dies liefert eine identisch erfüllte Relation zwischen den materiellen und den elektromagnetischen Gleichungen. Wissen wir, daß die materiellen Gleichungen (im engeren Sinne) gelten, so folgt also daraus

$$\delta\int\mathfrak{h}\,dx = 0,$$

wenn nur die f_p gemäß der Gleichung $\delta f_p = -\partial\lambda/\partial x_p$ variiert werden. Andererseits folgt aus den elektromagnetischen Gleichungen dasselbe für die infinitesimale Variation $\delta\psi = i\lambda\cdot\psi$ der ψ allein. Wenn $\mathfrak{h} = \mathfrak{m} + a\mathfrak{l}$, erhält man beide Male

$$\int\delta\mathfrak{h}\cdot dx = \pm\int\psi^*\mathfrak{S}^p\psi\cdot\frac{\partial\lambda}{\partial x_p}dx = \mp\int\lambda\,\frac{\partial\mathfrak{s}^p}{\partial x_p}dx.$$

Eine analoge Sachlage fanden wir vor beim Erhaltungssatz von Energieimpuls und Impulsmoment. Sie verknüpfen die materiellen Gleichungen im weiteren Sinne mit den Gravitationsgleichungen und korrespondierten der Invarianz gegenüber Koordinatentransformationen bzw. gegnüber willkürlichen unabhängigen Drehungen der lokalen Achsenkreuze in den verschiedenen Weltpunkten. Aus

(III.30) $$\frac{\partial \mathfrak{s}^p}{\partial x_p} = 0$$

ergibt sich, daß der Fluß der Vektordichte $\mathfrak{s}^p$ durch einen dreidimensionalen Querschnitt der Welt, insbesondere durch einen Querschnitt (III.55)

(III.31) $$\mathfrak{l} = \int \mathfrak{s}^0 d\xi$$

von der Lage des Querschnitts bzw. von t unabhängig ist. Nicht nur dieses Integral, sondern auch das einzelne Integralelement hat eine invariante Bedeutung; immerhin hängt das Vorzeichen davon ab, welcher Richtungssinn als eine positive Überquerung des dreidimensionalen Schnitts gerechnet wird. Um $\mathfrak{s}^0 d\xi$ als räumliche Wahrscheinlichkeitsdichte ansprechen zu können, muß die Hermitesche Form

(III.32) $$e^0(\alpha) \cdot \psi^* S(\alpha)\,\psi$$

von ψ_1, ψ_2 definit sein. Man findet leicht, daß dies dann der Fall ist, wenn (III.55) wirklich ein räumlicher Querschnitt in P ist, wenn die in ihm liegenden, von P ausgehenden Linienelemente raumartig sind. Damit (III.65) das positive Vorzeichen bekommt, müssen die Querschnitte $x_0 = \text{const}$, nach wachsendem x_0 geordnet, in der durch den Vektor $\mathbf{e}(0)/i$ angezeigten Richtung der Zukunft aufeinanderfolgen. Unter diesen sich hier naturgemäß ergebenden Einschränkungen des Koordinatensystems ist auch das Vorzeichen des Flusses festgelegt, und die Invariante (III.64) werde in der üblichen Weise durch die Bedingung

(III.33) $$\mathfrak{l} \equiv \int \mathfrak{s}^0 d\xi = 1$$

normiert. Die $\mathfrak{m}$ und $\mathfrak{l}$ miteinander kombinierende Konstante a ist dann eine reine Zahl $= ch/e^2$ (reziproke Feinstrukturkonstante). Wir behandeln ψ_1, ψ_2; f_p; $e^p(\alpha)$ als die unabhängig voneinander zu variierenden Größen. Die aus $\mathfrak{m}$ entspringende Energiedichte $\mathfrak{t}_p^q$ muß wegen des Ergänzungsgliedes (III.59) um

$$f_p \mathfrak{s}^q - \delta_p^q (f_r \mathfrak{s}^r)$$

vermehrt werden. Das führt dazu, in der speziellen Relativitätstheorie der Energie den Operator

$$H = \sum_{p=1}^{3} S^p \left(\frac{1}{i} \frac{\partial}{\partial x_p} + f_p \right)$$

zuzuordnen, da

$$\int \psi^* \cdot H\psi \cdot d\xi$$

ihr Wert ist. Die materiellen Gleichungen lauten dann freilich

$$\left(\frac{1}{i}\frac{\partial}{\partial x_0}+f_0\right)\psi+H\psi=0 \quad \text{und nicht} \quad \frac{1}{i}\frac{\partial\psi}{\partial x_0}+H\psi=0,$$

wie es bisher in der Quantenmechanik angenommen wurde. Natürlich tritt zu der materiellen Energie die elektromagnetische hinzu, für welche die klassischen Ausdrücke Maxwells ihre Gültigkeit behalten. Was die *physikalischen dimensionen* betrifft, so ist es bei allgemeiner Relativität natürlich, die Koordinaten x_p als reine Zahlen anzusetzen. Die auftretenden Größen sind nicht nur invariant gegenüber Maßstabsänderung, sondern gegenüber beliebigen Transformationen der x_p. Werden alle $\mathbf{e}(\alpha)$ durch Multiplikation mit einer Konstante b in $b\cdot\mathbf{e}(\alpha)$ verwandelt, so muß, wenn die Normierung (III.66) aufrechterhalten wird, gleichzeitig ψ durch $b^{3/2}\cdot\psi$ ersetzt werden. $\mathfrak{m}$ und $\mathfrak{l}$ werden dadurch nicht verändert, sind also reine Zahlen. Dagegen nimmt $\mathfrak{g}$ den Faktor $1/b^2$ an, so das κ das Quadrat einer Länge d ist. κ ist nicht identisch mit der Einsteinschen Gravitationskonstante, sondern entsteht aus ihr durch Multiplikation mit $2h/c$. d liegt weit unter der atomaren Größenordnung, es ist $\sim 10^{-32}$cm. So wird auch hier die Gravitation nur für die astronomischen Probleme von Bedeutung sein. Sehen wir vom Gravitationsglied ab, so enthalten die Feldgleichungen keine dimensionierte Atomkonstante. Für eine Wirkungsgröße wie das Glied in der Diracschen Theorie, das *die Masse* als Faktor trägt[6], ist in der Zweikomponententheorie kein Platz. Aber man weiß, wie auf Grund der Erhaltungssätze die Masse eingeführt werden kann. Man nehme an, daß in der „leeren Umwelt" des Teilchens, außerhalb eines gewissen Weltkanals, dessen Querschnitte $x_0 = \text{const}$ von endlicher Ausdehnung sind, die $\mathfrak{t}_p^q$ verschwinden und die $e^p(\alpha)$ die konstanten Werte der speziellen Relativität annehmen. Dann sind

$$J_p = \int\left(\mathfrak{t}_p^0+\frac{1}{\kappa}\mathfrak{v}_p^0\right)d\xi$$

die Komponenten eines von der Willkür des Koordinatensystems und der Achsenkreuze nicht beeinflußten, zeitlich konstanten Vierervektors in der Umwelt. Das normale Koordinatensystem daselbst kann genauer festgelegt werden durch die Bedingung, daß der Impuls (J_1, J_2, J_3) verschwindet; dann ist $-J_0$ die invariante und zugleich konstante Masse des Teilchens. Es werde nun verlangt, daß diese Masse einen ein für allemal vorgegebenen Wert m hat. Neben der hier besprochenen Theorie des elektromagnetischen Feldes, die ich für die richtige halte, weil sie so natürlich aus der Willkürlichkeit des Eichfaktors in ψ entspringt und darum die erfahrungsgemäß bestehende Eichinvarianz in Zusammenhang mit dem Erhaltungssatz für die Elektrizität verstehen läßt, bietet sich noch eine andere dar, welche die Elektrizität mit der Gravitation verknüpft. Das Glied (III.59) hat die gleiche Form wie der zweite Teil von $\mathfrak{m}$, Formel (III.50); $\varphi(\alpha)$ spielt in diesem die gleiche Rolle wie $f(\alpha)$ in jenem. Man mag daher erwarten, daß Materie und Gravitation, ψ und $e^p(\alpha)$, für sich schon ausreichen, die elektromagnetischen Erscheinungen zu erklären, indem man die Größen $\varphi(\alpha)$ als die elektromagnetischen Potentiale anspricht. Jene Größen hängen so von den $e^p(\alpha)$ und ihren ersten Ableitungen ab, daß Invarianz stattfindet gegenüber beliebigen Koordinatentransformationen. Was aber die Drehungen der Achsenkreuze anlangt, so

6. Proc. Roy. Soc. (A) **117**, 610.

transformieren sich die $\varphi(\alpha)$ nur dann wie die Komponenten eines festen Vektors im Achsenkreuz, wenn die Achsenkreuze in allen Punkten *derselben* Drehung unterworfen werden. Ignoriert man das Materiefeld und achtet nur auf den Zusammenhang von Elektrizität und Gravitation, so kommt man also auf eine Theorie der Elektrizität genau von der gleichen Art, wie Einstein neuerdings versucht hat. Immerhin wäre hier der Fernparallelismus nur vorgetäuscht. Ich habe mich überzeugt, daß man durch diesen vielleicht zunächst verlockenden Ansatz nicht zu den Maxwellschen Gleichungen gelangt. Ferner bliebe die Eichinvarianz ganz rätselhaft; das elektromagnetische Potential selbst und nicht bloß die Feldstärke hätte physikalische Bedeutung. Darum glaube ich, daß diese Idee auf einen Holzweg führt, daß wir vielmehr dem Fingerzeig zu trauen haben, den uns die Eichinvarianz gab: *die Elektrizität ein Begleitphänomen des materiellen Wellenfeldes und nicht der Gravitation.*

II. Électron et gravitation

H. Weyl à Princeton, N. J.
(Soumis le 8 mai 1929)

Dans cet article je développe de manière étendue une théorie qui embrasse gravitation, électricité et matière ; une brève esquisse est parue dans les *Proceedings of the National Academy* en avril 1929. Le rapport entre la théorie Einsteinienne du parallélisme à distance et la théorie du spin de l'électron a été constaté par plusieurs auteurs [7]. Malgré une certaine ressemblance formelle, ma tentative se distingue de manière radicale : je rejette le parallélisme à distance, en conservant la théorie classique Einsteinienne de la gravitation[a].

L'*adaptation de la théorie Pauli-Dirac de l'électron en rotation à la relativité générale* promet de conduire à des résultats physiquement féconds, pour deux raisons.
1. La théorie de Dirac, dans laquelle le champ ondulatoire de l'électron est décrit par un potentiel ψ à quatre composantes, donne deux fois trop de niveaux d'énergie ; il faudrait donc pouvoir, sans sacrifier l'invariance relativiste, revenir aux deux composantes de la théorie de Pauli. À cela s'oppose le terme de l'action de Dirac qui contient la masse m de l'électron. *Mais la masse est un effet gravitationnel* ; il reste donc l'espoir de trouver dans la théorie gravitationnelle un substitut de ce terme qui donnera lieu à la correction souhaitée.
2. Les équations de Dirac pour le champ ψ ont, en commun avec les équations Maxwelliennes pour les quatre composantes f_p du potentiel électromagnétique, une propriété d'invariance formellement assimilable à celle que j'avais appelée *invariance de jauge* dans ma théorie électrogravitationnelle de 1918 ; les équations restent inchangées quand on remplace à la fois

$$\psi \text{ par } e^{i\lambda} \cdot \psi \quad \text{et} \quad f_p \text{ par } f_p - \frac{\partial \lambda}{\partial x_p},$$

où λ est une fonction arbitraire de la position dans l'univers à quatre dimensions ; dans f_p le facteur e/ch est sous-entendu ($-e$ étant la charge de l'électron, c la vitesse

7. E. Wigner, « Eine Bemerkung zu Einsteins neuer Formulierung des allgemeinen Relativitätsprinzips », *Zeitschrift für Physik* **53** (1929), p. 592-596 ; entre autres.

de la lumière, $h/2\pi$ le quantum d'action). La relation entre cette « invariance de jauge » et la conservation de l'électricité reste la même. Mais il y a la différence essentielle, et significative pour la comparaison avec l'expérience, que l'exposant du facteur multiplicatif de ψ n'est pas réel mais purement imaginaire. ψ acquiert désormais le rôle joué par le ds d'Einstein dans la vieille théorie. Il me semble donc que ce nouveau principe d'invariance de jauge, qui découle de l'expérience plutôt que de la spéculation, indique que *le champ électrique est un phénomène d'accompagnement nécessaire non pas du champ gravitationnel, mais de l'onde matérielle représentée par le champ ondulatoire* ψ. Comme l'invariance de jauge implique une fonction arbitraire λ, elle a le caractère de relativité « générale » et ne peut naturellement être comprise en dehors de ce cadre[b].

Je ne peux pas croire au *parallélisme à distance* pour plusieurs raisons. D'abord ma sensibilité mathématique s'oppose *a priori* à l'adoption d'une géométrie si artificielle ; j'ai du mal à comprendre quelle puissance aurait pu fixer rigidement dans leurs différentes orientations les repères orthonormés locaux (que nous désignerons dorénavant sous l'appellation de « tétrades ») en tout point d'univers. Il y a, me semble-t-il, deux importantes raisons physiques. C'est précisément en se débarrassant de sa relation avec les tétrades que le facteur de jauge $e^{i\lambda}$ dans la grandeur ψ, qui reste arbitraire, peut être pris non pas comme une constante mais comme une fonction de la position ; ce n'est qu'à travers ce déliement que l'invariance de jauge effectivement présente devient compréhensible. Ensuite, la possibilité de réorienter les tétrades indépendamment en tout lieu est, comme nous le verrons dans la suite, équivalente à la symétrie du tenseur énergie-impulsion, c'est-à-dire à la validité de la conservation du moment d'impulsion.

Dans le cadre de toute tentative d'établir les équations de champ quantiques il faut se rappeler que celles-ci ne peuvent pas être comparées directement avec l'expérience ; ce n'est qu'*après leur quantification* qu'elles fourniront une base pour des énoncés statistiques sur le comportement des corpuscules matériels et des quanta de lumière. La théorie de Dirac-Maxwell ne contenait jusqu'ici que les potentiels électromagnétiques f_p et le champ ondulatoire ψ de l'*électron*. Il faut sans doute ajouter le champ ondulatoire ψ' du proton. Et de fait dans les équations de champ ψ, ψ' et f_p seront fonctions des *mêmes* quatre coordonnées d'espace et de temps ; avant la quantification on ne pourra pas prétendre que ψ soit une fonction d'un point d'univers (t, xyz) et ψ' une fonction d'un point d'univers $(t', x'y'z')$ indépendant du premier. Il est alors naturel de supposer que, des deux paires de composantes de la grandeur de Dirac, l'une appartient à l'électron, l'autre au proton. Deux lois de conservation de l'électricité devront du reste intervenir, ce qui voudra dire (après la quantification) que le nombre des électrons, comme celui des protons, reste constant. Une double invariance de jauge devra leur correspondre, faisant intervenir deux fonctions arbitraires[c].

Nous étudierons d'abord, dans le cadre de la relativité restreinte, la question de savoir si, et dans quelle mesure, les exigences formelles de la théorie des groupes — indépendamment des équations différentielles dynamiques, qu'il faudra rendre compatibles avec l'expérience — imposent déjà l'augmentation du nombre de composantes ψ de deux à quatre. Nous verrons qu'on se débarrasse de deux composantes en s'appuyant sur la symétrie entre droite et gauche.

Théorie à deux composantes

1. Loi de transformation de ψ

En introduisant dans un espace avec coordonnées cartésiennes x, y, z les coordonnées projectives homogènes x_α :

$$x = \frac{x_1}{x_0}, \quad y = \frac{x_2}{x_0}, \quad z = \frac{x_3}{x_0},$$

l'équation de la boule unitaire devient

$$-x_0^2 + x_1^2 + x_2^2 + x_3^2 = 0. \tag{III.34}$$

En projetant du pôle sud sur le plan équatorial $z = 0$ revêtu des variables complexes

$$x + iy = \zeta = \frac{\psi_2}{\psi_1}$$

on aura les équations[d]

$$\left.\begin{aligned} x_0 &= \overline{\psi}_1\psi_1 + \overline{\psi}_2\psi_2, & x_1 &= \overline{\psi}_1\psi_2 + \overline{\psi}_2\psi_1, \\ x_2 &= i(-\overline{\psi}_1\psi_2 + \overline{\psi}_2\psi_1) & x_3 &= \overline{\psi}_1\psi_1 - \overline{\psi}_2\psi_2. \end{aligned}\right\} \tag{III.35}$$

Les x_α sont des formes Hermitiennes de ψ_1, ψ_2 [e]. Les variables ψ_1, ψ_2, tout comme les coordonnées x_α n'interviennent ici que *par leurs rapports*. Une transformation homogène linéaire de ψ_1, ψ_2 (à coefficients complexes) induit une transformation linéaire, réelle des coordonnées x_α : elle représente une collinéation, qui envoie la boule unitaire en elle-même, en préservant l'orientation. Il est facile à démontrer et bien connu que chaque collinéation de ce type s'obtient ainsi de manière univoque.

Passant du point de vue homogène à l'inhomogène, on prend maintenant les x_α comme coordonnées dans l'univers à quatre dimensions et (III.34) comme équation du « cône de lumière » ; et l'on se borne aux transformations linéaires U, agissant sur ψ_1, ψ_2, à déterminant unitaire (valeur absolue 1). U agit sur les x_α comme une transformation *de Lorentz*, c'est-à-dire une transformation réelle homogène linéaire qui conserve la forme

$$-x_0^2 + x_1^2 + x_2^2 + x_3^2.$$

Les formules pour x_0 et notre remarque sur la préservation de l'orientation de la boule suffisent à nous apprendre que nous n'aurons, parmi les transformations de Lorentz, que les Λ formant un seule composante connexe, qui
1. n'échangent pas passé et futur et
2. ont pour déterminant $+1$ et pas -1 ; ceci sans exception.
La transformation linéaire U des ψ n'est pas fixée par Λ de manière univoque, il reste à disposition un facteur constant arbitraire $e^{i\lambda}$ de module 1 [f]. On peut le normaliser en exigeant que le déterminant de U soit égal à 1, mais il reste tout de même une double ambiguité. Il faut se tenir à la condition 1. ; c'est un des meilleurs espoirs de la théorie-ψ, qu'elle puisse rendre compte de la *différence essentielle entre passé et futur*. La condition 2. souligne l'équivalence entre gauche et droite. Cette symétrie

entre droite et gauche, effectivement présente dans la nature, va nous obliger (partie II) à introduire une deuxième paire de composantes-ψ.

La conjuguée Hermitienne d'une matrice $A = \|a_{ik}\|$ sera indiquée par A^* :

$$a^*_{ik} = \bar{a}_{ki}.$$

Soit S_α la matrice [g] de coefficients de la forme H e r m i tienne des variables ψ_1, ψ_2, à l'aide de laquelle la coordonnée x_α est représentée comme (III.35) :

(III.36) $$x_\alpha = \psi^* S_\alpha \psi;$$

ici ψ indique le *vecteur-colonne* ψ_1, ψ_2. S_0 est la matrice unité ; on a les équations

(III.37) $$S_1^2 = 1, \quad S_2 S_3 = i S_1$$

et celles qui en découlent moyennant la permutation circulaire des indices 1, 2, 3.

Il est pratique de remplacer formellement la coordonnée temporelle réelle x_0 par l'imaginaire ix_0[h]. Les transformations de Lorentz apparaissent alors comme transformations orthogonales des quatre grandeurs

$$x(0) = ix_0, \quad x(\alpha) = x_\alpha \quad [\alpha = 1,2,3].$$

À la place de (III.36) on écrit

(III.38) $$x(\alpha) = \psi^* S(\alpha)\,\psi.$$

La loi de transformation de ψ vis à vis d'une transformation Λ des coordonnées d'univers $x(\alpha)$ est établie de manière à être compatible avec l'équation (III.38). *Cette grandeur ψ représente, comme il ressort des phénomènes de spin, le champ ondulatoire d'un corpuscule matériel.* Les $x(\alpha)$ sont les coordonnées dans un tétrade $\mathbf{e}(\alpha)$; $\mathbf{e}(1)$, $\mathbf{e}(2)$, $\mathbf{e}(3)$ sont des vecteurs spatiaux réels, qui constituent un système de coordonnées cartésien orienté de manière gauche, $\mathbf{e}(0)/i$ est un vecteur d'univers temporel réel, orienté vers le futur. La transformation Λ décrit le passage d'un tel tétrade à un autre, lequel pourra être désigné simplement comme le résultat de la *rotation du premier*. Nous obtenons les mêmes coefficients $c(\alpha\beta)$ en exprimant soit la transformation Λ des vecteurs du tétrade, soit des coordonnées :

$$\mathbf{x} = \sum_\alpha x(\alpha)\mathbf{e}(\alpha) = \sum_\alpha x'(\alpha)\mathbf{e}'(\alpha),$$
$$\mathbf{e}'(\alpha) = \sum_\beta c(\alpha\beta)\mathbf{e}(\beta), \quad x'(\alpha) = \sum_\beta c(\alpha\beta)x(\beta);$$

ceci découle du caractère orthogonal de Λ[i].

Pour la suite il est nécessaire de calculer la transformation infinitésimale

(III.39) $$d\psi = dE \cdot \psi$$

qui correspond à une rotation infinitésimale arbitraire $d\Omega$:

$$dx(\alpha) = \sum_\beta do(\alpha\beta) \cdot x(\beta),$$

où les $do(\alpha\beta)$ constituent une matrice antisymétrique[j]. La transformation (III.39) est normalisée de telle sorte que la trace de dE est nulle. La matrice dE dépend de manière linéaire et homogène des $do(\alpha\beta)$; nous écrivons donc

$$dE = \frac{1}{2}\sum_{\alpha\beta} do(\alpha\beta)\cdot A(\alpha\beta) = \sum do(\alpha\beta)\cdot A(\alpha\beta).$$

Cette dernière somme ne sera étendue qu'aux paires

$$(\alpha\beta) = (01),(02),(03)\,; \quad (23),(31),(12)$$

Naturellement $A(\alpha\beta)$ dépend antisymétriquement de α et de β. Il ne faut pas oublier que les coefficients $do(\alpha\beta)$ sont purement imaginaires pour les trois premières paires $(\alpha\beta)$, réels pour les trois dernières, et autrement arbitraires. On trouve

(III.40) $$A(23) = -\frac{1}{2i}S(1), \quad A(01) = \frac{1}{2i}S(1)$$

et deux paires d'équations identiques qui en découlent par permutations circulaires des indices 1, 2, 3. Comme confirmation il suffit de calculer que les transformations infinitésimales dE

$$d\psi = \frac{1}{2i}S(1)\,\psi \text{ et } d\psi = \frac{1}{2}S(1)\,\psi$$

mènent respectivement aux rotations infinitésimales

$$dx(0) = 0, \quad dx(1) = 0, \quad dx(2) = -x(3), \quad dx(3) = x(2)$$

et à

$$dx(0) = ix(1), \quad dx(1) = -ix(0), \quad dx(2) = 0, \quad dx(3) = 0.$$

2. Métrique et transport parallèle

Passons maintenant à la *théorie de la relativité générale*[k]. Nous décrivons la *métrique* en un point d'univers P en spécifiant le tétrade $\mathbf{e}(\alpha)$[l]. La métrique détermine seulement une classe de tels tétrades qui sont liés entre eux par le groupe des rotations Λ ; un seul représentant de cette classe sera arbitrairement choisi. Les lois sont donc *invariantes par rapport aux rotations arbitraires des tétrades* ; la rotation du tétrade au point P' différent de P sera indépendante de la rotation en P. $\psi_1(P)$, $\psi_2(P)$ seront les composantes du potentiel matériel au point P par rapport au tétrade $\mathbf{e}(\alpha)$ qu'on y choisit. Un vecteur $\mathbf{t}$ en P admet le développement

$$\mathbf{t} = \sum_{\alpha} t(\alpha)\mathbf{e}(\alpha),$$

les nombres $t(\alpha)$ étant ses composantes dans le tétrade.

Pour la représentation analytique nous avons en outre besoin d'un *système de coordonnées* x_p, les x_p étant quatre fonctions continues d'univers, dont les valeurs permettent de distinguer les différents points d'univers. Les lois sont donc *invariantes par rapport aux transformations arbitraires de coordonnées*. Soient $e^p(\alpha)$ les composantes de $\mathbf{e}(\alpha)$ dans le système de coordonnées. Ces $4 \cdot 4$ grandeurs $e^p(\alpha)$ décrivent le champ gravitationnel. Les composantes contravariantes t^p d'un vecteur $\mathbf{t}$ dans le système de coordonnées s'obtiennent à partir de ses composantes $t(\alpha)$ dans le tétrade par les équations :

$$t^p = \sum_\alpha t(\alpha) \cdot e^p(\alpha).$$

D'autre part les $t(\alpha)$ se calculent à partir de leurs composantes contravariantes t_p dans le système de coordonnées par

$$t(\alpha) = \sum_p t_p \cdot e^p(\alpha).$$

Ces équations régissent la transformation des indices. J'ai écrit les indices grecs du tétrade comme arguments, puisqu'ici il ne faut pas distinguer entre indices en haut et en bas. La transformation dans l'autre sens est donnée par la matrice $\|e_p(\alpha)\|$ inverse de $\|e^p(\alpha)\|$:

$$\sum_\alpha e_p(\alpha) e^q(\alpha) = \delta_p^q \quad \text{et} \quad \sum_p e_p(\alpha) e^p(\beta) = \delta(\alpha, \beta).$$

δ est 0 ou 1, selon que les indices coïncident ou pas. La règle sur l'omission du symbole de sommation sera dorénavant suivie pour les indices latins comme pour les grecs. Soit ε la valeur absolue du déterminant $|e^p(\alpha)|$. La division d'une grandeur latine par ε sera indiquée comme d'habitude par la transformation de la lettre latine en la lettre allemande correspondante ; par exemple

$$\mathfrak{e}^p(\alpha) = \frac{e^p(\alpha)}{\varepsilon}.$$

On peut décrire un vecteur et un tenseur par leurs composantes dans un système de coordonnées ou par rapport à un tétrade. Mais pour la grandeur ψ il ne peut s'agir que des composantes par rapport au tétrade. Car la loi de transformation de ses composantes est régie par une représentation du groupe de rotations, qui ne se laisse pas étendre au groupe de toutes les transformation linéaires. D'où le besoin, dans la théorie de la matière, de représenter analytiquement le champ gravitationnel de la manière ici décrite, plutôt qu'à travers la forme fondamentale métrique [8]

$$\sum_{p,q} g_{p,q}\, dx_p\, dx_q.$$

Par ailleurs

$$g_{pq} = e_p(\alpha)\; e_q(\alpha).$$

La théorie gravitationnelle doit maintenant être reformulée dans cette nouvelle forme analytique. Je commence avec les formules du *transport parallèle infinitésimal*

8. En accord formel avec les nouveaux travaux d'Einstein sur la gravitation et l'électricité, *Sitzungsberichte der Preußischen Akademie der Wissenschaften* (1928), p. 217, 224 ; 1929, p. 2. Einstein emploie la lettre h à la place de e.

déterminé par la métrique. Transporté parallèlement, le vecteur $\mathbf{e}(\alpha)$ au point P devient le vecteur $\mathbf{e}'(\alpha)$ au point voisin P'. Les $\mathbf{e}'(\alpha)$ constituent en P' un tétrade, qui dérive du tétrade local $\mathbf{e}(\alpha) = \mathbf{e}(\alpha; P')$ à la même position par une rotation infinitésimale$d\Omega$:

(III.41) $$\delta\mathbf{e}(\beta) = \sum_\gamma do(\beta\gamma) \cdot \mathbf{e}(\gamma), \quad \delta\mathbf{e}(\beta) = \mathbf{e}'(\beta) - \mathbf{e}(\beta; P').$$

$d\Omega$ dépend linéairement du déplacement PP' ou de ses composantes

$$dx_p = (dx)^p = v^p = e^p(\alpha)v(\alpha).$$

Nous écrivons donc

(III.42) $$d\Omega = \Omega_p(dx)^p, \quad do(\beta\gamma) = o_p(\beta\gamma)(dx)^p = o(\alpha; \beta\gamma)v(\alpha).$$

Le transport parallèle du vecteur $\mathbf{t}$, de composantes t^p, sera, comme on le sait, décrit par une équation :

$$d\mathbf{t} = -d\Gamma \cdot \mathbf{t}, \quad \text{c'est-à-dire} \quad dt^p = -d\Gamma^p_r \cdot t^r, \quad d\Gamma^p_r = \Gamma^p_{rq}(dx)^q,$$

dans laquelle les grandeurs Γ^p_{rq}, qui ne dépendent ni de $\mathbf{t}$ ni du déplacement dx, seront symétriques en r et en q [m]. Nous avons donc

$$\mathbf{e}'(\beta) - \mathbf{e}(\beta) = -d\Gamma \cdot \mathbf{e}(\beta).$$

L'équation (III.41) s'applique aussi. La soustraction des deux différences à gauche donne la différentielle $d\mathbf{e}(\beta) = \mathbf{e}(\beta; P') - \mathbf{e}(\beta; P)$:

$$d\mathbf{e}^p(\beta) + d\Gamma^p_r e^r(\beta) = -do(\beta\gamma) \cdot e^p(\gamma),$$
$$\frac{\partial e^p(\beta)}{\partial x_q} \cdot e^q(\alpha) + \Gamma^p_{rq} e^r(\beta) e^q(\alpha) = -o(\alpha; \beta\gamma) e^p(\gamma).$$

Ici on peut éliminer les o et obtenir les équations connues pour la détermination de Γ en exploitant l'antisymétrie de $o(\alpha; \beta\gamma)$ par rapport à β et γ. On élimine les Γ et l'on calcule o, en utilisant la symétrie de Γ^p_{rq} par rapport à r et q, ou de

$$\Gamma^p(\beta, \alpha) = \Gamma^p_{rq} e^r(\beta) e^q(\alpha)$$

par rapport à α et β :

(III.43) $$\frac{\partial e^p(\alpha)}{\partial x_p} \cdot e^q(\beta) - \frac{\partial e^p(\beta)}{\partial x_q} \cdot e^q(\alpha) = \{o(\alpha; \beta\gamma) - o(\beta; \alpha\gamma)\} e^p(\gamma).$$

Le premier membre se constitue des composantes, invariantes par rapport aux transformations de coordonnées, du « produit commutateur » des deux champs vectoriels $\mathbf{e}(\alpha)$, $\mathbf{e}(\beta)$, qui joue un rôle décisif dans la théorie de Lie des transformations infinitésimales ; on l'écrit $[\mathbf{e}(\alpha), \mathbf{e}(\beta)]$. étant donné que $o(\beta; \alpha\gamma)$ est antisymétrique en α et γ, on a

$$[\mathbf{e}(\alpha), \mathbf{e}(\beta)]^p = \{o(\alpha; \beta\gamma) + o(\beta; \gamma\alpha)\} e^p(\gamma)$$

ou

(III.44) $$o(\alpha;\beta\gamma)+o(\beta;\gamma\alpha)=[\mathbf{e}(\alpha),\mathbf{e}(\beta)](\gamma).$$

Si dans cette équation on effectue les trois permutations circulaires de $\alpha\beta\gamma$, puis la somme des équations qui en résultent, avec les signes $+-+$, on obtient

$$2o(\alpha;\beta\gamma)=[\mathbf{e}(\alpha),\mathbf{e}(\beta)](\gamma)-[\mathbf{e}(\beta),\mathbf{e}(\gamma)](\alpha)+[\mathbf{e}(\gamma),\mathbf{e}(\alpha)](\beta).$$

$o(\alpha;\beta\gamma)$ est donc en l'occurrence déterminé de manière univoque. L'expression trouvée satisfait toutes les conditions, puisqu'elle est manifestement antisymétrique en β et γ.

Pour la suite nous avons surtout besoin de l'abréviation

$$o(\rho,\rho\alpha)=[\mathbf{e}(\alpha),\mathbf{e}(\rho)](\rho)=\frac{\partial e^p(\alpha)}{\partial x_p}-\frac{\partial e^p(\rho)}{\partial x_q}\cdot e^q(\alpha)e_p(\rho).$$

Comme

$$-\varepsilon\cdot\delta\left(\frac{1}{\varepsilon}\right)=\frac{\delta\varepsilon}{\varepsilon}=e_q(\rho)\cdot\delta e^q(\rho)$$

on a

(III.45) $$o(\rho,\rho\alpha)=\varepsilon\cdot\frac{\partial \mathfrak{e}^p(\alpha)}{\partial x^p}.$$

3. Action de la matière

Le transport parallèle permet de calculer non seulement la dérivée covariante d'un champ vectoriel ou tensoriel, mais aussi du champ ψ [n]. Soient $\psi_a(P)$, $\psi_a(P')$ [$a=1,2$] les composantes par rapport au tétrade local $\mathbf{e}(\alpha)$ en P et en P'. La différence $\psi_a(P')-\psi_a(P)=d\psi_a$ est la différentielle habituelle. D'autre part, déplaçons le tétrade $\mathbf{e}(\alpha)$ de P à P' par transport parallèle, ce qui donne $\mathbf{e}'(\alpha)$; soient ψ'_a les composantes de ψ en P' par rapport au tétrade $\mathbf{e}'(\alpha)$ au point considéré. ψ_a et ψ'_a ne dépendent que du choix du tétrade $\mathbf{e}(\alpha)$ en P ; ils n'ont rien à voir avec le tétrade local en P'. La rotation du tétrade en P transforme les ψ'_a comme les ψ_a, c'est-à-dire comme les différences $\delta\psi_a=\psi'_a-\psi_a$. Celles-ci constituent les composantes de la *dérivée covariante* $\delta\psi$ de ψ. $\mathbf{e}'(\alpha)$ découle du tétrade local $\mathbf{e}(\alpha)=\mathbf{e}(\alpha;P')$ en P' par la rotation infinitésimale $d\Omega$ précisée en 2 La transformation infinitésimale correspondante

$$dE=\frac{1}{2}do(\beta\gamma)\cdot A(\beta\gamma)$$

porte $\psi_a(P')$ en ψ'_a, c'est-à-dire $\psi'-\psi(P')$ est $=dE\cdot\psi$. En ajoutant $d\psi=\psi(P')-\psi(P)$, on obtient

(III.46) $$\delta\psi=d\psi+dE\cdot\psi.$$

Tout dépend linéairement du déplacement PP'. On écrit

$$\delta\psi=\psi_p(dx)^p=\psi(\alpha)v(\alpha),\quad dE=E_p(dx)^p=E(\alpha)v(\alpha).$$

Nous trouvons

$$\psi_p = \left(\frac{\partial}{\partial x_p} + E_p\right)\psi \quad \text{ou} \quad \psi(\alpha) = \left(e^p(\alpha)\frac{\partial}{\partial x_p} + E(\alpha)\right)\psi.$$

Et là nous avons

$$E(\alpha) = \frac{1}{2}o(\alpha;\beta\gamma)A(\beta\gamma).$$

Si ψ' est une grandeur sujette à la même loi de transformation que ψ,

$$\psi^* S(\alpha)\,\psi'$$

seront les composantes d'un vecteur par rapport au tétrade local. Il s'ensuit que

$$v'(\alpha) = \psi^* S(\alpha)\,\delta\psi = \psi^* S(\alpha)\,\psi(\beta)\cdot v(\beta)$$

est une application linéaire $v \to v'$ de l'espace vectoriel en P, qui est indépendante du tétrade.

Sa trace

$$\psi^* S(\alpha)\,\psi(\alpha)$$

est donc un scalaire, et l'équation

$$i\varepsilon\mathfrak{m} = \psi^* S(\alpha)\,\psi(\alpha) \tag{III.47}$$

définit une densité scalaire $\mathfrak{m}$, dont l'intégrale

$$\int \mathfrak{m}\,dx \quad (dx = dx_0\,dx_1\,dx_2\,dx_3)$$

peut être conçue comme grandeur d'action.

Pour arriver à une expression explicite de $\mathfrak{m}$, nous devons calculer

$$S(\alpha)E(\alpha) = \frac{1}{2}S(\alpha)A(\beta\gamma)\cdot o(\alpha;\beta\gamma) \tag{III.48}$$

De (III.40) et (III.37) il s'ensuit que

$$S(\beta)A(\beta\alpha) = \frac{1}{2}S(\alpha) \quad [\alpha \neq \beta, \text{ il ne faut pas sommer sur } \beta\,!]$$

et

$$S(\beta)A(\gamma\delta) = \frac{1}{2}S(\alpha),$$

quand $\alpha\beta\gamma\delta$ est une permutation paire des indices $0\,1\,2\,3$. Les termes du premier et du deuxième genre fournissent donc comme contribution à (III.48) les multiples suivants de $S(\alpha)$:

$$\frac{1}{2}o(\rho;\rho\alpha) = \frac{1}{2\varepsilon}\frac{\partial \mathfrak{e}^p(\alpha)}{\partial x_p}$$

et

$$o(\beta;\gamma\delta) + o(\gamma;\delta\beta) + o(\delta;\beta\gamma) = \frac{i}{2}\varphi(\alpha).$$

D'après (III.44) on aura, quand $\alpha\beta\gamma\delta$ est une permutation paire de 0123,

$$\begin{aligned} i\varphi(\alpha) &= [\mathbf{e}(\beta),\mathbf{e}(\gamma)](\delta) + +(\text{permutations circulaires de } \beta\gamma\delta) \\ &= \sum + \frac{\partial e^p(\beta)}{\partial x_q} e^q(\gamma) e_p(\delta). \end{aligned} \tag{III.49}$$

La somme s'étend, en alternant, sur les six permutations de $\beta\gamma\delta$ (sauf naturellement p et q). Tenant compte de ces précisions nous obtenons

$$\mathfrak{m} = \frac{1}{i}\left(\psi^* \mathfrak{e}^p(\alpha) S(\alpha) \frac{\partial \psi}{\partial x_p} + \frac{1}{2}\frac{\partial \mathfrak{e}^p(\alpha)}{\partial x_p} \cdot \psi^* S(\alpha)\psi\right) + \frac{1}{4\varepsilon} \cdot \varphi(\alpha) s(\alpha). \tag{III.50}$$

La deuxième partie est

$$= \frac{1}{4i\varepsilon}\left| e_p(\alpha), e^q(\alpha), \frac{\partial e^p(\alpha)}{\partial x_q}, s(\alpha)\right|$$

(sommé sur p et q) ; chaque terme est un déterminant de quatre rangées, obtenues depuis les rangées spécifiées en posant $\alpha = 0, 1, 2, 3$ le long de la rangée.

$$s(\alpha) \text{ est } = \psi^* S(\alpha)\psi. \tag{III.51}$$

Ce n'est pas l'intégrale d'action

$$\int \mathfrak{h}\, dx \tag{III.52}$$

en elle-même mais sa variation qui est importante pour les lois de la nature. Il n'est donc pas indispensable que $\mathfrak{h}$ soit réel, il suffit que la différence $\bar{\mathfrak{h}} - \mathfrak{h}$ soit une divergence, auquel cas nous disons que $\mathfrak{h}$ est pratiquement réel. On doit établir comment il se comporte à cet égard. $e^p(\alpha)$ est réel pour $\alpha = 1, 2, 3$, purement imaginaire pour $\alpha = 0$. Il s'ensuit que $e^p(\alpha)S(\alpha)$ sera une matrice Hermitienne. De la même manière $\varphi(\alpha)$ sera réelle pour $\alpha = 1, 2, 3$, purement imaginaire pour $\alpha = 0$; et donc $\varphi(\alpha)S(\alpha)$ sera également Hermitienne. Ainsi

$$\bar{\mathfrak{m}} = -\frac{1}{i}\left(\frac{\partial \psi^*}{\partial x_p}\mathfrak{S}^p \psi + \frac{1}{2}\frac{\partial \mathfrak{e}^p(\alpha)}{\partial x_p} \cdot \psi^* S(\alpha)\psi\right) + \frac{1}{4\varepsilon} \cdot \varphi(\alpha) s(\alpha),$$

$$\begin{aligned} i(\mathfrak{m} - \bar{\mathfrak{m}}) &= \psi^* \mathfrak{S}^p \frac{\partial \psi}{\partial x_p} + \frac{\partial \psi^*}{\partial x_p}\mathfrak{S}^p \psi + \frac{\partial \mathfrak{e}^p(\alpha)}{\partial x_p} \cdot \psi^* S(\alpha)\psi \\ &= \frac{\partial}{\partial x_p}(\psi^* \mathfrak{S}^p \psi) = \frac{\partial \mathfrak{s}^p}{\partial x_p}. \end{aligned}$$

$\mathfrak{m}$ est aussi en l'occurrence pratiquement réel.

On revient à la relativité restreinte en posant

$$e^0 = -i, \qquad e^1(1) = e^2(2) = e^3(3) = 1,$$

et $e^p(\alpha) = 0$ pour les autres.

4. Énergie

Soit (III.52) l'intégrale d'action pour la matière au sens large (matière + champ électrique), laquelle est décrite par les ψ et par les potentiels électromagnétiques f_p [o]. Les lois de la nature expriment que la variation

$$\delta \int \mathfrak{h}\, dx$$

s'annule quand les ψ et les f_p sont sujettes à des variations arbitraires infinitésimales, nulles en dehors d'un domaine d'univers fini. La variation des ψ fournit les équations matérielles au sens étroit, la variation des f_p les équations électromagnétiques. Si, avec ces lois de la nature, l'on assujettit également les $e^p(\alpha)$ (qui étaient restés fixes jusqu'ici) à une variation infinitésimale analogue, on aura une équation

$$\delta \int \mathfrak{h}\, dx = \int \mathfrak{t}_p(\alpha) \cdot \delta e^p(\alpha) \cdot dx, \tag{III.53}$$

moyennant laquelle on peut définir la densité tensorielle $\mathfrak{t}_p(\alpha)$ de l'énergie.

À cause de l'invariance de la grandeur d'action, (III.53) doit s'annuler, si la variation $\delta e^p(\alpha)$ est produite de telle sorte que

1. en gardant le système de coordonnées x_p, le tétrade local $\mathbf{e}(\alpha)$ subit une rotation infinitésimale [p] ; ou
2. en fixant le tétrade, les coordonnées x_p sont sujettes à une transformation infinitésimale[q].

La première démarche est décrite par l'équation

$$\delta e^p(\alpha) = o(\alpha\beta) \cdot e_p(\beta).$$

Ici les $o(\alpha, \beta)$ consitutent une matrice (infinitésimale) antisymétrique, qui dépend de la positon de manière arbitraire. Et l'annulation de (III.53) nous dit que

$$\mathfrak{t}(\beta, \alpha) = \mathfrak{t}_p(\alpha) e^p(\beta)$$

est symétrique en α et β. *La symétrie du tenseur d'énergie est donc équivalente à la première propriété d'invariance.* La loi de symétrie n'est cependant pas satisfaite identiquement, mais comme conséquence des lois matérielles et électromagnétiques. Car en fixant le champ-ψ les composantes de ψ changeront avec la rotation du tétrade !

Le calcul de la variation $\delta e^p(\alpha)$ correspondant à la deuxième démarche est plus ardu. Mais les raisonnements découlent aisément de la théorie de la relativité dans sa forme analytique précédente[9]. Le point P avec coordonnées x_p aura, dans le système de coordonnées transformé, les coordonnées

$$x'_p = x_p + \delta x_p, \qquad \delta x_p = \xi^p(x).$$

Le point qui possède dans le nouveau système de coordonnées les mêmes coordonnées x_p que P avait dans le vieux, sera indiqué par P' ; dans le vieux système il a les

9. Cf. H. Weyl, *Raum, Zeit, Materie*, cinquième édition, p. 233ff. (cité comme RZM), Berlin, 1923.

coordonnées $x_p - \delta x_p$. Le vecteur **t** de P a dans le nouveau système de coordonnées les composantes

$$\frac{\partial x'_p}{\partial x_p} \cdot t^q = t_p + \frac{\partial \xi^p}{\partial x_q} \cdot t^q.$$

En particulier, les composantes $e^p(\alpha)$ du vecteur donné $\mathbf{e}(\alpha)$ au point fixe P subissent, lors des transformations de coordonnées, une variation

$$\delta' e^p(\alpha) = \frac{\partial \xi^p}{\partial x_q} \cdot e^q(\alpha).$$

D'autre part la différence entre le vecteur $\mathbf{e}(\alpha)$ en P' et en P sera donnée par

$$de^p(\alpha) = -\frac{\partial e^p(\alpha)}{\partial x_q} \cdot \xi^q.$$

Donc la variation engendrée par la transformation de coordonnées *avec valeurs fixes x_p des coordonnées* sera :

$$\delta e^p(\alpha) = \frac{\partial \xi^p}{\partial x_q} \cdot e^q(\alpha) - \frac{\partial e^p(\alpha)}{\partial x_q} \cdot \xi^q.$$

Ici les ξ^p sont des fonctions arbitraires qui s'annulent en dehors d'un domaine d'univers fini. En explicitant (III.53) nous obtenons, moyennant l'intégration partielle,

$$0 = \int \left\{ \frac{\partial \mathfrak{t}_p^q}{\partial x_q} + \mathfrak{t}_q(\alpha) \frac{\partial e^q(\alpha)}{\partial x_p} \right\} \xi^p dx.$$

Ici le principe de quasi-conservation d'énergie et d'impulsion s'obtient ainsi sous la forme

$$\frac{\partial \mathfrak{t}_p^q}{\partial x_q} + \frac{\partial e^q(\alpha)}{\partial x_p} \mathfrak{t}_q(\alpha) = 0. \tag{III.54}$$

À cause du deuxième terme elle n'est une vraie loi de conservation qu'en relativité restreinte. Dans la générale elle ne le devient qu'en ajoutant l'énergie du champ gravitationnel. Mais en relativité restreinte l'intégration avec $d\xi = dx_1\,dx_2\,dx_3$ sur la tranche spatiale

$$x_0 = t = \text{const.} \tag{III.55}$$

fournit les composantes à temps constant de l'impulsion (J_1, J_2, J_3) et l'énergie $(-J_0)$:

$$J_p = \int \mathfrak{t}_p^0 d\xi.$$

À l'aide de la symétrie on trouve en outre les équations de divergence

$$\frac{\partial}{\partial x_q}(x_2 \mathfrak{t}_3^q - x_3 \mathfrak{t}_2^q) = 0, \ldots,$$

$$\frac{\partial}{\partial x_q}(x_0 \mathfrak{t}_1^q + x_1 \mathfrak{t}_0^q) = 0, \ldots$$

Les trois équations du premier genre montrent que le *moment d'impulsion* (M_1, M_2, M_3) reste constant dans le temps :

$$M_1 = \int (x_2 \mathfrak{t}_3^0 - x_3 \mathfrak{t}_2^0) d\xi, \ldots,$$

les équations du deuxième genre contiennent le principe de l'*inertie de l'énergie.*

Calculons la densité d'énergie pour la grandeur d'action $\mathfrak{m}$ de la matière, dont il vient de s'agir ; nous traitons les deux morceaux, dans lesquels $\mathfrak{m}$ se brise d'après (III.50), de manière différente. Pour la première partie nous obtenons après une intégration par parties

$$\int \delta \mathfrak{m} \cdot dx = \int u_p(\alpha) \, \delta \mathfrak{e}^p(\alpha) \cdot dx$$

avec

$$\begin{aligned} i u_p(\alpha) &= \psi^* S(\alpha) \frac{\partial \psi}{\partial x_p} - \frac{1}{2} \frac{\partial(\psi^* S(\alpha) \psi)}{\partial x_p}, \\ &= \frac{1}{2}\left(\psi^* S(\alpha) \frac{\partial \psi}{\partial x_p} - \frac{\partial \psi^*}{\partial x_p} S(\alpha) \psi\right). \end{aligned}$$

La partie de l'énergie qui en sort est donc

$$\mathfrak{t}_p(\alpha) = \mathfrak{u}_p(\alpha) - e_p(\alpha) \cdot \mathfrak{u}, \qquad \mathfrak{t}_p^q = \mathfrak{u}_p^q - \delta_p^q \mathfrak{u},$$

où $\mathfrak{u}$ veut dire l'abbréviation $e^p(\alpha)\mathfrak{u}_p(\alpha)$. Ces formules sont en général correctes même pour une $e^p(\alpha)$ qui n'est pas constante. Dans la deuxième partie nous nous bornons pour simplifier à la relativité restreinte. Et là on a donc

$$\begin{aligned} \int \delta \mathfrak{m} \cdot dx &= \frac{1}{4i} \int \left| e_p(\alpha), e^q(\alpha), \frac{\partial(\delta e^p(\alpha))}{\partial x_q}, s(\alpha) \right| dx, \\ &= -\frac{1}{4i} \int \left| \delta e^p(\alpha), e_p(\alpha), e^q(\alpha), \frac{\partial s(\alpha)}{\partial x_q} \right| dx, \\ \mathfrak{t}_p(0) &= -\frac{1}{4i} \left| e_p(\alpha), e^q(\alpha), \frac{\partial s(\alpha)}{\partial x_q} \right|_{\alpha=1,2,3}. \end{aligned}$$

$\mathfrak{t}_p^0$ en découle moyennant multiplication par $-i$; donc $\mathfrak{t}_0^0 = 0$ et

(III.56)
$$\mathfrak{t}_1^0 = \frac{1}{4}\left(\frac{\partial s(3)}{\partial x_2} - \frac{\partial s(2)}{\partial x_3}\right).$$

Nous rassemblons les deux composantes pour déterminer l'énergie, l'impulsion, et moment d'impulsion totaux. De

$$\mathfrak{t}_0^0 = -\frac{1}{2i} \sum_{p=1}^{3} \left(\psi^* S^p \frac{\partial \psi}{\partial x_p} - \frac{\partial \psi^*}{\partial x_p} S^p \psi\right)$$

on obtient

$$-J_0 = -\int \mathfrak{t}_0^0 d\xi = \frac{1}{i}\int \psi^* \cdot \sum_{p=1}^{3} S^p \frac{\partial \psi}{\partial x_p} \cdot d\xi$$

après une intégration par parties appliquée aux termes retranchés. Ceci nous ramène à considérer l'opérateur

$$\frac{1}{i}\sum_{p=1}^{3} S^p \frac{\partial}{\partial x_p}$$

comme représentant de l'énergie d'une particule libre. Du reste

$$J_1 = \int \mathfrak{t}_1^0 d\xi = \frac{1}{2i}\int \left(\psi^* \frac{\partial \psi}{\partial x_1} - \frac{\partial \psi^*}{\partial x_1}\psi\right) d\xi$$
$$= \frac{1}{i}\int \psi^* \frac{\partial \psi}{\partial x_1} d\xi.$$

Le terme (III.56) ne contribue pas à l'intégrale. L'impulsion sera, suivant Schrödinger, représentée par l'opérateur

$$\frac{1}{i}\left(\frac{\partial}{\partial x_1}, \frac{\partial}{\partial x_2}, \frac{\partial}{\partial x_3}\right).$$

À partir de l'expression complète de

$$x_2 \mathfrak{t}_3^0 - x_3 \mathfrak{t}_2^0$$

on obtient finalement, après des intégrations par parties convenables,

$$M_1 = \int \left\{ \frac{1}{i}\psi^* \left(x_2 \frac{\partial \psi}{\partial x_3} - x_3 \frac{\partial \psi}{\partial x_2}\right) + \frac{1}{2}s(1)\right\} d\xi.$$

Conformément aux formules connues M_1 est donc représenté par l'opérateur

$$\frac{1}{i}\left(x_2 \frac{\partial}{\partial x_3} - x_3 \frac{\partial}{\partial x_2}\right) + \frac{1}{2}S(1).$$

Le spin, introduit dans la théorie depuis le début, doit naturellement se manifester de nouveau ici, mais d'une manière qui est fort surprenante et instructive. Les présupposés fondamentaux de la théorie quantique montrent moins un caractère de principe qu'on pouvait d'abord le croire. Ils sont liés à la grandeur spécifique d'action $\mathfrak{m}$. D'autre part l'irremplaçabilité de $\mathfrak{m}$ dans son rôle comme action de la matière confirme ce rapport. Seule la relativité générale, qui à travers la liberté de variation des $e^p(\alpha)$ mène à une définition univoque de l'énergie, nous permet de fermer le cercle de la théorie quantique de la manière indiquée.

5. Gravitation

Nous reprenons la transcription de la théorie classique[r] Einsteinienne de la gravité et déterminons d'abord le *tenseur de courbure de Riemann*[10]. Depuis le point P

10. Cf. *RZM*, p. 119f.

les éléments de ligne d et δ mènent à P_d et à P_δ. L'élément de ligne δ sera porté à P_d, d à P_δ, de telle sorte qu'ils se rencontrent à un même coin P^* (opposé à P) d'un parallélogramme infinitésimal. Le tétrade $\mathbf{e}(\alpha)$ en P sera transporté parallèlement vers P^*, d'abord sur le parcours PP_dP^*, ensuite sur le parcours $PP_\delta P^*$. Les deux tétrades obtenus en P^* se transforment l'un dans l'autre à travers une rotation infinitésimale

$$\mathbf{P}_{pq}(dx)^p(\delta x)^q = \frac{1}{2}\mathbf{P}_{pq}(\Delta x)^{pq}$$

où

$$(\Delta x)^{pq} = (dx)^p(\delta x)^q - (\delta x)^p(dx)^q$$

sont les composantes des éléments de surface engendrés par dx et δx, et $\mathbf{P}_{pq}$ est antisymétrique par rapport à p et q. $\mathbf{P}_{pq}$ est une matrice antisymétrique $\|r_{pq}(\alpha\beta)\|$; il s'agit du *tenseur de courbure de Riemann.*

La rotation engendrée dans le tétrade local $\mathbf{e}(\alpha)$ en P^* par le tétrade $\mathbf{e}^*(\alpha)$ transporté parallèlement à P^* le long du premier parcours est, dans une notation qui se comprend aisément,

$$(1+d\Omega)(1+\delta\Omega(P_d)).$$

La différence entre cette expression et celle qui en dérive en échangeant d et δ est

$$= \{d(\delta\Omega) - \delta(d\Omega)\} + (d\Omega\cdot\delta\Omega - \delta\Omega\cdot d\Omega).$$

$$d\Omega \text{ est} = \Omega_p(dx)^p,$$

$$\delta(d\Omega) = \frac{\partial\Omega_p}{\partial x_q}\,\delta x\, dx_p + \Omega_p\,\delta dx_p.$$

Comme le parallélogramme se ferme, on a $\delta dx_p = d\delta x_p$; et donc finalement

$$\mathbf{P}_{pq} = \left(\frac{\partial\Omega_q}{\partial x_p} - \frac{\partial\Omega_p}{\partial x_q}\right) + (\Omega_p\Omega_q - \Omega_q\Omega_p).$$

À la courbure scalaire $r = e^p(\alpha)e^q(\beta)r_{pq}(\alpha\beta)$ la première partie, différentiée, donne la contribution

$$(e^q(\alpha)e^p(\beta) - e^q(\beta)e^p(\alpha))\frac{\partial o_p(\alpha\beta)}{\partial x_q}.$$

En $\mathfrak{r} = r/\varepsilon$ il fournit, en négligeant une divergence complète, les deux termes

$$-2o(\beta,\alpha\beta)\frac{\partial \mathfrak{e}^q(\alpha)}{\partial x_q}$$

et

$$\frac{1}{\varepsilon}o_p(\alpha\beta)\left\{\frac{\partial e^p(\alpha)}{\partial x_q}e^q(\beta) - \frac{\partial e^p(\beta)}{\partial x_q}e^q(\alpha)\right\}.$$

Le premier d'après (III.45) sera

$$= -2o(\beta;\rho\beta)\ o(\alpha;\alpha\rho),$$

le deuxième, d'après (III.43),

$$= 2o(\alpha;\beta\gamma)\cdot o(\gamma;\alpha\beta).$$

Le résultat est l'expression suivante pour la densité d'action $\mathfrak{g}$ de la gravitation

$$\varepsilon\mathfrak{g} = o(\alpha;\beta\gamma)\cdot o(\gamma;\alpha\beta) + o(\alpha;\alpha\gamma)\cdot o(\beta;\beta\gamma). \tag{III.57}$$

L'intégrale $\int \mathfrak{g}\,dx$ n'est pas vraiment, mais pratiquement invariante, $\mathfrak{g}$ se différenciant de la densité scalaire $\mathfrak{r}$ par une divergence.

La variation de $e^p(\alpha)$ dans l'intégrale totale d'action

$$\int (\mathfrak{g} + \kappa\mathfrak{h})\,dx$$

fournit les *équations de gravitation* (κ est une constante numérique).

On obtient l'énergie de gravitation $\mathfrak{v}_p^q$ depuis $\mathfrak{g}$, en entreprenant un *déplacement* infinitésimal dans l'espace des coordonnées[11] :

$$x'_p = x_p + \xi^p, \quad \xi^p = \text{const.}$$

La variation ainsi induite

$$\delta\mathbf{e}(\alpha) \text{ est } = -\frac{\partial\mathbf{e}(\alpha)}{\partial x_p}\cdot\xi^p.$$

$\mathfrak{g}$ est une fonction de $e^p(\alpha)$ et des dérivées $e_q^p(\alpha) = \partial e^p(\alpha)/\partial x_q$; on indiquera la différentielle totale par

$$\delta\mathfrak{g} = \mathfrak{g}_p(\alpha)\delta e^p(\alpha) + \mathfrak{g}_p^q(\alpha)\delta e_q^p(\alpha).$$

Pour le changement induit par la translation infinitésimale dans l'espace des coordonnées

$$\int \delta\mathfrak{g}\cdot dx + \int \frac{\partial\mathfrak{g}}{\partial x_p}\xi^p\cdot dx = 0 \tag{III.58}$$

doit valoir XXX ; l'intégrale s'étend sur un morceau arbitraire d'univers.

$$\int \delta\mathfrak{g}\cdot dx = \int\left(\mathfrak{g}_p(\alpha) - \frac{\partial\mathfrak{g}_p^q(\alpha)}{\partial x_q}\right)\delta e^p(\alpha)\cdot dx + \int \frac{\partial(g_p^q(\alpha)\delta e^p(\alpha))}{\partial x_q}dx.$$

D'après les lois de la gravitation, la parenthèse dans la première intégrale sera $= -\kappa\mathfrak{t}_p(\alpha)$, et l'intégrale elle-même

$$= -\kappa\int \mathfrak{t}_q(\alpha)\frac{\partial e^q(\alpha)}{\partial x_p}\cdot\xi^p dx.$$

On introduit

$$\mathfrak{v}_p^q = \delta_p^q\mathfrak{g} - \frac{\partial e^r(\alpha)}{\partial x_p}\cdot\mathfrak{g}_r^q(\alpha).$$

11. Cf. *RZM*, p. 272f.

L'équation (III.58) veut dire que l'intégrale de

$$\left(\mathfrak{v}_p^q - \kappa \mathfrak{t}_q(\alpha)\frac{\partial e^q(\alpha)}{\partial x_p}\right)\xi^p$$

effectuée sur un morceau d'univers arbitraire sera nulle. L'intégrande doit donc s'annuler partout. Comme les ξ^p sont des constantes arbitraires, les facteurs de ξ^p sont tous nuls. Donc (III.54) se transforme dans la pure équation de divergence

$$\frac{\partial(\mathfrak{v}_p^q + \kappa \mathfrak{t}_p^q)}{\partial x_q} = 0,$$

et $\mathfrak{v}_p^q/\kappa$ en ressort comme énergie de gravitation.

Pour pouvoir formuler une loi de conservation vraiment différentielle du moment d'impulsion en relativité générale, il faut spécialiser les coordonnées de telle sorte que la rotation congrédiente de tous les tétrades apparaît comme transformation orthogonale des coordonnées. Ceci est certainement possible, mais je n'y entrerai pas davantage.

6. Champ électrique

Nous arrivons maintenant à la partie critique de la théorie[s]. À mon avis l'origine et la nécessité du champ électromagnétique reposent sur ce qui suit. Les composantes ψ_1, ψ_2 ne sont pas en réalité complètement déterminées par le tétrade, mais seulement à un facteur multiplicatif arbitraire « de jauge » $e^{i\lambda}$ (de valeur absolue 1) près. La transformation que les ψ subissent sous l'influence d'une rotation du tétrade n'est déterminée qu'à un tel facteur près. En relativité restreinte il faut voir ce facteur comme une constante, puisque l'on n'a alors un seul tétrade qui ne dépend pas de la position. Il n'en est pas de même en relativité générale : chaque point a son propre tétrade et avec lui également son propre facteur de jauge arbitraire ; dans la mesure où l'on ôte la liaison rigide entre les tétrades aux différentes positions, le facteur de jauge devient nécessairement une fonction arbitraire de la position. Mais alors même la transformation linéaire infinitésimale dE de ψ, qui correspond à la rotation infinitésimale $d\Omega$, ne sera pas fixée complètement : dE peut être augmentée d'un multiple purement imaginaire arbitraire $i \cdot df$ de la matrice identité. Pour la détermination univoque de la dérivée covariante $\delta\psi$ de ψ il faut donc, au delà de la métrique au voisinage du point P, un tel df pour chaque élément de ligne $\overrightarrow{PP'} = (dx)$ qui part de P. Comme $\delta\psi$ dépend linéairement de dx comme avant,

$$df = f_p(dx)^p$$

doit être une forme linéaire dans les composantes de l'élément de ligne. En remplaçant ψ par $e^{i\lambda}\cdot\psi$, il faut à la fois, comme il s'ensuit de la formule de la dérivée covariante, remplacer df par $df - d\lambda$.

Par conséquent il faut ajouter le terme

$$\text{(III.59)} \qquad \frac{1}{\varepsilon}f(\alpha)s(\alpha)\psi = \frac{1}{\varepsilon}f(\alpha)\cdot\psi^* S(\alpha) = f_p\cdot\psi^*\mathfrak{S}^p\psi$$

à la densité d'action $\mathfrak{m}$. $\mathfrak{m}$ *indiquera dorénavant la grandeur d'action ainsi augmentée.* L'invariance de jauge s'applique en conséquence, en ce sens que la grandeur d'action reste inchangée en remplaçant

$$\psi \text{ par } e^{i\lambda} \cdot \psi, \qquad f_p \text{ par } f_p - \frac{\partial \lambda}{\partial x_p},$$

λ étant est une fonction arbitraire de la positon. Or l'expérience montre que le potentiel électromagnétique agit sur la matière d'exactement la manière décrite par (III.59). Nous sommes donc justifiés à identifier les grandeurs f_p ici introduites avec les composantes de ce potentiel. La preuve est complète, si nous démontrons aussi que *vice versa* le champ f_p est influencé par la matière suivant les mêmes lois données par l'expérience pour le potentiel électromagnétique.

$$f_{pq} = \frac{\partial f_q}{\partial x_p} - \frac{\partial f_p}{\partial x_q}$$

est un tenseur antisymétrique, invariant de jauge, et

(III.60) $$\mathfrak{l} = \frac{1}{4} f_{pq} \mathfrak{f}^{pq}$$

est la densité scalaire caractéristique de la théorie de Maxwell. La substitution

(III.61) $$\mathfrak{h} = \mathfrak{m} + a\mathfrak{l}$$

(a étant une constante numérique) fournit, en variant les f_p, les équations de Maxwell avec

(III.62) $$-\mathfrak{s}^p = -\psi^* \mathfrak{S}^p \psi$$

comme densité du quadri-courant électrique.

L'invariance de jauge est étroitement liée à la conservation de l'électricité. Comme $\mathfrak{h}$ est invariant par rapport aux transformations de jauge, $\delta \int \mathfrak{h}\, dx$ doit s'annuler identiquement, quand, en fixant $e^p(\alpha)$, les ψ et les f_p sont variés selon

$$\delta\psi = i\lambda \cdot \psi, \qquad \delta f_p = -\frac{\partial \lambda}{\partial x_p},$$

λ étant une fonction arbitraire de la position. Ceci fournit une relation, satisfaite identiquement, entre les équations matérielles et électromagnétiques. Si nous savons que les équations matérielles (au sens étroit) sont vérifiées, il s'ensuit que

$$\delta \int \mathfrak{h}\, dx = 0,$$

si les f_p seules sont variées, selon l'équation $\delta f_p = -\partial\lambda/\partial x_p$. D'autre part, d'après les équations électromagnétiques on a la même chose pour la variation infinitésimale $\delta\psi = i\lambda \cdot \psi$ des seuls ψ. Si $\mathfrak{h} = \mathfrak{m} + a\mathfrak{l}$, on obtient les deux fois

$$\int \delta\mathfrak{h} \cdot dx = \pm \int \psi^* \mathfrak{S}^p \psi \cdot \frac{\partial \lambda}{\partial x_p}\, dx = \mp \int \lambda \frac{\partial \mathfrak{s}^p}{\partial x_p}\, dx.$$

Nous avons trouvé une situation semblable pour la conservation de l'énergie-impulsion et du moment d'impulsion. Ces lois relient les équations matérielles (au sens large) aux équations gravitationnelles et correspondent à l'invariance par rapport aux transformations de coordonnées, c'est-à-dire aux rotations arbitraires locales des tétrades locaux aux différents points d'univers.

De

$$\frac{\partial \mathfrak{s}^p}{\partial x_p} = 0 \tag{III.63}$$

il s'ensuit que le flux de la densité vectorielle $\mathfrak{s}^p$ à travers une tranche tridimensionnelle d'univers, en particulier à travers la tranche (III.55)

$$\mathfrak{l} = \int \mathfrak{s}^0 d\xi \tag{III.64}$$

sera indépendant de la situation de la tranche, c'est à dire de l'instant t où elle est prise. Non seulement cette intégrale, mais aussi l'élément intégral individuel a un sens invariant ; mais le signe dépend cependant de l'orientation de la tranche tridimensionnelle choisie comme positive. Pour pouvoir parler de $\mathfrak{s}^0 d\xi$ comme densité spatiale de probabilité, la forme Hermitienne

$$e^0(\alpha) \cdot \psi^* S(\alpha) \psi \tag{III.65}$$

de ψ_1, ψ_2 doit être définie. On trouve aisément que ceci est le cas quand (III.55) est vraiment une tranche spatiale en P, quand les éléments de ligne partant de P, qui s'y trouvent, sont de genre espace. Afin que (III.65) obtienne le signe positif, les tranches $x_0 = \text{const}$ devront être orientées dans la direction positive de x_0, et se succéder dans la direction du futur indiquée par le vecteur $\mathbf{e}(0)/i$. Avec ces contraintes naturelles pour le système de coordonnées, le signe du flux est également fixé, et l'invariant (III.64) sera normalisé comme d'habitude selon la condition

$$\mathfrak{l} \equiv \int \mathfrak{s}^0 d\xi = 1. \tag{III.66}$$

La constante a qui combine $\mathfrak{m}$ et $\mathfrak{l}$ sera donc un nombre pur $= ch/e^2$ (inverse de la constante de structure fine).

Nous traitons ψ_1, ψ_2 ; f_p ; $e^p(\alpha)$ comme des grandeurs à varier indépendamment. À la densité d'énergie $\mathfrak{t}_p^q$ qui ressort de $\mathfrak{m}$ il faut ajouter

$$f_p \mathfrak{s}^q - \delta_p^q (f_r \mathfrak{s}^r)$$

à cause du terme supplémentaire (III.59). Il s'ensuit qu'en relativité restreinte l'opérateur

$$H = \sum_{p=1}^{3} S^p \left(\frac{1}{i} \frac{\partial}{\partial x_p} + f_p \right)$$

correspond à l'énergie, sa valeur étant

$$\int \psi^* \cdot H\psi \cdot d\xi.$$

Les équations matérielles sont donc

$$\left(\frac{1}{i}\frac{\partial}{\partial x_0}+f_0\right)\psi+H\psi=0 \quad \text{et pas celles} \quad \frac{1}{i}\frac{\partial\psi}{\partial x_0}+H\psi=0$$

qu'on avait l'habitude d'admettre dans la mécanique quantique. Naturellement l'énergie matérielle prend sa place à côté de l'électromagnétique, pour laquelle les expressions classiques de Maxwell gardent leur validité.

En ce qui concerne les *dimensions physiques*, il est naturel en relativité générale de poser les coordonnées x_p comme nombres purs. Les grandeurs concernées sont invariantes non seulement par rapport au changements de règle, mais par rapport aux transformations arbitraires des x_p. Si tous les $\mathbf{e}(\alpha)$ sont transformés en $b\cdot\mathbf{e}(\alpha)$ en les multipliant par une constante b, ψ devra du même coup être remplacée par $b^{3/2}\cdot\psi$ pour maintenir la normalisation (III.66). Puisque $\mathfrak{m}$ et $\mathfrak{l}$ n'en seront pas changés il s'agit de nombres purs. $\mathfrak{g}$ acquerra en revanche le facteur $1/b^2$, et donc κ est le carré d'une longueur d. κ n'est pas exactement la constante gravitationnelle d'Einstein, mais en découle moyennant la multiplication par $2h/c$. d, qui vaut $\sim 10^{-32}$cm, et se situe donc bien au-dessous de l'ordre de grandeur atomique. Ici aussi par conséquent la gravité ne sera importante que pour les problèmes astronomiques.

En faisant abstraction du terme gravitationnel, les équations de champ ne contiennent aucune constante atomique douée de dimensions. Dans la théorie à deux composantes il n'y a pas de place pour une grandeur d'action comme le terme de masse dans la théorie de Dirac [12]. Mais on sait comment la masse peut être introduite moyennant les lois de conservation. L'on admet que dans un « voisinage vide » de la particule, en dehors d'un certain tube d'univers, dont les sections $x_0=$ const ont une étendue finie, les $\mathfrak{t}_p^q$ disparaissent et les $e^p(\alpha)$ acquièrent les valeurs constantes de la relativité restreinte. Les

$$J_p=\int\left(\mathfrak{t}_p^0+\frac{1}{\kappa}\mathfrak{v}_p^0\right)d\xi$$

seront donc les composantes d'un vecteur temporellement constant dans le voisinage qui ne dépend pas du choix du système de coordonnées et des tétrades. Le système de coordonnées normal lui-même peut être fixé encore plus précisément par la condition que l'impulsion (J_1,J_2,J_3) s'annule ; $-J_0$ sera alors la masse à la fois invariante et constante du corpuscule. Il sera maintenant exigé que cette masse ait une valeur m donnée une fois pour toutes.

À côté de la théorie du champ électromagnétique ainsi décrite, que je considère comme la bonne puisqu'elle découle de manière si naturelle de la liberté de jauge en ψ et permet donc de comprendre l'invariance de jauge, qui existe conformément à l'experience, en rapport avec la loi de conservation de l'électricité ; à côté de celle-ci s'offre une autre possibilité, qui lie aussi l'électricité à la gravitation. Le terme (III.59) a la même forme que la deuxième partie de $\mathfrak{m}$, formule (III.50) ; $\varphi(\alpha)$ joue ici le même rôle que $f(\alpha)$ là-bas. On pourrait donc s'attendre à ce que matière et gravitation, ψ et $e^p(\alpha)$, suffisent à elles-mêmes pour expliquer les phénomènes électromagnétiques, dans la mesure où l'on identifie les grandeurs $\varphi(\alpha)$ aux potentiels électromagnétiques. Ces grandeurs dépendent des $e^p(\alpha)$ et de leurs premières dérivées de telle manière que

12. *Proceedings of the Royal society (A)* **117**, p. 610.

l'invariance a lieu par rapport aux transformations de coordonnées arbitraires. Pour ce qui est des rotations des tétrades, les $\varphi(\alpha)$ ne se transforment comme les composantes d'un vecteur fixe dans le tétrade que si ceux-ci sont partout sujets à la *même* rotation. Si l'on ignore le champ matériel, en ne prêtant attention qu'au rapport entre électricité et gravitation, on arrive à la théorie de l'électricité récemment cherchée par Einstein. Le parallélisme lointain ne serait en fin de compte que dissimulé.

Je me suis persuadé que cette hypothèse qui peut être d'abord séduisante ne mène pas aux équations de Maxwell. L'invariance de jauge resterait en outre fort mystérieuse ; le potentiel électromagnétique lui-même et pas seulement l'intensité du champ aurait un sens physique. Je crois donc que cette idée nous écarterait de la bonne route, et qu'il faut plutôt suivre les indices fournis par l'invariance de jauge : *l'électricité accompagne le champ ondulatoire matériel et pas la gravitation.*

Notes

[a] En préambule, Weyl compare sa théorie à celle du téléparallélisme, autre théorie proposée pour l'unification des interactions. Les deux approches se fondent en effet sur une modification de la connexion. Mais le téléparallélisme consiste à introduire une connexion sans courbure, avec torsion, qui conserve un certain repère orthonormé (et donc la métrique) ; alors que la connexion de Weyl possède une courbure mais pas de torsion.

[b] Weyl annonce d'emblée la différence avec sa théorie de 1918 : la transformation d'échelle ne s'applique pas à la métrique, mais à la matière, représentée par une fonction d'onde ψ, de caractère spinoriel ; le facteur de changement de jauge n'est pas réel mais complexe.

[c] On sait aujourd'hui que la fonction d'onde ψ qui intervient dans l'équation de Dirac décrit à la fois les électrons et leurs anti-particules. Ceci n'était bien sûr pas connu à l'époque. Mais Weyl émet l'hypothèse qu'elle décrit le couple électron-proton. Il fait ainsi jouer à ce dernier le rôle du positon.

[d] Weyl introduit la notation spinorielle pour un vecteur nul de l'espace vectoriel de Minkowski (ou un point du cône de lumière de l'espace-temps de Minkowski). Ici, ψ est un *spineur de Weyl* dont les composantes ψ_1 et ψ_2 appartiennent à $\mathbb{C}$. Les coordonnées cartésiennes sont orthonormées. On les noterait aujourd'hui x^I.

[e] En notations modernes, la correspondance s'écrit $x^I = \psi^\dagger \sigma^I \psi$ (sa formule (3), équivalente à (2) ; Weyl écrit $\overline{\psi}$ plutôt que $\psi^\dagger$), où les σ^I sont les matrices de Pauli (que Weyl note S_α). Cela est équivalent à écrire que le vecteur x de l'espace vectoriel de Minkowski est représenté par la matrice Hermitienne $\psi\psi^\dagger$.

[f] Weyl remarque que ψ et $\psi' = \psi e^{i\lambda}$ donnent le même vecteur. Cette correspondance établie, il l'étend aux actions de groupe : l'action d'une matrice U du groupe $\mathbb{SL}(2,\mathbb{C})$ (qu'il ne nomme pas) sur le spineur agit comme une transformation Λ du groupe de Lorentz $\mathbb{SO}^+(1,3)$ (propre orthochrone) sur le vecteur de l'espace-temps de Minkowski. Il souligne ainsi l'homomorphisme $2 \to 1$: $\mathbb{SL}(2,\mathbb{C}) \to \mathbb{SO}^+(1,3)$.

[g] Ce sont les matrices de Pauli, que l'on noterait aujourd'hui σ_i.

[h] Weyl choisit de passer en notation Euclidienne, en considérant comme coordonnée temporelle it plutôt que t. Ce n'est qu'une commodité de notation, en fait guère commode. Nous retraduirons ici en notation lorentzienne.

[i] En notations modernes, les formules de changement de base s'écriraient $x = x^I e_I = x'^I e'_I$; $e'_I = c_I^J e_J$; $x'^I = c_J^I x^J$. Les c_J^I (les $c(\alpha,\beta)$ de Weyl) sont les coefficients de la matrice Λ du groupe de Lorentz.

[j] Il s'agit de la version infinitésimale d'une rotation du groupe de Lorentz sur un vecteur : $x^I \mapsto x^I + \delta x^I = x^I + \delta L^I_J x^J$. Dans cette formule, on interpréterait aujourd'hui les δL^I_J (qu'il écrit $do(\alpha\beta)$) comme les composantes d'une matrice de l'algèbre de Lie $\mathfrak{so}(1,3) = \mathfrak{sl}(2,\mathbb{C})$ du groupe de Lorentz, dans la représentation fondamentale, c'est-à-dire sur l'espace vectoriel de Minkowski. On la récrirait de manière avantageuse sous la forme $\delta x^I = \frac{1}{2}\omega^{AB} Z_{AB} x^I$, qui fait apparaitre explicitement les générateurs Z_{AB} de l'algèbre de Lorentz (lesquels sont des matrices antisymétriques, et non pas des coefficients de matrices), et les coefficients ω^{AB} de la rotation. Il écrit ensuite l'action correspondante sur un spineur, d'abord de manière raccourcie sous la forme de son équation (6) que l'on pourrait écrire aujourd'hui $\psi \mapsto \psi + \delta\psi = \psi + \delta E\ \psi$, en interprétant δE comme une matrice de la représentation spinorielle de l'algèbre de Lie de $\mathbb{SL}(2,\mathbb{C})$. En

identifiant les deux actions, il obtient la correspondance concrétisée par sa formule (7) : en version moderne,

$$\delta E = \frac{1}{2}\delta L_{IJ}\ \sigma^I\ \sigma^J = \frac{i}{2}\delta L^{IJ}\ \varepsilon_{IJK}\ \sigma^K,$$

qui donne la matrice de rotation élémentaire dans la représentation spinorielle en fonction de celle dans la représentation fondamentale (tout ceci suppose que les indices sont relevés par la métrique de l'espace-temps de Minkowski).

[k] Il s'agit de généraliser ces résultats des spineurs aux *champs de spineurs*. On se place dans une variété riemannienne dont chaque espace tangent est assimilé à un espace vectoriel de Minkowski.

[l] Un tétrade (que Weyl écrit littéralement « croisement d'axes ») est un repère mobile orthonormé, c'est-à-dire une base orthonormée pour chaque espace vectoriel tangent. Il s'écrit e_α, ce que l'on doit lire comme quatre vecteurs indicés par α, indice orthonormé (ou indice de Lorentz, ou indice de tétrade ; que l'on note habituellement aujourd'hui I). La base réciproque de cotétrade est écrite e^α. Dans une base holonome, ces tétrades se développent comme $e_\alpha = e^\mu_\alpha\ \partial_\mu$ ce qui fait apparaître les coefficients de tétrade e^μ_α. Un vecteur t se décompose dans la base tétrade : $t = t^\alpha\ e_\alpha$. (Chez Weyl, les indices p sont holonomes, les indices α sont tétrade, c'est-à-dire de Lorentz.)

[m] Les coefficients de la connexion s'écriront $\Gamma^\mu_{\nu\rho}$ dans une base holonome, et la dérivée covariante d'un vecteur t : $(\nabla_\mu t)^\nu = \partial_\mu t^\nu + \Gamma^\nu_{\mu\rho} t^\rho$, ce qu'il écrit $(\nabla t)^\nu = dt^\nu + \Gamma^\nu_\rho t^\rho$ en faisant intervenir les formes de connexion Γ^ν_ρ dans la base holonome. Le transport parallèle d'un vecteur V, qu'il envisage ici, s'écrit $(\nabla_\mu V)^\nu = 0$ (donné chez Weyl par les formules qui suivent (9)). Tout ceci est écrit dans une base holonome ; et la symétrie qu'il évoque tient au fait que la connexion est symétrique (sans torsion). Il est tout à fait possible décrire les mêmes formules dans la base tétrade (et non plus holonome). On écrirait aujourd'hui $(\nabla_\mu e_\alpha)^\beta = \Gamma^\beta_{\mu\alpha} = e^\gamma_\mu \Gamma^\beta_{\gamma\alpha}$, ce qui correspond à son équation (8). Cela définit les coefficients de la *spin-connexion* (ou de la *Lorentz-connexion*, aussi appelés *coefficients de rotation de Ricci*) $\Gamma^\beta_{\mu\alpha}$ (ou $\Gamma^\beta_{\gamma\alpha}$, qu'il écrit $o(\alpha;\beta\gamma)$), et les formes de spin-connexion $\Gamma^\beta_\alpha = \Gamma^\beta_{\mu\alpha} dx^\mu = \Gamma^\beta_{\gamma\alpha} e^\gamma$. Les indices α et β sont de tétrade. Tout ceci ne représente rien d'autre que les coefficients et forme de connexion écrits dans la base tétrade plutôt que holonome : il ne s'agit pas d'une *autre* connexion, mais de *la même*, exprimée dans une autre base. Il dérive la relation entre les coefficients dans les deux bases, et il écrit le commutateur des champs de vecteurs

$$[e_\alpha, e_\beta] = C^\gamma_{\alpha\beta} e_\gamma = (\Gamma^\gamma_{\alpha\beta} - \Gamma^\gamma_{\beta\alpha}) e_\gamma.$$

Tout ce paragraphe se constitue de géométrie (pseudo-)riemannienne classique.

[n] Le paragraphe précédent concerne l'action de la connexion sur les champs vectoriels, traduite par une rotation de Lorentz infinitésimale, exprimée par une matrice de l'algèbre de Lorentz. Les coefficients de cette matrice dans une base de cette algèbre s'identifient à ceux de la forme de Lorentz-connexion. La section a permis de définir l'action d'une rotation sur un spineur à partir de celle sur un vecteur. Ici, Weyl généralise en définissant l'action d'une connexion sur un champ spinoriel, à partir de celle sur un champ vectoriel (exprimée dans la base tétrade).

Développons un champ vectoriel arbitraire $V = V^\alpha e_\alpha$ dans la base tétrade. Selon la correspondance vue plus haut, ce champ peut être exprimé par un champ spinoriel ψ tel que $V^\alpha = \psi^\dagger \sigma^\alpha \psi$. La dérivation covariante des composantes de V est équivalente à celle du spineur associé. Rappelons la dérivation covariante du vecteur $(\nabla_\mu V)^\alpha = \partial_\mu V^\alpha + \Gamma^\alpha_{\mu\beta}\ V^\beta$, que Weyl écrit $(\nabla V)^\alpha = dV^\alpha + \Gamma^\alpha_\beta\ V^\beta$. Elle est nulle pour un *transport parallèle*. Pour le champ spinoriel correspondant on écrit de même un dérivation covariante (par rapport à la même connexion) : $\nabla\psi = d\psi + dE\cdot\psi$ (écriture moderne de son équation (13)). En coordonnées, $\nabla_\mu\psi = \partial_\mu\psi + dE_\mu\cdot\psi$ (on écrirait aujourd'hui E plutôt que dE). Et il donne l'expression explicite par l'équation qui précède son équation (13)) : $dE = \frac{1}{2}\Gamma^\alpha_\beta \sigma^\alpha \sigma^\beta = dE_p dx^p = dE_\alpha e^\alpha$, les dernières égalités correspondant au développement de la un-forme dans les bases holonomes (indice p) et tétrades (indice α) respectivement. On en déduit sa formule $\frac{1}{2}\Gamma^\gamma_{\alpha\beta}\sigma^\gamma\sigma^\beta e_\alpha = dE_\alpha$. Notons qu'il écrit ψ_p pour $\nabla_p\psi$, $\psi(\alpha)$ pour $e^p_\alpha\nabla_p\psi$. ; et que nous écririons aujourd'hui E plutôt que dE.

Il remarque ensuite que toute expression du type $\psi^\dagger\sigma\psi'$ se comporte comme un vecteur de Lorentz (se transformant comme un vecteur sous une rotation de Lorentz) ; et donc, en particulier, la quantité $i\varepsilon\psi^\dagger\sigma^\alpha\psi(\alpha))$ (soit $\psi^\dagger\sigma^\alpha e^p_\alpha\nabla_p\psi$ en notations modernes) se comporte comme une densité scalaire (son equation (14)). Il suggère de l'utiliser pour former un lagrangien, ce qui revient à introduire une forme de matière associée à ψ, de manière purement mathématique. Après quelques manipulations algébriques, il en obtient une forme explicite (17). Il la simplifie en la transformant d'une manière qui ne modifie pas les équations d'Euler-Lagrange.

[o] Weyl se concentre sur l'action qu'il vient de définir pour la matière. Étant donnée l'action $\int d^4x\, h$, Weyl définit le tenseur d'impulsion-énergie par rapport à la variation du tétrade selon

$$\delta S = \int d^4x\, t_p^\alpha \; \delta e_\alpha^p.$$

Il demande d'abord (de manière formelle) l'invariance sous les transformations de Lorentz locales (c'est-à-dire des rotations de Lorentz arbitraires du tétrade). Cela se traduit par l'invariance sous l'action d'une matrice de l'algèbre de Lie du groupe de Lorentz, ce qui conduit à exiger la symétrie (« on shell, » c'est-à-dire quand les équations de champ sont vérifiées) du tenseur d'énergie-impulsion : $t^{\alpha\beta} = t^{\beta\alpha}$; $t_{\alpha\beta} t_p^\alpha e^\beta p$. Il demande ensuite l'invariance sous les difféomorphismes (covariance générale). Son calcul équivaut à écrire, pour un difféomorphisme arbitraire engendré par le champ-vectoriel ξ, la variation $\mathscr{L}_\xi e_\alpha = [\xi, e_\alpha]$. Il en déduit l'équation de conservation correspondante pour le tenseur d'impulsion-énergie. Deux remarques. Il a défini le tenseur relatif à la variation du tétrade et non pas de la métrique ; cela introduit un facteur 2 qui ne joue ici aucun rôle. Et il définit non pas un tenseur mais une densité tensorielle. Ceci mis à part, son équation (21) est équivalente à la forme habituelle $\nabla_\mu t^{\mu\nu} = 0$. Il remarque que ce n'est une « vraie » conservation que dans le cas minkowskien ; cela revient à dire que dans ce cas c'est la divergence (et non pas la divergence covariante) qui s'annule. Ensuite, dans le cas minkowskien, il déduit les quantités habituelles conservées par intégration sur une tranche spatiale d'espace-temps : les composantes de l'impulsion et de l'énergie (au prix de la perte de covariance). Ceci est valable de manière très générale, indépendamment de la nature de la matière. Il applique maintenant à son action.

[p] Invariance de Lorentz.

[q] Invariance sous difféomorphisme.

[r] Weyl oublie les spineurs pour un moment et s'intéresse à la géométrie riemannienne dans l'espace-temps. Il redérive l'expression du tenseur de Riemann en fonction de celles des connexions. Puis il en calcule la trace, qui donne la courbure scalaire, et il en fait le lagrangien de la gravitation (équation (24)). En additionnant à cette dernière le lagrangien de la matière dérivé précédemment, multiplié par une constante qui représente la constante de Newton, il obtient le lagrangien total. Il obtient ensuite la contribution gravitationnelle à l'« énergie » comme le terme multiplicatif de la variation du tétrade dans la variation de l'action. Pour ceci il écrit que la variation totale de l'action sous un difféomorphisme (assimilé à une transformation de coordonnées) est nulle. Cette variation comprend les deux termes de son équation (25) : l'un par l'intermédiaire des tétrades ; l'autre par variation directe des coordonnées. Le premier est intégré par parties (ligne suivante). Il reconnaît dans la première intégrale la variation eulérienne du terme gravitationnel, par rapport aux variations des tétrades. L'équation d'Euler-Lagrange pour le lagrangien total (les « équations de la gravitation ») impose que ceci soit égal au tenseur d'énergie-impulsion de la matière, comme il l'écrit. Il s'agit de la relativité générale standard.

[s] Weyl introduit dans ce paragraphe le champ électrique, sous forme d'une *forme de connexion*, bien qu'il ne la nomme pas ainsi. Il revient d'abord sur le facteur de phase (ou de jauge) d'un spineur : quand on le change, la contrepartie spatio-temporelle reste identique. De ce fait, une rotation donnée du tétrade (rotation de Lorentz) n'engendre une transformation du spineur qu'à un facteur de phase (arbitraire) près (*local*, c'est-à-dire dépendant de la position). Aujourd'hui, on verrait cette multiplication par une action — sur le champ spinoriel — comme un élément du groupe (de jauge) $\mathbb{U}(1)$. Il remarque que, en relativité restreinte, une rotation de Lorentz est effectuée de manière *globale* : l'élément du groupe agissant sur le spineur reste le même en tous points de l'espace-temps. En relativité générale, cependant, la rotation (de Lorentz) d'un tétrade peut dépendre du point, et il en est de même pour le facteur de phase : la transformation devient *locale*. Remarquons que cette association entre global/local et relativités restreinte/générale n'a plus cours aujourd'hui. Cette liberté de jauge locale se traduit par l'apparition d'un facteur supplémentaire dans la transformation qui correspond à la rotation de Lorentz. Ceci veut dire qu'un transport du tétrade (par exemple avec la connexion) ne définit le transport du champ spinoriel qu'*à un coefficient de phase près*. Weyl juge ceci non naturel, et s'attache à introduire « quelque chose » qui lève cet arbitraire en fixant la variation correspondante du facteur de phase du champ spinoriel. Il l'accomplit par l'introduction d'une un-forme complexe. Ceci fixe de manière déterminée le changement du spineur lors du transport. Si l'on se souvient que la connexion spinorielle agit de manière matricielle, ce terme doit être une matrice. Ici, ce sera un multiple (complexe) de la matrice identité, dont l'effet est uniquement de changer la phase du champ spinoriel. En omettant d'écrire la matrice identité, ce terme additionnel dans la connexion s'écrit $i df$, où df est une forme non exacte (contrairement à ce que suggère la notation qu'il emploie). Cela revient à rajouter ce terme à la forme de connexion spinorielle. Le lagrangien est modifié en conséquence en remplaçant l'ancienne connexion par la nouvelle, ce qui revient à l'ajout d'un terme supplémentaire (équation (26)). Le nouveau lagrangien devient invariant sous la transformation de jauge (notons que c'est cette dernière propriété qui est

considérée comme à la base du formalisme de jauge dans la vision moderne, et non le raisonnement que fait ici Weyl, même si les deux reviennent au même). Weyl remarque alors l'analogie entre son équation (26) et l'action du potentiel électromagnétique sur la matière, ce qui le conduit à son identification. À partir de ce potentiel, il définit le *champ* électromagnétique, puis le lagrangien correspondant. Il le rajoute au lagrangien précédent et constate que la stationnarité de l'action vis-à-vis des variations de f conduit bien aux équations de Maxwell, ce qui confirme sa théorie. Le terme source s'obtient à partir du champ spinoriel (équation (29)) et constitue la densité de quadri-courant électrique. L'invariance vis-à-vis des transformations de jauge (qu'il a définies juste après l'équation (26)) mène à la conservation de la charge électrique (nous considérerions aujourd'hui ceci comme une application du théorème de Noether). Il montre qu'il est conservé (équation (30)) ; ceci permet de définir une quantité constante et la conservation de la charge électrique. L'ajout du terme supplémentaire modifie l'énergie du système, et donc l'équation de propagation correspondante.

CHAPITRE IV

Géométrie et physique

I. Geometrie und Physik

H. Weyl, Göttingen
16. Januar 1931

Die Vorgänge der Außenwelt spielen sich ab in *Raum und Zeit*. In der mathematischen Darstellung erscheinen alle Zustandsgrößen als Funktionen der Raum-Zeit-Koordinaten; diese treten auf als die unabhängigen Veränderlichen. Die möglichen Raumzeitstellen bilden ein vierdimensionales Kontinuum. Nur das raumzeitliche Zusammenfallen und die unmittelbare raumzeitliche Nachbarschaft haben einen in der Anschauung ohne weiteres klar aufweisbaren Sinn. Darum bezeichnete bereits Aristoteles den Raum als das Medium der Berührung. Dennoch können wir uns nicht damit begnügen, die tatsächlich auftretenden Berührungen einfach zu konstatieren, sondern sind gezwungen, sie zu projizieren auf ein qualitativ nicht differenziertes Feld freier *Möglichkeiten*, das Kontinuum aller möglichen Koinzidenzen; zum mindesten dann, wenn unsere theoretische Konstruktion der einen vollen objektiven Welt gerecht werden soll, die ja weit über das hinausragt, was ich als einzelner Mensch jeweils davon erfahre. Ich glaube, daß diese Notwendigkeit letzten Endes darin begründet ist, daß die Wirklichkeit nicht ein Sein an sich ist, sondern sich *für ein Bewußtsein* konstituiert. Wenn sich die räumliche Körpergestalt als ein Identisches in den verschiedenen perspektivistischen Ansichten konstituiert, so ist dafür Vorbedingung, daß der Standpunkt, von dem aus das einzelne perspektivische Bild erscheint, variiert wird und die verschiedenen wirklich eingenommenen Standpunkte selber sich geben als Ausschnitt aus einem in uns angelegten, wennschon unendlichen Kontinuum von Möglichkeiten. Raum und Zeit sind, wie Kant sagt, Formen unserer Anschauung. Die *Koordinaten* sind dazu da, die Stellen im Kontinuum von Raum und Zeit voneinander zu unterscheiden. Sie spielen die gleiche Rolle wie die Namen, durch welche Personen voneinander unterscheiden und nennbar gemacht werden, oder wie eine willkürliche Numerierung der Objekte in einem aus diskreten Elementen bestehenden Objektbereich. Die Koordinaten sind stetige Ortsfunktionen in der kontinuierlichen Mannigfaltigkeit; jede stetig vom Ort abhängige Größe kann nach Einführung der Koordinaten ausgedrückt werden als eine Funktion der Koordinaten. Der Übergang von einem Koordinatensystem zu einem anderen besteht darum in einer durch stetige Funktionen vermittelten Transformation. Die Feststellung, daß jedes Koordinatensystem geeignet ist, als Grundlage der Beschreibung der Naturvorgänge benutzt zu werden, involviert keinerlei sachhaltige Aussage über die Beschaffenheit und Gesetzmäßigkeit der Natur. Wir lehnen dadurch nur den primitiven Glauben an den Namenzauber ab, der da meint, daß der Name einem Dinge innewohnt, daß der Weg der Erkenntnis verschüttet wird, wenn wir den „richtigen“ Namen verfehlen, daß wir aber durch seine Nennung magische Gewalt über das Ding bekommen.

Die Beschreibung der Vorgänge mit Hilfe eines zugrunde gelegten Koordinatensystems geschieht offenbar in *arithmetischen* Termini, da die verwendeten Namen Zahlen sind. Ihnen allen ist das geläufig aus der analytischen Geometrie. Doch um eingewurzelten Denk- und Anschauungsformen entgegenzukommen, wollen wir sie durch geometrische Termini ersetzen mittels Deutung der Koordinaten in einem euklidischen „Bildraum". Die Koordinaten vermitteln die Abbildung der wirklichen Welt auf diesen Bildraum; eine Abbildung von analoger Art, wie wir sie in den ebenen geographischen Karten von der krummen Erdoberfläche entwerfen. Auf der Merkatorkarte liegen San Franzisko, die Südspitze von Grönland und das Nordkap in gerader Linie; man wird sich nicht wundern, daß auf einer orthographischen Projektion, welche die nördliche Halbkugel der Erde darstellt, dies nicht der Fall ist. Das vierdimensionale raumzeitliche Kontinuum ist nicht amorph, sondern trägt eine *Struktur*. Glaubt man mit Newton an einen absoluten Raum und eine absolute Zeit, so schreibt man der Welt eine *Schickung* und eine quer dazu verlaufende *Faserung* zu: alle gleichzeitigen Weltpunkte bilden eine dreidimensionale Schicht, alle gleichörtigen Weltpunkte eine eindimensionale Faser. Ferner besitzen Raum und Zeit eine Maßstruktur, die sich in den Begriffen der Gleichheit von Zeitstrecken und der Kongruenz räumlicher Figuren kundtut. Wie immer die Struktur genau und vollständig zu beschreiben sein mag und welches auch ihr innerer Grund ist – alle Naturgesetze zeigen, daß sie von einschneidenster Wirkung auf den Gang der physischen Geschehnisse ist: das Verhalten von starren Körpern und Uhren ist fast ausschließlich durch die Maßstruktur bestimmt, ebenso der Verlauf der Bewegung eines keiner Einwirkung unterliegenden Massenpunktes und die Ausbreitung einer Lichtwelle. Und nur an diesen Wirkungen auf die konkreten Naturvorgänge können wir die Struktur erkennen. Newton spricht dieses Programm in der Einleitung der *Principia* mit vollendeter Klarheit aus. Wenn er auch a priori an den absoluten Raum und damit an die absolute Bewegung glaubt, so bezeichnet er es doch geradezu als Ziel seiner Untersuchung, die wahren Bewegungen aus den relativen Bewegungen, welche ihre Differenzen sind, *und aus ihren Ursachen und Wirkungen* zu ermitteln. Zur Erläuterung fügt er das bekannte Beispiel hinzu: „Werden zwei Kugeln in gegebener gegenseitiger Lage mittels eines Fadens verbunden und so um den gemeinsamen Schwerpunkt gedreht, so erkennt man aus der Spannung des Fadens das Streben der Kugeln, sich von der Achse der Bewegung zu entfernen, und kann daraus die Größe der kreisförmigen Bewegung berechnen." Soll ein spezielles Koordinatensystem oder eine spezielle Klasse von Koordinatensystemen gekennzeichnet werden, so kann dies nur auf Grund der physischen Vorgänge geschehen, indem man festsetzt: diese und diese Vorgänge sollen sich in den betreffenden Koordinaten analytisch so und so ausdrücken. Ich erläutere dieses im Grunde selbstverständliche und, wie wir sahen, von Newton implizite anerkannte *„allgemeine Relativitätspostulat"* durch das Beispiel der sog. speziellen Relativitätstheorie, deren Gültigkeit durch dasselbe keineswegs ausgeschlossen wird. Es ist eine Erfahrungstatsache, daß die Weltlinie eines Massenpunktes, der keiner Einwirkung unterliegt, die eindimensionale Mannigfaltigkeit der Weltstellen, welche er sukzessive passiert, durch Ausgangspunkt und Ausgangsrichtung der Weltlinie festgelegt ist. Ebenso ist der Lichtkegel, der geometrische Ort aller Weltpunkte, in welche ein an bestimmter Weltstelle O, hier-jetzt, gegebenes Lichtsignal eintrifft, durch O festgelegt, unabhängig vom Zustand, insbesondere vom Bewegungszustand der Lichtquelle und der Farbe des Lichts. Nach der speziellen Relativitätstheorie läßt sich insbesondere eine solche „Karte" der Welt entwerfen, in welcher I. die Weltlinie jedes kräftefrei sich bewegenden Massenpunktes als Gerade erscheint (Galileisches Trägheitsgesetz) und 2. der von einem beliebigen Weltpunkt ausstrahlende Lichtkegel durch einen vertikalen geraden Kreiskegel vom Öffnungswinkel 90° dargestellt wird (konzentrische Ausbreitung des Lichtes mit konstanter Geschwindigkeit). Unter den „normalen" Koordinatensystemen, welche diesen Bedingungen genügen, läßt sich objektiv, ohne individuelle Aufweisung, keine engere Auswahl treffen; sie sind miteinander verbunden durch die linearen Lorentztransformationen. Freilich erfordert die Ermittlung der Struktur, wie hieraus hervorgeht, die Verfolgung der kräftefreien Massenpunkte, die von *allen möglichen* Stellen in *allen möglichen* Richtungen ausgehen; immer wird hier Bezug genommen auf das in der Anschauung gegründete Kontinuum der freien Möglichkeiten. Die Vermeidung direkter Aufweisung verlangt geradezu, daß die Auszeichnung der normalen Koordinatensysteme nicht mit Hilfe eines individuellen Falles, sondern einer unter allen Umständen obwaltenden Gesetzmäßigkeit erfolgen soll. Das allgemeine Relativitätspostulat steht in engster Beziehung zu dem erkenntnistheoretischen Grundsatz: daß das objektive Weltbild nichts enthalten darf, was sich nicht prinzipiell in der Erfahrung nachweisen läßt. Zwar rufen viele physikalisch verschiedene Farben die gleiche Rotempfindung hervor; aber durch das Prisma läßt sich diese verborgene Verschiedenheit für die Wahrnehmung aufbrechen. Eine Verschiedenheit jedoch, die sich auf keine Weise für die Erfahrung aufbrechen läßt, ist abzulehnen. Wenn die Tatsache zugegeben wird, daß unter den durch die Lorentz-Transformationen miteinander verbundenen normalen Koordinatensystemen auf Grund der Naturerscheinungen ohne individuelle Aufweisung keine engere Auswahl getroffen werden kann, so ist es unerlaubt (und übrigens unfruchtbar) zu behaupten: es gäbe trotzdem eine objektive Gleichzeitigkeit, wenn es auch prinzipiell unmöglich sei, zwischen den konkurrierenden Zeitmessungen die Entscheidung zu treffen. An die *Möglichkeit* müssen wir uns freilich auch hier wieder wenden. Leibniz sagt einmal aus Anlaß einer Diskussion über den Begriff der absoluten Bewegung, als ihm entgegengehalten wird, daß es doch gewiß auch dort Bewegung geben könne, wo sie nicht beobachtet wird:

> Ich erwidere, daß die Bewegung zwar von der aktuellen Beobachtung, aber keineswegs von der Möglichkeit der Beobachtung überhaupt unabhängig ist. Bewegung gibt es nur dort, wo eine der Beobachtung zugängliche Änderung stattfindet. Ist diese Veränderung durch keine Beobachtung feststellbar, so ist sie auch nicht vorhanden.

Entschuldigen Sie, daß ich diese Dinge, die wohl heute allgemach zu Trivialitäten geworden sind, noch einmal wiederholte. Ich komme jetzt zu dem entscheidenden Gedanken der allgemeinen Relativitätstheorie. *Was so mächtige reale Wirkungen tut wie die metrische Struktur der Welt, kann nicht eine starre, eine für allemal feste geometrische Beschaffenheit der Welt sein, sondern ist selbst etwas Reales, das Wirkungen auf die Materie nicht nur übt, sondern auch von ihr erleidet.* Den Gedanken, daß das Strukturfeld, nicht anders wie etwa das elektromagnetische Feld, mit der Materie in Wechselwirkung steht, hat bereits Riemann für den Raum ausgesprochen. Einstein fand ihn, unabhängig von Riemann wieder, übertrug ihn auf Grund der in der speziellen Relativitätstheorie neu gewonnenen Erkenntnisse auf die vierdimensionale Welt und ergänzte ihn durch eine wichtige Einsicht, welche ihn erst physikalisch fruchtbar machte. Seit Galilei fassen wir die Bewegung der materiellen Körper auf als einen *Kampf zwischen Trägheit und Kraft.* Die Trägheit ist zu beschreiben als eine Beharrungstendenz, welche die Weltrichtung der sich bewegenden Partikel von ihrem Weltort P in dieser Richtung selbst nach dem unendlich benachbarten Punkte P' durch „*infinitesimale Parallelverschiebung*" überträgt. Indem der Körper der Beharrungstendenz seiner Richtung von Augenblick zu Augenblick folgt, entsteht seine „geodätische" Weltlinie. Aus der Gleichheit von schwerer und träger Masse schloß Einstein, daß *die Gravitation in dem Dualismus von Trägkeit und Kraft auf die Seite der Trägheit gehört*, und daß sich somit in den Erscheinungen der Gravitation die gesuchte Veränderlichkeit des Trägheitsfeldes und dessen Abhängigkeit von der Materie kundgibt. Sie wissen, daß die aus dieser Einsicht erwachsene Einsteinsche Theorie de Gravitation, eine der größten Taten menschlicher Spekulation, sich in der Erfahrung ausgezeichnet bewährt hat. Man fragt sich, wie Newton dazu kam, mit ehernen Worten das a priori des absoluten Raumes und der absoluten Zeit zu verkünden, obschon er sich das empiristische Programm zu eigen macht, den tatsächliche Verlauf der Schichtung und Faserung aus ihrer Wirkung auf die beobachtbaren Erscheinungen herzuleiten. Die Antwort liegt, glaube ich, zu einem entscheidenden Teil in seiner Theologie, der Theologie Henry Mores: der Raum ist ihm die *göttliche* Allgegenwart in den Dingen. Darum verhält sich die Raumstruktur zu ihnen so, wie man sich notwendig das Verhalten eines absoluten Gottes zur Welt vorstellt: die Welt seinem Wirken untertan, er selber aber über jede Einwirkung von ihr erhaben. So gesehen, ist die Relativitätstheorie die Entgöttlichung des Raums. Wir scheiden jetzt zwischen dem amorphen Kontinuum und seiner metrischen Struktur. Das erste hat seinen apriorischen Charakter beibehalten, ist aber zum Gegenbild des frei dem Sein gegenüberstehenden reinen Bewußtseins geworden, während das Strukturfeld ganz und gar der realen Welt und ihrem Kräftspiel überantwortet ist; als diese reale Entität wird es von Einstein gerne *Äther* genannt. Daß die Abhängigkeit des Äthers von der Materie so schwer zu erkennen war, liegt an der auch von der Einsteinschen Theorie nicht geleugneten *gewaltigen Übermacht des Äthers* in seiner Wechselwirkung mit der Materie. Ist er nicht ein Gott, so ist er doch ein übermenschlicher Riese. Das Stärkeverhältnis kann auf $10^{20} : 1$ geschätzt werden. Wenn wir nämlich die gesamte Wirkungsgröße additiv zusammensetzen aus der Wirkungsgröße der Gravitation und der Materie, so muß die letztere mit einer reinen Zahl von der Größenordnung 10^{-20} multipliziert werden. Unser Gefühl sträubt sich gegen diese grobe Verletzung der primitivsten Regeln eines fair play durch die Natur. Ich glaube, wir werden in der Erkenntnis der Natur einen gewaltigen Schritt weiter sein, wenn wir davon einmal den Grund verstanden haben werden; gegenwärtig besteht geringe Aussicht dazu. Durch die Einsteinsche Theorie waren die Kräfte der Gravitation als ein Ausfluß der metrischen Struktur erkannt worden; eine physikalische Entität war „geometrisiert" worden. Es ist verständlich, daß nun um der Einheitlichkeit des Weltbildes willen versucht wurde, die gesamte *Physik zu geometrisieren.* Die in dieser Richtung gemachten Ansätze sind der eigentliche Gegenstand meiner Vorlesung. In erster Linie mußte das *elektromagnetische Feld* in Angriff genommen werden. Bis zum Auftreten der neuen Quantenphysik war die Ansicht berechtigt, daß Gravitation und Elektromagnetismus die einzigen ursprünglichen Naturentitäten sind. Man konnte hoffen, nach dem Vorbilde von G. Mie, die materiellen Elementarteilchen als Energieknoten im gravi-elektromagnetischen Feld zu konstruieren, als räumlich eng begrenzte Gebiete, in denen die Feldgrößen zu enorm hohen Werten ansteigen. Darum stellte sich das Problem damals als die Aufgabe einer *Vereinheitlichung von Gravitation und Elektrizität.* Seither hat sich die Sachlage aber gründlich verschoben, in zwei Punkten. Erstens hat die Quantentheorie den elektromagnetischen Wellen die *Materiewellen* hinzugefügt, dargestellt durch die Schrödingersche Wellenfunktion ψ, von der Pauli und Dirac erkannten, daß sie nicht als ein Skalar, sondern als eine Größe mit mehreren Komponenten angesetzt werden muß. Durch die Experimente über die Beugung der Elektronenwellen ist die Existenz dieser

Wellen zur handgreiflichen Gewißheit geworden. Diese neue Erkenntnis hat noch nichts zu tun mit dem quantenhaften Verhalten der Naturvorgänge; in den Rahmen der klassischen Feldphysik muß die Zustandsgröße ψ, das Materiefeld, neben Gravitation und Elektromagnetismus eingefügt werden. Nicht *zwei*, sondern *drei* Dinge sind unter einen Hut zu bringen. Dabei ist es auf Grund der in den Spektren sich dokumentierenden mathematischen Transformationseigenschaften der Größe ψ unumstößlich gewiß, daß sich das Materiefeld *nicht* auf Gravitation und Elektromagnetismus zurückführen läßt; höchstens das Umgekehrte könnte in Frage kommen. – Der zweite Punkt besteht in einer radikal neuen Interpretation der Feldgleichungen, welche den Begriff der Intensität durch den der *Wahrscheinlichkeit* ersetzt. Erst durch diese statistische Interpretation kommt der korpuskulare und atomistische Aspekt der Natur zu seinem Recht. Der an den Feldgleichungen vorzunehmende Prozeß der Quantisierung ist danach insbesondere die Grundlage für das Verständnis der Existenz und Gleichartigkeit der vorhandenen Elementarteilchen, der Elektronen und Protonen. Für das uns hier interessierende Problem einer einheitlichen Theorie des Feldes können wir aber die Frage, ob die Feldgleichungen klassisch-kausal oder quantenhaft-statistisch zu interpretieren sind, ganz beiseite lassen. Da die Ansätze, über welche ich zu berichten habe, zum Teil einen formal-mathematischen Charakter tragen, kann ich es jetzt nicht vermeiden, ein wenig mehr auf die technisch-mathematische Darstellung einzugehen. An dem Beispiel der Trägheit haben wir bereits erörtert, daß das Strukturfeld als Nahewirkung, infinitesimal zu erfassen sein wird. Wie dies mit der metrischen Struktur des Raumes geschehen kann, hatte Riemann aus der Gaussischen Theorie der krummen Flächen abstrahiert. Wir knüpfen zweckmäßig an seinem Gedankengang an; hingegen wollen wir die Form der analytischen Darstellung gegenüber dem Vorgehen von Gauss-Riemann-Einstein von vornherein so modifizieren, wie es sich für die Eingliederung des Materiefeldes neuerdings als notwendig herausgestellt hat. Die Punkte der Fläche sind durch die Werte zweier Koordinaten x^1, x^2 voneinander unterschieden; da die Wahl der Koordinaten willkürlich ist, müssen die objektiven Gesetze invariant sein gegenüber der Gruppe aller stetigen Transformationen der Koordinaten x^p. Von einem Punkte $P = (x^p)$ gehen die Linienelemente PP' aus, die nach den unendlich benachbarten Punkten $P' = (x^p + dx^p)$ führen. Ein solches Linienelement ist der Prototyp eines Vektors in P, die dx^p sind seine Komponenten relativ zum gewählten Koordinatensystem. Die von P ausstrahlenden unendlich kleinen Vektoren bilden, nach dem Grundprinzip der Differentialrechnung, eine *lineare Mannigfaltigkeit*. Um von dem mißlichen Begriff des Unendlichkleinen loszukommen, werde sie ersetzt durch die *Tangentenebene* in P. Sie ist zufolge dieser Einführung ein zweidimensionaler zentrierter Vektorraum; mit Hilfe zweier linear unabhängiger Vektoren $\mathfrak{e}_1$, $\mathfrak{e}_2$ kann jeder Vektor $\mathfrak{u}$ in P auf eine und nur eine Weise in der Form geschrieben werden:

$$\mathfrak{u} = \sum_{\alpha=1}^{2} u_\alpha \mathfrak{e}_\alpha.$$

u_α sind seine Komponenten relativ zu dem Achsenkreuz $\mathfrak{e}_\alpha$. Die metrische Struktur gibt sich darin kund, daß unter allen möglichen Achsenkreuzen die *Cartesischen* an sich ausgezeichnet sind. Die zwischen den gleichberechtigten Cartesischen Achsenkreuzen vermittelnden Transformationen bilden die bekannte orthogonale Gruppe, welche die

Maßzahl des Vektors (Quadrat seiner Länge)

$$\sum_{\alpha} u_{\alpha}^{2}$$

invariant läßt. In der Welt ist die Dimensionszahl 2 auf 4 zu erhöhen, und an die Stelle der orthogonalen tritt die Lorentzsche Gruppe, die invariante Maßzahl im normalen Achsenkreuz ist

$$= -u_0^2 + u_1^2 + u_2^2 + u_3^2$$

(mit *einem* Minuszeichen, Minkowskische Geometrie). Die Vektoren von der Maßzahl 0 bilden den vom Zentrum ausstrahlenden Nullkegel, der uns schon oben unter dem Namen des Lichtkegels begegnet war. Man kann die Tangentenebene zunächst ganz getrennt von der krummen Fläche betrachten, sie sozusagen von ihr abheben und neben sie legen. Die krumme Fläche ist auf Koordinaten x^p bezogen, und es herrscht Invarianz gegenüber der Gruppe aller stetigen Transformationen dieser Koordinaten. Die Tangentenebene ist ein zentrierter Vektorraum und ist auf ein normales Achsenkreuz bezogen; es herrscht Invarianz gegenüber beliebigen Drehungen des normalen Achsenkreuzes, gegenüber der Gruppe der Lorentztransformationen; die Drehungen der lokalen Achsenkreuze in verschiedenen Punkten der krummen Fläche sind dabei voneinander unabhängig. Zur analytischen Darstellung der Naturvorgänge bedürfen wir sowohl eines Koordinatensystems in der Welt wie auch solcher lokalen Achsenkreuze, die an jeder Stelle unter den unendlich vielen gleichberechtigten normalen Achsenkreuzen willkürlich ausgewählt werden. Die Tangentenebene in P ist nun aber in Wahrheit nicht abgeschieden von der krummen Mannigfaltigkeit, sondern in sie *eingebettet*. Nach Wahl des Koordinatensystems und des lokalen Achsenkreuzes $\mathfrak{e}_\alpha$ wird die Einbettung durch die numerischen Werte beschrieben, welche die Komponenten h_α^p der vier Grundvektoren $\mathfrak{e}_\alpha$ relativ zum Koordinatensystem besitzen. Die 4×4 Größen h_α^p sind, wenn P über die Mannigfaltigkeit hin variiert, stetige Funktionen von P oder seiner Koordinaten x^p. Sie beschreiben den quantitativen Verlauf des *metrischen Feldes*. An der Struktur können wir daher scheiden: 1. ihre *Natur*, die allerorten die gleiche ist, repräsentiert durch eine keiner Variation fähige mathematische Entität, die Lorentzgruppe; 2. die „*Orientierung*" oder Einbettung; sie ist kontinuierlicher Veränderungen fähig und darum teilhabend an der unaufhebbaren Vagheit dessen, was eine veränderliche Stelle in einer kontinuierlichen Skala inne hat, in der Natur abhängig und in Wechselwirkung mit der Materie. Ich bin geneigt, das erste, das apriorische Element wiederum unserer Anschauung in die Schuhe zu schieben. Die Philosophen mögen recht haben, daß unser Anschauungsraum, gleichgültig, was die physikalische Erfahrung sagt, euklidische Struktur trägt. Nur bestehe ich allerdings dann darauf, daß zu diesem Anschauungsraum das Ich-Zentrum gehört und daß die Koinzidenz, die Beziehung des Anschauungsraumes auf den physischen um so vager wird, je weiter man sich vom Ich-Zentrum entfernt. In der theoretischen Konstruktion spiegelt sich das wider in dem Verhältnis zwischen der krummen Fläche und ihrer Tangentenebene im Punkte P: beide decken sich in der unmittelbaren Umgebung des Zentrums P, aber je weiter man sich von P entfernt, um so willkürlicher wird die Fortsetzung dieser Deckbeziehung zu einer eindeutigen Korrespondenz zwischen Fläche und Ebene. Es ist eine allgemeine Erfahrung der Relativitätstheoretiker, daß jede eine willkürliche Funktion involvierende Invarianzeigenschaft zu einem *Erhaltungssatz* führt. So liefert die 4 willkürliche

Funktionen involvierende Invarianz gegenüber beliebigen Koordinatentransformationen die 4 Komponenten des Erhaltungssatzes von *Energie und Impuls*. Die Invarianz gegenüber beliebigen Drehungen der lokalen Achsenkreuze, welche 6 willkürliche Funktionen mit sich bringt, ist äquivalent mit der Symmetrie des Energie-Impulstensors oder dem Erhaltungssatz des *Impulsmoments*, welcher in dreidimensionalen Raum 3 Komponenten hat, in der vierdimensionalen Welt aber das Gesetz von der Trägheit der Energie mit einbegreift und dadurch seine Komponentenzahl auf 6 erhöht. Für das Verständnis der mathematischen Situation ist die Entdeckung von Levi-Civita von fundamentaler Bedeutung, daß das metrische Feld der Riemannschen Geometrie in eindeutiger Weise die *infinitesimale Parallelverschiebung* determiniert, welche die Vektoren im Punkte P nach den zu P unendlich benachbarten Punkten P' überführt (2). Der durch diesen Prozeß beschriebene „*affine Zusammenhang*" ist der Grundbegriff der affinen Infinitesimalgeometrie. In der Parallelverschiebung der Vektoren ist insbesondere der *projektive* Prozeß der Verschiebung einer Richtung in ihrer eigenen Richtung enthalten, welcher in der wirklichen Welt als die Beharrungstendenz des Trägheitsfeldes erscheint. Daraus wird die von Einstein vollzogene Synthese Euklid-Newton verständlich, es wird verständlich, wie das metrische Feld die Trägheit und daher nach dem Gesetz der Gleichheit von schwerer und träger Masse die Gravitation bestimmt. Durch die Metrik ist unmittelbar der Nullkegel, d. i. in der wirklichen Welt die *Kausalstruktur* gesetzt, die durch den Lichtkegel bewirkte Scheidung der Welt in Vergangenheit und Zukunft (dem in die Zukunft geöffneten Teil des von P ausgehenden Kegels gehören soche Weltpunkte an, von denen aus eine Wirkung nach P gelangen kann). Da umgekehrt durch den Nullkegel die Winkelmessung in P und die Verhältnisse der Maßzahlen aller Vektoren in P determiniert sind, spricht der Mathematiker hier von *konformer* Beschaffenheit. Wir haben demnach das folgende Schema:

Metrik	⟶	affiner Zusammenhang
↓		↓
konforme Beschaffenheit		projektive Beschaffenheit
(Kausalstruktur)		(Trägheitsfeld)

Der erste Versuch, Gravitation und Elektrizität zu vereinigen durch Geometrisierung des elektromagnetischen Feldes, wurde von mir im Jahre 1918 unternommen (3). Er beruhte auf folgender Überlegung. Führt man einen Vektor längs einer geschlossenen Kurve in der Welt vermittels des Prozesses der infinitesimalen Parallelverschiebung herum, so kehrt er nach vollendetem Umlauf im allgemeinen nicht in seine ursprüngliche Lage zurück. Man nennt das die Nichtintegrabilität der Vektorverschiebung. Da jedoch die Maßzahl des Vektors bei der Parallelverschiebung nicht geändert wird, so stimmen Anfangs und Endvektor vielleicht nicht in ihrer Richtung aber notwendig in ihrer Länge überein. Darin erblickte ich eine Inkonsequenz. Es handelt sich um die Frage der *Eichung*. Die Wahl eines lokalen Achsenkreuzes involviert die Wahl einer bestimmten Längeneinheit. Es fragt sich, ob auch solche Achsenkreuze als gleichberechtigt gelten müssen, die auseinander durch Dilatation hervorgehen, ob in der Transformationsgruppe neben den Drehungen auch die Dilatationen enthalten sein müssen oder ob es eine an sich ausgezeichnete Längeneinheit gibt. Die klassische

Geometrie und Physik bejaht die erste Alternative. Damit reduziert sich die metrische Geometrie zunächst auf die konforme. Die Grundbeziehung, welche zwischen Vektoren im selben Punkte P besteht, ist ihre Kongruenz oder die Längengleichheit. Durch Abstraktion von der Richtung geht der Begriff des Vektors über in den der *Strecke*: zwei Vektoren bestimmen dann und nur dann dieselbe Strecke, wenn sie kongruent sind. Die Vektoren in P bilden eine vierparametrige, die Strecken nur noch eine einparametrige Mannigfaltigkeit. Nachdem wir durch das lokale Achsenkreuz die Längeneinheit festgelegt haben, kann die Strecke durch ihre Maßzahl unzweideutig gekennzeichnet werden. Mit der konformen Beschaffenheit allein reicht man aber sicher nicht aus. Einstein hat gelegentlich auch diesen Weg beschritten, ist aber rasch davon zurückgekommen. Es ist ein Prinzip nötig, das die Strecken in P kongruent nach den unendlich benachbarten Punkten überträgt. Nicht von der Parallelverschiebung der Vektoren, sondern von der kongruenten Übertragung von Strecken ist hier die Rede. Die ursprüngliche Struktur der Welt wurde von mir durchaus als eine metrische, nicht als eine affine angesetzt. Darin folgte ich Riemann-Einstein. Aber die geschilderte Verallgemeinerung läßt Raum für *Nichtintegrabilität der Streckenübertragung*. Nachdem mittels der lokalen Achsenkreuze überall eine bestimmte Eichung vorgenommen ist, kann die kongruente Übertragung geschildert werden durch Angabe der Änderung dl, welche die Maßzahl l einer willkürlichen Strecke in P durch diesen Prozeß erfährt. dl ist zu l proportional, und der Proportionalitätsfaktor hängt linear ab von der vorgenommenen Verschiebung PP' mit den Komponenten dx^p, er hat die Gestalt

$$\sum_p f_p dx^p.$$

Zur vollständigen Festlegung des metrischen Feldes bedarf man also außer den Größen h^p_α noch der vier von Ort zu Ort veränderlichen Zustandsgrößen f_p, welche die Koeffizienten einer linearen Differentialform sind von invarianter Bedeutung. Der Prozeß des Umeichens, die Dilatation des Achsenkreuzes im Verhältnis $e^\lambda : 1$ verwandelt h^p_α in $e^\lambda \cdot h^p_\alpha$; gleichzeitig müssen, wie aus der Definition hervorgeht, die Größen f_p ersetzt werden durch $f_p - \partial\lambda/\partial x_p$. Es besteht also Invarianz der objektiven Gesetze gegenüber der Substitution

$$h^p_\alpha \to e^\lambda \cdot h^p_\alpha, \qquad f_p \to f_p - \frac{\partial\lambda}{\partial x_p},$$

welche die willkürliche Ortsfunktion λ einschließt (*Eichinvarianz*). Nun hängt das *elektromagnetische Feld* gerade von vier *Potentialen* φ_p ab, welche die Koeffizienten einer invarianten linearen Differentialform sind, und man weiß auch, daß nicht diese Potentiale selbst, sondern nur die Feldstärken eine physiklalische Bedeutung haben, d. h. daß das durch die Potentiale φ_p repräsentierte Feld sich nicht ändert, wenn man φ_p durch $\varphi_p - \partial\lambda/\partial x_p$ ersetzt. Es war darum ein naheliegender Gedanke, die geometrischen Größen f_p mit den elektromagnetischen Potentialen, gemessen in einer vorerst noch unbekannten Einheit, zu identifizieren. Dies kann dadurch geprüft werden, daß man untersucht, ob die f_p auf Grund der Naturgesetze in solcher Wechselwirkung mit der Materie stehen, wie durch die Erfahrung für die elektromagnetischen Potentiale bekannt ist. Was von der Materie so beeinflußt wird und auf die Materie so wirkt wie das elektromagnetische Feld, das *ist* das elektromagnetische Feld. Die Erfahrungen darüber sind gesammelt in den Maxwellschen Feldgleichungen. Die Entscheidung hängt aber ab von dem zugrunde gelegten Wirkungsgesetz. Tatsächlich konnte ich im Rahmen meiner Theorie eine solche Wirkungsgröße aufstellen, welche zu der gewünschten Übereinstimmung führt. Zugleich lieferte sie den von Einstein kurz vorher seinen Gravitationsgleichungen hinzugefügten „kosmologischen Term" (neben anderen Termen von derselben winzigen Größenordnung), und es stellte sich heraus, daß die Einheit, in welcher unsere Theorie die elektromagnetischen Potentiale mißt, von der kosmologischen Größenordnung ist. Sie wäre darum der experimentellen Bestimmung erst zugänglich, wenn wir einen wesentlichen Teil des Universums überblicken können. Ich mußte von vornherein zugeben, daß meine Geometrisierung des elektromagnetischen Feldes sich in keiner Weise anschaulich aus dem Wesen dieses Feldes verständlich machen läßt; insbesondere konnte ich nichts a priori Einleuchtendes vorbringen zugunsten der Koppelung des willkürlichen additiven Gliedes $\partial\lambda/\partial x_p$, das nach der Erfahrung in den Komponenten des elektromagnetischen Potentials steckt, mit dem von der klassischen Geometrie geforderten Eichfaktor e^{λ}. Der Zusammenhang zwischen den f_p und den Potentialen ergab sich erst hinterher auf Grund einer besonderen Wirkungsgröße. Als mögliche Wirkungsgrößen stand freilich von vornherein nur eine sehr geringe Zahl von Integralinvarianten zur Verfügung. Durch das Prinzip der Eichinvarianz war die große Fülle von Möglichkeiten, die hier vorher bestanden hatte, außerordentlich eingeschränkt worden. Das war vielleicht der Haupterfolg der Theorie, von der ich im ersten Augenblick erhofft hatte, sie würde auf spekulativen Wege die Wirkungsgröße völlig eindeutig festlegen. Der Eichinvarianz korrespondiert der *Erhaltungssatz der Elektrizität* in der gleichen Weise, wie die Koordinateninvarianz zum Erhaltungssatz von Energie und Impuls führt. Auch hierin lag ein starkes formales Argument zugunsten der Theorie: als Ursprung des Erhaltungssatzes der elektrischen Ladung mußte a priori eine neue, *eine* willkürliche Funktion involvierende Invarianzeigenschaft der Feldgesetze erwartet werden. Die Theorie stieß auf Widerspruch. Prof. Eddington legte den Finger auf die Englische Bibel und zitierte aus dem Buch Deutoronomium: „Du sollst nicht zweierlei Gewicht in deinen Sack, groß und klein, haben. Und in deinem Hause soll nicht zweierlei Maß, groß und klein, sein. Sondern du sollst haben ein völlig und recht Gewicht, ein völlig und recht Maß sollst du haben." Einstein erhob sofort den Einwand, daß gemäß der spektroskopischen Erfahrung die Wellenlängen der Spektrallinien eines Wasserstoffatoms z. B. von dessen Vorgeschichte unabhängig sind, sich unter den gleichen Umständen immer als die gleichen herausstellen. Ich erwiderte darauf, daß das Verhalten der realen Atome nur auf Grund der geltenden Wirkungsgesetze vorausgesagt werden könne; das von mir zugrunde gelegte Wirkungsgesetz ergab, wie vielleicht nicht streng beweisen, aber doch plausibel gemacht werden konnte, daß die Wellenlängen nicht der kongruenten Übertragung folgen, sondern sich immer von neuem auf ein durch die Konstitution des Atoms bestimmtes Verhältnis zu dem am Ort des Atoms herrschenden Krümmungsradius der Welt einstellen. Der Krümmungsradius ist eine gewisse aus den Grundgrößen der Theorie zu berechnende Strecke. Der quantitative Verlauf des metrischen Feldes ermöglicht daher nachträglich doch eine ausgezeichnete Eichung, dadurch, daß der Krümmungsradius überall als Längeneinheit verwendet wird. Die Atomistik wird so auf dem Umweg über die Kosmologie gewonnen. Das sieht einigermaßen verzweifelt aus. Es wird jedoch ermöglicht durch die in den Gravitationsgesetzen auftretende reine Zahl von der Größenordnung 10^{20}. Man müßte danach erwarten, daß der Weltradius zum Elektronenradius sich verhalte wie $10^{20} : 1$ oder eine niedrige Potenz davon. Das Quadrat, 10^{40}, ist das Verhältnis des Elektronenradius zu seinem „Gravitationsradius", der angibt, wie stark die Elektronenmasse auf das umgebende metrische Feld störend einwirkt. Wenn die systematische Rotverschiebung der Spektrallinien der Spiralnebel kosmologisch zu deuten ist, führt die Annahme des Verhältnisses 10^{40} zwischen Welt- und Elektronenradius zu einer gar nicht so üblen Übereinstimmung mit der Erfahrung (4). Auch bin ich überzeugt, daß die Masse von Hause aus weder träge noch schwere, sondern gravitationsfelderzeugende Masse ist und darum als der Fluß definiert werden muß, den das Gravitationsfeld durch eine das Teilchen umschließende Hülle hindurchschicht, so wie nach Faraday die Ladung der elektrische Kraftfluß durch eine solche Hülle ist. Eine gute Theorie sollte es unmöglich machen, von der Tatsache der Masse ohne die Gravitation Rechenschaft zu geben. Aus solchen Gründen war die Verknüpfung der Atomistik mit der Kosmologie doch nicht so phantastisch, wie sie auf den ersten Blick erscheinen mag. Hinsichtlich physikalischer Konsequenzen in Richtung der Atomistik blieb freilich meine geometrische Theorie des elektromagnetischen Feldes ganz unfruchtbar. So regt sich der Zweifel: war die mit der klassischen Geometrie und Physik vorgenommene Negation einer absoluten Längeneinheit vielleicht verfehlt? Die Atomistik gibt uns ja absolute Einheiten für alle Maßgrößen an die Hand. In der klassischen Epoche befand sich die theoretische Physik dieser Frage gegenüber in einem gewissen Dilemma. Denn einerseits sollen z. B. die mechanischen Gesetze für alle möglichen Werte der Masse und Ladung des sich bewegenden Körpers zutreffen, andererseits sollte sich aus den exakten Gesetzen ergeben, daß als letzte Elementarteile nur die Elektronen und Protonen mit ihren bestimmten Werten von Ladung und Masse existenzfähig sind. Die Quantenphysik faßt die Feldgleichungen als Regeln auf, aus denen die *ein einzelnes Elementarteilchen* betreffenden Wahrscheinlichkeiten zu berechnen sind. Erst *nach ihrer Quantisierung* lassen sie sich auf eine beliebige Anzahl von Teilchen anwenden. Darum scheint es mir heute unzweifelhaft, daß die Feldgesetze die atomistischen Konstanten enthalten müssen. So geht in die Diracsche Feldgesetze des Elektrons die „Wellenlänge des Elektrons", die Zahl h/mc, als eine absolute Konstante ein (5). Damit fällt das Grundprinzip meiner Theorie, das Prinzip von der Relativität der Längenmessung, dem Atomismus zum Opfer und verliert seine Überzeugungskraft. Ein weiteres grundsätzliches Bedenken ist dies. In dem theoretischen Weltbild bedeutet die Verwandlung von f_p in $-f_p$ eine objektive Änderung des metrischen Feldes; denn es ist etwas anderes, ob sich eine Strecke bei kongruenter Verpflanzung längs einer geschlossenen Bahn vergrößert oder verkleinert. Nach dem angenommenen Wirkungsgesetz aber ist die Entscheidung über das Vorzeichen der f_p auf Grund der beobachteten Erscheinungen unmöglich. Hier enthält darum, in Widerstreit mit einem oben ausgesprochenen erkenntnistheoretischen Grundsatz, das theoretische Weltbild eine Verschiedenheit, welche sich auf keine Weise für die Wahrnehmung aufbrechen läßt. Auf einem andern Wege hat Eddington das Problem der Einheit von Elektrizität und Gravitation in Angriff genommen (6). Er nimmt an, daß der Welt ursprünglich nicht eine metrische Struktur, sondern nur ein *affiner Zusammenhang* zukommt; alle physikalischen Größen sollen aus dem Prozess der infinitesimalen Parallelverschiebung von Vektoren abgeleitet werden. Aus der

Trägheit kann man unmittelbar nur die projektive Beschaffenheit, nicht den affinen Zusammenhang ablesen. Ein Versuch, allein mit dieser projektiven Beschaffenheit auszukommen – in Analogie zu der ephemeren Einsteinschen Idee, von der Metrik nur den konformen Bestandteil, die aus der Fortpflanzung des Lichtes abzulesende Kausalstruktur beizubehalten –, ist mir nicht bekannt geworden. Zugunsten des Eddingtonschen Ansatzes läßt sich a priori dies sagen, daß der affine Zusammenhang die eigentlich entscheidende Rolle bei der Formulierung der Naturgesetze spielt. Weil diese die Zustände in benachbarten Raumzeitpunkten miteinander verknüpfen, gehen in sie die Differentiale der Zustandsgrößen ein. Jede Zustandsgröße, wie etwa das elektromagnetische Potential, hat bestimmte Komponenten relativ zum lokalen Achsenkreuz. Ihr gewöhnliches Differential ist der Unterschied der Komponenten in zwei unendlich benachbarten Punkten PP' unter Zugrundelegung der beiden lokalen Achsenkreuze daselbst; die Differentiale der Komponenten hängen daher von der Orientierung *beider* Achsenkreuze ab. Zur Formulierung invarianter Gesetze hat man aber das *kovariante Differential* nötig; es ist der Unterschied der Werte der Komponenten in P, P', bezogen auf das lokale Achsenkreuz in P bzw. *auf das daraus durch Parallelverschiebung hervorgehende in* P'; die kovarianten Differentiale hängen daher nur von dem lokalen Achsenkreuz in P ab und transformieren sich bei Drehung des Achsenkreuzes genau wie die Komponenten der Zustandsgröße selbst. Die Riemannsche Geometrie erfaßt das Strukturfeld als Einbettung oder *Orientierung* (Orientierung der lokalen normalen Achsenkreuze), die infinitesimal Affingeometrie als Gesetz der *Verschiebung* (Parallelverschiebung von Vektoren). Demgegenüber zeigt meine Theorie einen gemischten Charakter, da in ihr die Metrik zum Teil als Orientierung gefaßt wird (der konforme Bestandteil), zum Teil als Verschiebung (kongruente Verpflanzung von Strecken). Auf welche Weise kann nun aber Eddington von seinem affinen Ansatz aus die metrischen Tatsachen der Natur, insbesondere das Verhalten der Uhren und Maßstäbe verständlich machen? Antwort: Er verwendet Einsteins kosmologische Gravitationsgesetze (I), nach denen die aus dem affinen Zusammenhang zu berechnenden Komponenten der Krümmung proportional sind zu den das metrische Feld beschreibenden Größen, als *Definition*: der Krümmungstensor ist für ihn *per definitionem* der Maßtensor. Dies besagt, daß ein Maßstab *in jeder Richtung* sich auf den für diese Richtung charakteristischen Krümmungsradius der Welt einstellt; während in meiner Theorie die Unveränderlichkeit eines um den Punkt P drehbaren Maßstabs durch die zugrunde gelegte metrische Struktur garantiert ist und nur über eine noch verbleibende, allen Richtungen gemeinsame Dilatation oder Kontraktion durch die Einstellung auf die Krümmung verfügt wird. Ein zweites System von Gleichungen (II), durch das Einstein nach Levi-Civita den affinen Zusammenhang aus den metrischen Grundgrößen herleitet, muß Eddington umgekehrt von Definitionsgleichungen in Naturgesetze verwandeln. Ich wenigstens kann nicht einsehen, wie man diesen Schritt vermeiden kann, wenn man den Anschluß an die Erfahrung gewinnen will. Es genügt ja nicht, zu versichern, daß die Krümmungskomponenten den Maßtensor bilden, sondern man muß zeigen, daß diese Größen auf das Verhalten der Uhren, Maßstäbe usw. genau jenen Einfluß haben, den wir dem metrischen Felde zuschreiben. Dies kann natürlich nur geschehen unter der Annahme bestimmter, den Verlauf des affinen Zusammenhangs bindender Naturgesetze. Einstein griff Eddingtons affine Feldtheorie auf und suchte sie durch ein geeignetes Wirkungsprinzip so auszufüllen, daß den

Tatsachen der Erfahrung Genüge geschieht. Es zeigte sich dabei zunächst, daß eine viel größere Fülle von Integralinvarianten zur Verfügung steht als in meiner Theorie. Dies mag einerseits als ein Vorzug gelten, weil man dadurch größeren Spielraum hat, sich der Erfahrung anzuschmeigen. Andererseits ist es ein Nachteil und jedenfalls der Absicht, die ich verfolgte, genau entgegengesetzt, weil man sich definitiv wohl nur mit einer Theorie zufrieden geben wird, welche *keinen* Spielraum läßt, sondern in welcher die die Naturvorgänge beherrschende Wirkungsgröße auch *aus rein mathematischen Gründen* als die einzig mögliche erscheint. Einstein ist in seiner letzten Ausgestaltung der affinen Feldtheorie zu einer Wirkungsgröße gelangt, aus welcher genau die gleichen Naturgesetze hervorgehen wie aus meiner metrischen Theorie, inkl. der kleinen kosmologischen Glieder und aller numerischen Koeffizienten. Ich muß gestehen, daß ich den Grund für diese Übereinstimmung nicht durchschaue. Sie lehrt aber jedenfalls, daß die beiden konkurrierenden Auffassungen nur verschiedene geometrische Einkleidungen für den gleichen Sachverhalt sind; und daß sie überhaupt eher als geometrische Einkleidungen denn als eigentliche geometrische Theorien der Elektrizität zu gelten haben. Der Kampf zwischen der affinen und metrischen Theorie der Elektrizität ist dadurch einigermaßen gegenstandslos geworden – um so mehr, als es sich wohl kaum noch darum handelt, wer von den beiden in Leben den Sieg davontragen wird, sondern ob sie als Zwillingsbrüder im selben Grab oder ob sie in verschiedenen Gräbern zu bestatten sind. Ich lasse die – kaum bessere Aussicht auf Erfolg versprechenden – Versuche von Th. Kaluza und O. Klein beiseite, das elektromagnetische Potential dem Maßtensor einzugliedern durch den Übergang von der vier- zu einer fünfdimensionalen Welt (7). Diskutierbar wird für mich dieser Ansatz nur durch den mir gegenüber von O. Veblen geäußerten Gedanken, die fünf Koordinaten von Kaluza-Klein als homogene Koordinaten in einer vierdimensionalen Welt, nach Art der homogenen projektiven Koordinaten, aufzufassen [1]. Seit etwa zwei Jahren verfolgt Einstein hartnäckig eine neue Spur (8). Neben der Riemannschen Metrik legt er als Grundstruktur einen *Fernparallelismus* von Vektoren zugrunde. Er nimmt also an, daß die lokalen Achsenkreuze so aneinander gebunden sind, daß sie nur gleichzeitig alle derselben Drehung unterworfen werden dürfen. Meiner Meinung nach hat sich die ganze Situation in den letzten 4 oder 5 Jahren vollständig verschoben durch die Entdeckung des Materiefeldes. Alle diese geometrischen Luftsprünge waren verfrüht, wir kehren zurück auf den festen Boden der physikalischen Tatsachen. Die das Materiefeld beschreibende Größe ψ hat zwei Komponenten ψ_1, ψ_2, die vom lokalen Achsenkreuz abhängen und deren Transformation unter dem Einfluß seiner Drehungen ich Ihnen kurz erläutern muß. Ich beschränke mich dabei auf die dreidimensionalen Raumdrehungen, die als Drehungen der Einheitskugel um den Nullpunkt des räumlichen Cartesischen Koordinatensystems aufgefaßt werden können. Durch stereographische Projektion gehe man von der Kugel zur Äquatorebene über, die in Gaussischer Weise zum Träger einer komplexen variablen ζ gemacht wird; in homogener Schreibweise setze man

1. Mehrere Monate nach meinem Vortrag ist darüber ein Artikel „Projetive Relativity“ von O. Veblen und B. Hoffman, Physic. Rev. **36**, 810 (1930), erschienen, der in dieser Richtung günstige Perspektiven eröffnet.

$\zeta = \psi_2/\psi_1$. Dann lauten die Formeln der stereographischen Projektion [2]

$$x = \overline{\psi}_1\psi_2 + \overline{\psi}_2\psi_1, \quad y = i(\overline{\psi}_1\psi_2 - \overline{\psi}_2\psi_1), \quad z = \overline{\psi}_1\psi_1 - \overline{\psi}_2\psi_2,$$

unter fortlassung des Nenners

$$t = \overline{\psi}_1\psi_1 + \overline{\psi}_2\psi_2.$$

Zu jeder räumlichen Drehung D, einer orthogonalen Transformation der Raumkoordinaten x, y, z, welche die Zeit t nicht angreift, gehört danach eine lineare Transformation von ψ_1, ψ_2, welche bewirkt, daß die angegebenen Ausdrücke die vorgeschriebene Transformation D erleiden. Freilich ist die Transformation der beiden ψ durch die Drehung D *nur bestimmt bis auf einen willkürlichen konstanten Faktor* $e^{i\lambda}$ vom absoluten Betrage 1, den Sie mir jetzt erlauben mögen, den *Eichfaktor* zu nennen. Dieses Transformationsgesetz der ψ ist zuerst von Pauli aufgestellt worden und folgt mit unfehlbarer Sicherheit aus den spektroskopischen Tatsachen, genauer aus den Termdubletts der Alkalispektren und der Tatsache, daß die Dublettkomponenten nach Ausweis ihres Zeemaneffekts *halbganze* innere Quantenzahlen besitzen. Aus den nach Schrödinger in die Quantenmechanik übersetzten klassischen Bewegungsgleichungen, die noch mit einem skalaren ψ operierten, ergab sich das Prinzip, daß beim Übergang vom freien Elektron zu dem in einem gegebenen elektromagnetischen Feld sich bewegenden Elektron der auf ψ wirkende Differentialoperator $\partial/\partial x_p$ zu ersetzen ist durch

$$\frac{\partial}{\partial x_p} + \frac{ie}{2\pi h} \cdot \varphi_p,$$

wo φ_p die elektromagnetischen Potentiale sind ($-e$ Ladung des Elektrons, h Wirkungsquantum). In den Händen von Dirac bewährte sich dieses Prinzip glänzend als Leitfaden zur Aufstellung der Bewegungsgleichungen des spinnenden Elektrons mit seinen beiden ψ-Komponenten. Es ergab die richtigen Energieausdrücke zur Erklärung der anomalen Zeemanneffekte, der Feinstruktur des Wasserstoffspektrums usw. Setzt man $\frac{e}{2\pi h} \cdot \varphi_p = f_p$, so ist diese Regel aber gleichbedeutend mit dem folgenden Prinzip, das in formaler Hinsicht genau so aussieht wie unser altes Prinzip der Eichinvarianz: *die Bewegungsgleichung des Elektrons ist invariant gegenüber der Substitution*

$$(*) \qquad \psi \to e^{i\lambda} \cdot \psi, \quad f_p \to f_p - \frac{\partial \lambda}{\partial x_p}$$

(λ eine willkürliche Ortsfunktion in der Welt). Es hat sich zwingend aus der Entwicklung der Quantentheorie ergeben, durch die ein neuer gewaltiger Erfahrungsschatz unserer Feldtheorie einverleibt wird. Das Prinzip kann nachträglich im Rahmen der allgemeinen Relativitätstheorie verständlich gemacht werden (9). Wir halten an der Riemannschen Metrik fest, indem wir annehmen, daß die absolute Längeneinheit atomistisch durch die Wellenlänge h/mc des Elektrons geliefert wird. Die Komponenten der Größe ψ sind, dem Wesen dieser Größe entsprechend, relativ zum normalen Achsenkreuz nur bis auf den Eichfaktor $e^{i\lambda}$ bestimmt. Der Eichfaktor ist in der speziellen Relativitätstheorie,

2. $\overline{\psi}$ bedeutet die zu ψ konjugiert-komplexe Zahl.

wo das Achsenkreuz sozusagen eine freischwebende Existenz führt, eine Konstante; in der allgemeinen Relativitätstheorie aber, wo die Achsenkreuze lokal je an einen Weltpunkt gebunden und unabhängig voneinander drehbar sind, ist der Eichfaktor notwendig als eine willkürliche Ortsfunktion anzusetzen. Wie in meiner alten Theorie nach Vorgabe der konformen Beschaffenheit an jeder Stelle die eindeutige Bestimmung der kovarianten Differentiale aller Zustandsgrößen eine lineare Differentialform $\sum_p f_p dx_p$ erforderte, so ist auch hier eine derartige Linearform erforderlich zur eindeutigen Bestimmung des kovarianten Differentials des materiellen Größe ψ. Sie ist mit dem Eichfaktor so gekoppelt, daß Invarianz besteht gegenüber der Substitution (*). Bei Ansatz einer geeigneten Wirkungsgröße erhalten wir die Maxwellschen Gleichungen der Elektrizität, die Einsteinschen der Gravitation und die Diracschen der Materie. Dadurch werden die f_p identifiziert mit den elektromagnetischen Potentialen. Das neue Prinzip der Eichinvarianz führt in genau der gleichen Weise zum Erhaltungssatz der Elektrizität wie das alte. In formaler Hinsicht ist also die größte Ähnlichkeit vorhanden, in sachlicher Hinsicht aber bestehen wichtige Unterschiede. 1. Das neue Prinzip ist aus der *Erfahrung* erwachsen und resümiert einen gewaltigen, aus der Spektroskopie entsprungenen Erfahrungsschatz. 2. *Der Eichfaktor* $e^{i\lambda}$ *tritt nicht an die metrischen Größen* h^p_α *heran, sondern an die materiellen Größen* ψ. 3. Der Exponent ist nicht reell, sondern rein imaginär. Die an der alten Theorie gerügte Unsicherheit des Vorzeichens $\pm f_p$ löst sich dadurch in das unbestimmte Vorzeichen der $\sqrt{-1}$ auf. Schon damals, als ich die alte Theorie aufstellte, hatte ich das Gefühl, daß der Eichfaktor die Form $e^{i\lambda}$ haben sollte; nur konnte ich dafür natürlich keine geometrische Deutung finden. Arbeiten von Schrödinger und F. London (10) stützten die Forderung durch die allmählich sich immer deutlicher abzeichnende Beziehung zur Quantentheorie. 4. Hier ist die natürliche Einheit, in welcher die elektromagnetische Potentiale f_p zu messen sind, nicht eine unbekannte kosmologische, sondern die bekannte atomistische Größe $e/2\pi h$. Ich zweifle keinen Augenblick, daß meine alte Theorie der Eichinvarianz zugunsten dieser neuen preiszugeben ist. Für die Weiterentwicklung der Quantentheorie scheint die neue Eichinvarianz – für die ich den alten Namen beibehalte wegen der weitgehenden formalen Übereinstimmung – von erheblicher Wichtigkeit zu sein, wie sich namentlich bei Gelegenheit der jüngst von Heisenberg und Pauli durchgeführten Quantisierung der Feldgleichungen zeigt. Durch die neue Eichinvarianz wird nun aber *das elektromagnetische Feld im selben Sinne zu einem notwendigen Appendix des Materiefeldes, wie es in der alten Theorie der Gravitation angehängt wurde.* Der Eichfaktor tritt ja nach der Bemerkung 2. nicht an die Gravitationsgrößen h^p_α, sondern an die ψ heran. Dem gesunden, von Spekulation nicht verdorbenen physikalischen Sinn ist wohl das auch viel sympatischer, daß das elektrische Feld dem Schiff der Materie und nicht der Gravitation als Kielwasser folgt. Herr Fock bezeichnete die Herleitung der neuen Eichinvarianz aus der allgemeinen Relativität, zu der er etwa gleichzeitig mit mir gelangte, als eine Geometrisierung der Diracschen Theorie des Elektrons. Ich kann ihm darin nicht zustimmen. Mir scheint, daß wir auf eine Geometrisierung dadurch verzichtet haben, daß wir die Elektrizität mit der Materie, statt mit der Gravitation verbanden. Ich fürchte, daß die Tendenz der Geometrisierung, von der die Gravitation mit vollem, durch die anschaulichsten Argumente zu stützenden Recht ergriffen wurde, in ihrer Ausdehnung auf andere physikalische Entitäten verfehlt war. Wenn man sie doch noch durchsetzen will, so müßte man eine natürlich anmutende Geometrie erfinden, die zur Beschreibung ihres Strukturfeldes außer den h^p_α einer Zustandsgröße ψ von den angedeuteten Transformationseigenschaften des Materiefeldes bedarf. Auf die Geometrisierung des Materiefeldes also müßte man ausgehen; wenn man mit ihm reüssiert, geht das elektromagnetische Feld von selber als Zugabe in den Handel ein. Ich habe keine Ahnung, was das für eine Geometrie sein sollte [3]. Mit der *Quantisierung der Feldgleichungen* werden von diesem Prozeß nicht nur die Größe ψ und die elektromagnetischen Potentiale f_p ergriffen, sondern auch die metrischen Größen h^p_α. Die Winkelsumme in einem starren Dreieck ist deshalb nicht nur *variabel*, wenn das Dreieck in einem Gravitationsfeld bewegt wird, sondern sie nimmt Teil an der Heisenbergschen *Unbestimmtheit.* Als Riemann seine Infinitesimalgeometrie aufbaute dadurch, daß er die Euklidischen Axiome nicht im Großen, sondern nur im Unendlichkleinen als gültig voraussetzte, versäumte er doch nicht hinzufügen, daß „die empirischen Begriffe, in welchen die räumlich Maßbestimmung gegründet sind, der Begriff des festen Körpers und des Lichtstrahls, im Unendlichkleinen ihre Gültigkeit verlieren". In der Quantentheorie glauben wir erkannt zu haben, auf welche Weise jene Begriffe bei der Annäherung ans Unendlichkleine wacklig werden: in solchen Dimensionen, in welchen der endliche Wert des Wirkungsquantums fühlbar wird, tritt die statistische Unsicherheit der Werte aller physikalischen Größen stärker und stärker hervor.

II. Géométrie et physique

H. Weyl, Gœttinguen
16 janvier 1931
(Rouse Ball Lecture à l'Université de Cambridge, mai 1930)

Les processus du monde extérieur se déroulent dans *l'espace et le temps.* Dans la représentation mathématique, toutes les grandeurs d'état figurent comme fonctions des coordonnées d'espace et de temps, qui interviennent en tant que variables indépendantes. Un espace et un temps possibles constituent un continu à quatre dimensions. Seules la coïncidence et la proximité spatiotemporelles immédiates ont un sens clairement et immédiatement saisissable à l'intuition ; d'ailleurs, Aristote caractérisait déjà l'espace comme le milieu du contact. Cependant nous ne pouvons pas nous contenter d'un simple constat des contacts effectifs, mais nous sommes obligés de les projeter sur un champ indifférencié de libres *possibilités*, le continu de toutes les coïncidences possibles ; c'est dans ce cadre que notre construction théorique doit rendre compte d'un univers pleinement objectif, qui dépasse largement ce que j'aurai jamais l'occasion d'expérimenter en tant qu'individu. Je crois que cette nécessité repose en fin de compte sur le fait que la réalité n'est pas un être en soi, mais se constitue *pour une conscience.* Si la forme spatiale d'un corps se constitue comme identique selon tous les différents points de vue, cela présuppose que le point de vue selon lequel son image est appréhendée, selon chaque perspective individuelle, soit variable et que les différents points de vue effectivement adoptés représentent des aspects d'un continu de possibilités posé en nous mais infini. L'espace et le temps sont, comme dit Kant, des formes de

3. Veblens „projective relativity" vermag von einem skalaren ψ zur Not Rechenschaft zu geben; es ist aber noch nicht abzusehen, woher das nicht-skalare ψ kommen soll mit seinem der bisherigen Geometrie ganz fremden Paulischen Transformationsgesetz.

notre intuition. Les *coordonnées* sont là pour distinguer entre elles les positions dans le continu d'espace et de temps. Elles jouent le même rôle que les noms avec lesquels les personnes se distinguent et deviennent nommables, ou comme le numérotage arbitraire des objets dans un domaine constitué d'éléments discrets. Les coordonnées sont des fonctions continues de la position dans la variété continue ; chaque grandeur qui dépend de manière continue de la position peut, une fois que les coordonnées ont été introduites, être exprimée comme fonction des coordonnées. Le passage d'un système de coordonnées à un autre consiste donc une transformation effectuée par une fonction continue. Le constat que chaque système de coordonnées représente une base légitime pour la description des opérations de la nature ne dépend d'aucune déclaration factuelle sur la constitution et la régularité de la nature. En cela nous ne faisons qu'éviter la croyance primitive en la magie des noms, selon laquelle le nom fait partie de la chose, selon laquelle le chemin de la connaissance serait compromis si nous n'attribuions pas le nom qu'il faut, selon laquelle nommer donne un pouvoir magique sur la chose.

La description des opérations à l'aide d'un système fondamental de coordonnées a manifestement lieu en termes *arithmétiques*, puisque les noms attribués sont des nombres. On le fait couramment dans le cadre de la géométrie analytique. Pour échapper à des formes de pensée et d'intuition enracinées, nous voulons les remplacer par des termes géométriques intrinsèques, moyennant une compréhension par les coordonnées dans un « espace représentatif » euclidien. Les coordonnées permettent ainsi d'appliquer le monde réel sur cet espace représentatif ; une application qui rappelle la projection de la surface courbe de la Terre sur sur une carte géographique plane. Sur la carte de Mercator, San Francisco, la pointe méridionale du Groenland et le pôle nord se présentent en ligne droite ; on ne s'étonnera pas que ce ne soit pas le cas sur une projection orthographique qui représente l'Hémisphère Nord.

Le continu spatiotemporel à quatre dimensions n'est pas amorphe, il porte une *structure*. Si l'on croit avec Newton à un espace absolu et à un temps absolu, on attribuera à l'univers un *feuilletage* et une *congruence* qui le croise : tous les points d'univers simultanés constituent une tranche à trois dimensions, tous les points d'univers occupant le même lieu constituent une ligne à une dimension. L'espace et le temps possèdent en outre une structure métrique, qui se manifeste dans les concepts d'égalité des durées et de congruence des figures spatiales. Quelle que puisse être la manière de décrire cette structure exactement et complètement, et quelle qu'en soit la raison interne — toutes les lois de la nature montrent l'effet déterminant qu'elle a sur l'allure des événements physiques : le comportement des corps rigides et des montres est déterminé presque exclusivement par la structure métrique, tout comme le mouvement d'un point-masse qui n'est sujet à aucune influence, ainsi que la propagation d'une onde lumineuse. Et ce n'est que par l'intermédiaire de ces effets sur les processus physiques concrets que nous pouvons reconnaître la structure. Newton énonce ce programme dans l'introduction des *Principia* avec une clarté totale. Même s'il croit *a priori* à l'espace absolu et avec lui au mouvement absolu, il indique comme but de son enquête de démêler les vrais mouvements des relatifs, qui sont leurs différences, *à partir de leurs causes et effets*. Pour éclairer il ajoute l'exemple célèbre : « En faisant tourner autour de leur centre de gravité commun deux boules gardées par une corde à une distance fixe l'une de l'autre, on reconnaît à la tension de la corde leur tendance à s'éloigner de l'axe du mouvement, et on peut donc calculer l'ampleur du mouvement circulaire. » S'il faut distinguer un système de coordonnées particulier, ou une classe particulière de systèmes de coordonnées, ceci ne peut être accompli qu'en faisant intervenir des processus physiques, en spécifiant : que tels ou tels processus doivent relever de telle ou telle expression analytique dans les coordonnées en question. J'illustre ce *postulat de relativité générale* qui, fondamentalement, va de soi et qui, comme nous venons de le voir, était implicitement reconnu par Newton, à travers l'exemple de la théorie de relativité restreinte, dont la validité n'est guère entachée par le postulat en question. Il est empiriquement établi que la ligne d'univers d'un point-masse sujet à aucune influence — la variété à une dimension des points d'univers par lesquels il passe successivement — est déterminée par le point initial et la direction initiale de la ligne d'univers. Le cône de lumière, le lieu géométrique de tous les points d'univers atteints par un signal lumineux émis d'un certain point d'univers O, ici-maintenant, est pareillement déterminé par O, quel que soit l'état de cette source lumineuse, en particulier son état de mouvement, ou sa couleur. D'après la relativité restreinte, l'univers se laisse projeter sur une « carte » dans laquelle, en particulier, 1. la ligne d'univers de chaque point-masse libre apparaît comme une droite (loi d'inertie galiléenne) et 2. le cône de lumière rayonnant à partir d'un point arbitraire d'univers est représenté par un cône circulaire vertical droit, d'angle d'ouverture de 90° (propagation concentrique de la lumière à vitesse constante). Parmi les systèmes de coordonnées « normaux » satisfaisant à ces conditions, il n'existe pas de manière objective, sans spécification individuelle, qui permette de restreindre le choix ; ces systèmes sont liés entre eux par les transformations linéaires de Lorentz. L'examen de la structure exigerait certes, en vertu de ce qui précède, le suivi de tous les points-masse libres partant de *tous* endroits *possibles* et allant dans *toutes* les directions *possibles* ; mais ici on se fonde sur le continu des possibilités libres, représenté dans dans notre intuition. Le fait qu'on évite l'indication directe exige même que l'individuation des systèmes de coordonnées normaux ne découle pas d'un cas individuel, mais d'une régularité pertinente en toutes circonstances. Le postulat de relativité générale est étroitement lié au principe épistémologique fondamental : que l'image objective de l'univers ne contienne rien qui ne puisse en principe être vérifié par l'expérience. Bien que de nombreuses couleurs physiquement différentes donnent lieu à la même sensation de rouge, cette différence cachée pour la sensation se révèle à travers le prisme. Mais une différence qui ne se laisserait résoudre par aucune expérience est à rejeter. En admettant que parmi les systèmes de coordonnées liés entre eux par les transformations de Lorentz, aucune sélection ultérieure ne puisse être atteinte sur la seule base des phénomènes naturels, sans spécification individuelle, il ne serait pas permis (et du reste il serait inutile) de soutenir : qu'il y a malgré tout une simultanéité objective, malgré l'impossibilité de principe de trancher entre les chronométries concurrentes. Même ici nous devons revenir à la *possibilité*. Leibniz déclarait, lors d'une discussion sur le concept du mouvement absolu, qu'il niait qu'il puisse y avoir du mouvement là où il n'est pas observé :

> Je réponds que le mouvement peut être indépendant de l'observation actuelle, mais aucunement de la possibilité de l'observation. Il n'y a du mouvement que là où un changement accessible à l'observation a lieu. Si ce changement n'est constatable par aucune observation, il n'est pas là.

Veuillez m'excuser si j'ai de nouveau répété ces choses qui sont désormais banales. J'en viens donc aux pensées cruciales de la relativité générale. *Une entité qui exerce des influences aussi puissamment réelles que la structure métrique de l'univers ne peut pas être une propriété géométrique rigide, fixée une fois pour toutes, mais est en elle-même quelque chose de réel, qui non seulement exerce des influences sur la matière, mais en subit également.* L'idée que le champ structurel interagit avec la matière, à la manière du champ électromagnétique, avait déjà été exprimée pour l'espace par Riemann. Einstein l'a retrouvée indépendamment de Riemann, l'a adaptée à l'univers quadridimensionnel à la base des connaissances nouvellement acquises en relativité restreinte et l'a complétée par une intuition importante qui l'a rendue finalement physiquement féconde. Depuis Galilée, nous concevons le mouvement des corps matériels comme une *lutte entre l'inertie et la force.* On peut décrire l'inertie comme une tendance à la persistance, qui transporte la direction d'univers d'une particule en mouvement, depuis son point d'univers P, en la direction identique au point infiniment voisin P', selon un « *transport parallèle infinitésimal* ». Comme le corps éprouve cette tendance à la persistance de sa direction au fur et à mesure qu'il se déplace, la ligne d'univers qui en découle sera « géodésique ». À partir de l'égalité des masses grave et inertielle, Einstein conclut que *la gravitation, dans le dualisme entre inertie et force, est du côté de l'inertie*, et que donc la variabilité souhaitée du champ d'inertie et sa dépendance vis-à-vis de la matière se manifestent dans les phénomènes de la gravitation. Vous savez que la théorie einsteinienne de la gravitation qui provient de cette intuition, une des plus grandes prouesses de la spéculation humaine, a été prouvée à merveille par l'expérience.

On se demande comment Newton a pu arriver à proclamer l'*a priori* de l'espace absolu et du temps absolu tout en adoptant le programme empirique dérivant l'allure effective du feuilletage et de la congruence à partir de son effet sur les phénomènes observables. La réponse se trouve, je crois, surtout dans sa théologie, la théologie de Henry More : l'espace est pour lui l'omniprésence *divine* dans les choses. La structure d'espace se comporte donc avec elles comme on s'imagine le comportement nécessaire d'un Dieu absolu : tandis que l'univers est sujet à son influence, Il est Lui-même exempt de toute influence. Vue ainsi, la théorie de la relativité apparaît comme la dé-déification de l'espace. Nous distinguons maintenant le continu amorphe de sa structure métrique. Le premier a gardé son caractère apriorique, mais est devenu le reflet de la conscience pure face à l'être, tandis que le champ structurel est complètement assujetti au monde réel et à son jeu de forces ; en tant qu'entité réelle de cette sorte, il a été nommé *éther* par Einstein. La dépendance de l'éther vis-à-vis de la matière a été très difficile à reconnaître à cause de *l'écrasante domination de l'éther* dans son interaction avec la matière, qui n'est pas niée par la théorie Einsteinienne. Si ce n'est pas un Dieu, c'est un géant surhumain. Le rapport de forces est autour de 10^{20} : 1. C'est-à-dire, si nous composons la grandeur d'action entière en additionnant les grandeurs d'action de la gravitation et de la matière, cette dernière doit être multipliée par un nombre pur de l'ordre de grandeur de 10^{-20}. Notre sentiment s'oppose à cette grave violation par la nature des règles de fair play les plus primitives. Je crois que nous ferons bien progresser la connaissance de la nature une fois que nous en aurons compris la raison ; les perspectives pour le moment sont peu encourageantes.

Avec la théorie Einsteinienne on a compris que la gravitation découlait de la structure métrique ; une entité physique avait été « géométrisée ». Il est compréhensible que maintenant, dans un dessein d'unification de l'image du monde, on veuille *géométriser toute la physique*. Les tentatives dans cette direction constituent le vrai sujet de ma conférence. On doit commencer avec le *champ électromagnétique*. Jusqu'à l'avènement de la mécanique quantique il était justifié de croire que la gravitation et l'électromagnétisme étaient les seules entités naturelles fondamentales. On pouvait espérer, d'après l'esquisse de G. Mie, construire les corpuscules matériels élémentaires comme des nœuds d'énergie dans le champ gravi-électromagnétique, comme des régions étroitement circonscrites dans lesquelles les grandeurs de champ atteindraient des valeurs énormes. C'est pour cela que le problème a été posé alors comme la tâche d'une *unification de la gravitation et de l'électricité*. Mais depuis, la question s'est radicalement altérée, de deux manières. D'abord, la théorie quantique a ajouté aux ondes électromagnétiques les *ondes de matière*, représentées par la fonction d'onde ψ de Schrödinger, pour laquelle Pauli et Dirac reconnurent que sa nature mathématique, plutôt que scalaire, devait faire intervenir plusieurs composantes. Les expériences sur la diffraction des ondes électroniques ont permis de toucher ces ondes du doigt. Cette nouvelle connaissance n'a encore rien à voir avec le comportement quantique des processus naturels ; dans le cadre de la physique du champ classique, la grandeur d'état ψ, le champ matériel, doit prendre sa place à côté de la gravitation et de l'électromagnétisme. Pas *deux*, mais *trois* entités sont à combiner. Il est par ailleurs absolument certain, en tenant compte des propriétés de transformation de la grandeur ψ attestées par les spectres, que le champ matériel ne se laisse *pas* ramener à la gravitation et à l'électromagnétisme ; on pourrait tout au plus envisager le contraire. Le deuxième point consiste en une interprétation radicalement nouvelle des équations de champ, qui remplace la notion d'intensité par celle de *probabilité*. Seule cette interprétation statistique permet de rendre compte à la fois des aspects corpusculaire et atomistique de la nature. L'opération de quantification, qu'il faut appliquer aux équations de champ, sert donc en particulier de fondement pour saisir l'existence et la ressemblance des particules élémentaires en question, les électrons et les protons. Cependant, pour le problème d'une théorie unifiée des champs, qui nous intéresse ici, nous pouvons mettre de côté la question de savoir si les équations de champ sont classiques-causales ou quantiques-statistiques.

Comme les tentatives que je dois exposer ont un côté mathématique formel, je ne puis désormais éviter d'entrer un peu plus dans la représentation technique-mathématique. Avec l'exemple de l'inertie nous avons déjà abordé le champ structurel, qui doit être conçu de manière infinitésimale, selon son action locale. Comment ceci peut s'appliquer à la structure métrique de l'espace, Riemann l'avait déjà réalisé par abstraction à partir de la théorie gaussienne des surfaces courbes. Il convient de suivre son raisonnement ; mais dorénavant nous modifierons la forme de la présentation analytique, par rapport à la démarche de Gauss-Riemann-Einstein, d'une manière adéquate pour l'inclusion du champ matériel. Les points d'une surface sont distingués entre eux à l'aide des valeurs de deux coordonnées x^1, x^2 ; comme le choix des coordonnées est arbitraire, les lois objectives doivent être invariantes par rapport au groupe de toutes les transformations continues des coordonnées x^p. Du point $P = (x^p)$ partent les éléments de ligne PP', qui conduisent au point voisin $P' = (x^p + dx^p)$. Un tel élément de ligne constitue le prototype d'un vecteur en P, dont les dx^p sont les composantes dans le système de coordonnées choisi. Les vecteurs très petits qui rayonnent de P constituent, d'après le principe fondamental du calcul différentiel, une *variété linéaire*. Pour se débarrasser de la notion malheureuse d'infiniment petit on peut la remplacer par celle de *plan tangent* en P. C'est un espace vectoriel centré à deux dimensions ; deux vecteurs linéairement indépendants $\mathfrak{e}_1$, $\mathfrak{e}_2$ permettent de décomposer d'une seule manière chaque vecteur $\mathfrak{u}$ en P :

$$\mathfrak{u} = \sum_{\alpha=1}^{2} u_\alpha \mathfrak{e}_\alpha.$$

Les u_α sont ses composantes par rapport au repère $\mathfrak{e}_\alpha$. La structure métrique se manifeste en ceci que, parmi tous les repères possibles, les *cartésiens* sont distingués. Les transformations qui relient les tétrades cartésiens équivalents constituent le fameux groupe orthogonal, qui laisse invariante la norme du vecteur (le carré de sa longueur)

$$\sum_\alpha u_\alpha^2.$$

Dans l'univers il faut augmenter le nombre de dimensions de 2 à 4, et à la place du groupe orthogonal il y aura celui de Lorentz ; la quantité invariante exprimée dans un tétrade normal est

$$= -u_0^2 + u_1^2 + u_2^2 + u_3^2$$

(avec *un* moins, selon la géométrie de Minkowski). Les vecteurs de norme 0 constituent la sphère nulle qui rayonne du centre, que l'on vient d'évoquer sous le nom de cône de lumière.

On peut d'abord considérer le plan tangent séparément de la surface courbe, en le détachant d'elle, pour ainsi dire, et en le posant à côté. La surface courbe est décrite par les coordonnées x^p, et il y a invariance par rapport au groupe de toutes les transformations continues de ces coordonnées. Le plan tangent est un espace vectoriel centré rapporté à un tétrade orthogonal ; il y a invariance par rapport aux rotations arbitraires des tétrades normaux, c'est-à-dire vis-à-vis du groupe des transformations de Lorentz ; les rotations des tétrades locaux, en des points différents de la surface courbe, sont indépendantes entre elles. Pour représenter analytiquement les opérations naturelles il nous faut un système de coordonnées dans l'univers, mais aussi de tels tétrades locaux, arbitrairement choisis en chaque position parmi les tétrades normaux équivalents. Mais le plan tangent en P n'est en réalité pas séparé de la variété courbe, mais *plongé* en elle. Après le choix du système de coordonnées et du tétrade local $\mathfrak{e}_\alpha$, le plongement sera décrit par les valeurs numériques des composantes h_α^p des quatre vecteurs fondamentaux $\mathfrak{e}_\alpha$, exprimées dans le système de coordonnées. Les 4×4 grandeurs h_α^p constituent, lorsque P varie dans la variété, des fonctions continues de P ou de ses coordonnées x^p. Elles décrivent de manière quantitative le *champ métrique*. De cette structure nous pouvons distinguer : 1. sa *nature*, partout identique, représentée par une entité mathématique fixe, le groupe de Lorentz ; 2. son « *orientation* » ou plongement ; elle peut varier continûment et possède donc un caractère indéterminé, impossible à éliminer, telle une position variable dans une échelle continue, dépendant de la nature de la matière et en interaction avec elle. Je serais de nouveau tenté de rapporter la première à l'élément *a priori* de notre intuition. Les philosophes pourraient déclarer avec une certaine pertinence que l'espace de notre intuition porte une structure euclidienne, quoiqu'en dise l'expérience. Mais j'insiste sur ceci, que c'est le je-centre qui appartient à cet espace de l'intuition et que la coïncidence, la relation entre l'espace de l'intuition et l'espace physique, sera d'autant plus vague que l'on est éloigné du je-centre. Dans la construction théorique ceci se reflète dans la relation entre la surface courbe et son plan tangent au point P : ils se recouvrent dans le voisinage immédiat du centre P, mais plus on s'éloigne de P, plus le prolongement de cette relation de recouvrement, comme une correspondance univoque entre surface et plan, se révèle arbitraire.

C'est une expérience générale du théoricien de la relativité, que toute propriété d'invariance impliquant une fonction arbitraire mène à une *loi de conservation*. Ainsi l'invariance par rapport aux transformations de coordonnées — exprimée par 4 fonctions arbitraires — fournit les 4 composantes de la loi de conservation d'*énergie et impulsion*. L'invariance par rapport aux rotations arbitraires des tétrades locaux, qui contiennent 6 fonctions arbitraires, est équivalente à la symétrie du tenseur d'énergie-impulsion, ou à la loi de conservation du *moment d'impulsion*, qui possède 3 composantes dans l'espace tridimensionnel, mais qui inclut la loi d'inertie de l'énergie dans l'univers quadridimensionnel, de sorte que le nombre de ses composantes s'élève à 6.

Une découverte de Levi-Civita se révèle d'une importance fondamentale pour la compréhension de la situation mathématique : le champ métrique de la géométrie riemannienne détermine univoquement un *transport parallèle infinitésimal*, qui conduit un vecteur depuis un point P au point voisin P' (2). La « connexion affine » décrite par ce procédé est la notion fondamentale de la géométrie infinitésimale affine. Le transport parallèle des vecteurs inclut en particulier la procédure *projective* du déplacement d'une direction dans sa propre direction, qui apparaît dans l'univers réel comme la tendance à persister du champ d'inertie. La synthèse Euclide-Newton accomplie par Einstein devient donc compréhensible ; il devient compréhensible comment le champ métrique détermine l'inertie, et avec elle la gravitation selon la loi d'égalité de la masse grave et inertielle. La métrique détermine immédiatement le cône de lumière, c'est-à-dire, dans l'univers réel, la *structure causale* : la coupure de l'univers en passé et futur, effectuée par le cône de lumière (à la partie du cône issu de P qui s'ouvre vers le futur appartiennent les points d'univers qui peuvent être atteints par une influence émanant de P). Comme les mesures des angles en P et les rapports des normes des vecteurs en P sont déterminés par le cône de lumière, le mathématicien parle ici de structure *conforme*. Nous avons donc le schéma qui suit :

métrique	⟶	affiner Zusammenhang
↓		↓
konforme Beschaffenheit		projektive Beschaffenheit
(Kausalstruktur)		(Trägheitsfeld)

La première tentative d'unification de la gravitation et de l'électricité à travers une géométrisation du champ électromagnétique a été entreprise par moi en 1918 (3). Elle reposait sur la considération suivante. Un vecteur, conduit autour d'une boucle dans l'univers selon le transport parallèle infinitésimal, ne revient pas en général à sa direction de départ. On appelle ceci la non-intégrabilité du transport vectoriel. Mais comme la norme du vecteur n'est pas changée par le transport parallèle, les vecteurs de départ et d'arrivée coïncident en longueur, même s'ils ne coïncident pas en direction. J'apercevais là une inconséquence. Il s'agit d'une question de calibrage, de *jauge*. Le choix d'un tétrade local inclut le choix d'une unité de longueur. La question se pose si de tels tétrades qui diffèrent seulement d'une dilatation sont à considérer comme équivalents ou non, si le groupe de transformations doit inclure les dilatations à côté des rotations, ou bien s'il existe une unité de longueur privilégiée. La géométrie classique, la physique classique adoptent la première alternative. En faisant abstraction des longueurs, la géométrie métrique se réduit à la conforme. La relation fondamentale, qui relie les vecteurs au même point P, est leur congruence ou l'égalité de longueur. En faisant abstraction de la direction le concept de vecteur devient celui du *trait* : deux vecteurs déterminent le même trait lorsqu'ils sont congruents. Les vecteurs en P constituent une variété à quatre dimensions, les traits une variété à une seule dimension. Une fois l'unité de longueur fixée par l'intermédiaire du tétrade local, le trait se caractérise sans ambiguité par sa norme. Mais la structure conforme elle seule ne suffit certainement pas à cela. Einstein a aussi essayé cette voie, mais l'a abandonnée tout de suite. Il faut un principe qui transporte les traits de P de manière congruente aux points voisins. Il ne s'agit pas du transport parallèle des vecteurs, mais du déplacement congruent des traits. J'ai toujours conçu la structure originaire du monde comme métrique et pas affine. En cela je suivais Riemann-Einstein. Mais une telle généralisation laisse la place à la *non-intégrabilité du transport des traits*. L'adoption d'une certaine jauge partout, par l'intermédiaire des tétrades locaux, permet de décrire le transport congruent en précisant le changement dl subi par la mesure l d'un trait arbitraire en P selon ce processus. dl est proportionnel à l, et le facteur de proportionnalité dépend linéairement du déplacement PP' de composantes dx^p. Il a la forme

$$\sum_p f_p dx^p.$$

La détermination complète du champ métrique exige, outre les grandeurs h^p_α, les grandeurs d'état f_p, fonctions de la position, qui constituent les composantes d'une forme linéaire différentielle invariante dans son essence. Un recalibrage, une dilatation du tétrade de facteur $e^\lambda : 1$ transforme h^p_α en $e^\lambda \cdot h^p_\alpha$; en même temps, comme il s'ensuit de la définition, les grandeurs f_p doivent être remplacées par $f_p - \partial\lambda/\partial x_p$. Il y a donc invariance des lois objectives par rapport à la substitution

$$h^p_\alpha \to e^\lambda \cdot h^p_\alpha, \qquad f_p \to f_p - \frac{\partial\lambda}{\partial x_p},$$

qui met en jeu une fonction arbitraire λ de la position (*invariance de jauge*). Or, le *champ électromagnétique* dépend justement de quatre *potentiels* φ_p, qui constituent les coefficients d'une forme linéaire différentielle invariante, et on sait aussi que seules les intensités du champ ont un sens physique, et non pas ces potentiels eux-mêmes, c'est-à-dire que le champ représenté par les potentiels φ_p ne change pas lors du remplacement de φ_p par $\varphi_p - \partial\lambda/\partial x_p$. Il était donc naturel d'identifier les grandeurs géométriques f_p avec les potentiels électromagnétiques, mesurés en une unité d'abord inconnue. Ceci peut être prouvé, en examinant si les lois de la nature impliquent une interaction des f_p avec la matière en accord avec celle connue d'après l'expérience, pour les potentiels électromagnétiques. Ce qui est influencé par la matière et agit sur la matière à la manière du champ électromagnétique *est* le champ électromagnétique. Les expériences en question sont résumées dans les équations de champ maxwelliennes. Mais on ne peut trancher qu'en s'appuyant sur une loi d'action sous-jacente. De fait j'ai pu adopter, dans le cadre de ma théorie, une action qui mène à l'accord souhaité. En même temps elle fournissait le « terme cosmologique » qu'Einstein venait d'ajouter à ses équations de gravitation (d'un ordre de grandeur négligeable par rapport aux autres termes), et il en découlait que l'unité pour mesurer les potentiels électromagnétiques dans notre théorie est d'un ordre de grandeur cosmologique. Elle n'aurait donc été accessible à la détermination expérimentale que si une bonne partie de l'univers était en vue. Je devais d'emblée admettre que ma géométrisation du champ électromagnétique ne se laissait guère comprendre intuitivement à travers la nature de ce champ; en particulier je ne pouvais apporter rien d'éclairant *a priori* en faveur du couplage du terme additif arbitraire $\partial\lambda/\partial x_p$, qui d'après l'expérience se loge dans les composantes du potentiel électromagnétique, avec le facteur de jauge e^{λ} requis par la géométrie classique. Le rapport entre les f_p et les potentiels ressortit ensuite d'une action particulière. Dès le départ seul un petit nombre d'invariants intégraux étaient certes disponibles comme grandeurs d'action. Le principe d'invariance de jauge a beaucoup réduit la pluralité initiale de possibilités. Là résidait peut-être la réussite principale de la théorie, dont j'avais d'abord espéré qu'elle puisse complètement fixer l'action de manière spéculative. À l'invariance de jauge correspondait la *conservation de l'électricité*, de la même manière que l'invariance de coordonnées mène à la conservation de l'énergie et de l'impulsion. Ici aussi résidait un puissant argument formel en faveur de la théorie : pour l'origine de la conservation de la charge électrique, il faudrait s'attendre a priori à une nouvelle propriété d'invariance des lois de champ, qui dépend d'*une* fonction arbitraire.

Mais la théorie achoppa sur une contradiction. Prof. Eddington posa le doigt sur la Bible anglaise et cita du Deutéronome : « Tu n'auras point dans ton sac deux sortes de poids, un gros et un petit. Tu n'auras point dans ta maison deux sortes d'épha, un grand et un petit. Tu auras un poids exact et juste, tu auras un épha exact et juste [...]. » Einstein souleva tout de suite l'objection que, d'après les expériences spectroscopiques, les longueurs d'onde des raies spectrales d'un atome d'hydrogène, par exemple, sont indépendantes de leur préhistoire : dans les même conditions, elles se présentent toujours de la même manière. J'objectai que le comportement des atomes réels ne peut être prévu qu'avec les lois d'action en vigueur ; selon la loi d'action que j'avais proposée — la chose était plausible, pas démontrée — les longueurs d'onde n'obéissent pas au transport congruent, mais s'adaptent en tout moment à un rapport entre la constitution de l'atome et le rayon de courbure. Le rayon de courbure est une certaine longueur qui se calcule à partir des grandeurs fondamentales de la théorie. L'allure quantitative du champ métrique permet ainsi de préciser après-coup une jauge privilégiée, en adoptant partout le rayon de courbure comme unité de longueur. L'atomistique est donc par ce biais acquise à la cosmologie. Ceci a l'air quelque peu désespéré ; mais cependant permis par le nombre pur, d'ordre 10^{20}, qui intervient dans la loi de gravitation. Il faudrait alors s'attendre à ce que le rayon de l'univers soit dans un rapport de 10^{20} : 1 avec le rayon de l'électron, ou une faible puissance de cela. Le carré, 10^{40}, est le rapport du rayon de l'électron à son « rayon gravitationnel », qui exprime l'intensité avec laquelle la masse de l'électron perturbe le champ métrique environnant. S'il faut interpréter cosmologiquement le décalage vers le rouge systématique des raies spectrales des galaxies, l'hypothèse du rapport de 10^{40} entre les rayons de l'univers et de l'électron correspond assez bien avec l'expérience (4). Je suis également persuadé que la masse n'est essentiellement ni inertielle ni grave, mais génératrice de gravité ; elle doit donc être définie comme le flux du champ gravitationnel qui traverse une surface contenant la particule, de même que d'après Faraday la charge était le flux du champ électrique à travers une pareille surface. Une bonne théorie ne devrait pas parvenir à rendre compte de la masse sans la gravitation. Pour de pareilles raisons le lien entre l'atomistique et la cosmologie n'était pas aussi fantastique que cela pouvait paraître au premier regard.

Quant aux conséquences physiques dans le champ de l'atomistique, ma théorie géométrique du champ électromagnétique est certes restée bien infructueuse. La question se pose : la négation d'une unité de longueur absolue exprimée par la géométrie et la physique classiques était-elle infondée ? L'atomistique nous fournit après tout des unités absolues pour toutes les grandeurs de mesure. À l'époque classique la physique théorique se trouva face à un certain dilemme à l'égard de cette question. Car d'un côté les lois mécaniques, par exemple, s'appliquent pour toute valeur possible de la masse et de la charge d'un corps en mouvement ; de l'autre côté les lois exactes ne permettent à l'électron et au proton d'exister qu'avec leurs valeurs précises de charge et de masse seulement. La physique quantique traite les équations de champ comme règles à partir desquelles on peut calculer les probabilités qui concernent *une seule particule élémentaire*. Ce n'est qu'*après leur quantification* qu'elles se laissent appliquer à un nombre arbitraire de particules. Aujourd'hui il me semble donc hors de doute que les lois de champ doivent contenir les constantes atomiques. La « longueur d'onde de l'électron », le nombre h/mc, intervient ainsi dans les lois de champ diraciennes comme constante absolue (5). Et ainsi tombe le principe fondamental de ma théorie, le principe de la relativité de la mesure de longueur, sacrifié à l'atomisme, perdant son pouvoir de persuasion.

Une autre idée fondamentale est la suivante. Dans l'image théorique du monde la transformation de f_p en $-f_p$ constitue une altération objective du champ métrique ; car ce n'est pas la même chose, si un trait transporté de manière congruente autour d'une boucle s'allonge ou rétrécit. Mais la loi d'action adoptée ne permet pas de décider du signe de f_p à l'aide des phénomènes observés. L'image théorique du monde fait donc ici intervenir une distinction qui, en contradiction avec un principe fondamental épistémologique énoncé ci-dessus, n'est aucunement accessible à la perception.

Eddington a affronté le problème de l'unité de l'électricité et de la gravitation par une autre voie (6). Il admet d'emblée que l'univers ne possède qu'une *connexion affine*, et pas une structure métrique ; toutes les grandeurs physiques sont censées être dérivables avec le transport parallèle infinitésimal des vecteurs. À partir de l'inertie on ne peut connaître immédiatement que la structure projective, pas la connexion affine. Je ne connais aucune tentative de s'en tirer avec cette seule structure projective — en analogie avec l'idée éphémère einsteinienne de ne garder, de la métrique, que la partie conforme, la structure causale écrite par la propagation de la lumière. En faveur de la tentative eddingtonienne on peut *a priori* dire ceci, que la connexion affine joue le rôle vraiment décisif dans la formulation des lois de la nature. Celles-ci, liant entre eux les états appartenant à des points spatiotemporellement voisins, font intervenir les différentielles des grandeurs d'état. Chaque grandeur d'état, comme par exemple le potentiel électromagnétique, a des composantes rapportées au tétrade local. Sa différentielle habituelle est la différence des composantes en deux points voisins PP', étant donnés les deux tétrades locaux ; les différentielles des composantes dépendent donc des orientations *des deux* tétrades. Mais pour la formulation des lois invariantes il faut la *différentielle covariante* ; c'est la différence des valeurs des composantes en P, P', rapportée au tétrade local en P et *à celui qui en dérive par transport parallèle en* P' ; les différentielles covariantes ne dépendent donc que du tétrade local en P et se transforment, en tournant le tétrade, exactement comme les composantes de la grandeur d'état elle-même. La géométrie riemannienne traite le champ structurel comme plongement ou *orientation* (orientation des tétrades locaux), la géométrie affine infinitésimale comme loi du *déplacement* (transport parallèle de vecteurs). En ceci ma théorie a un caractère mixte, car en elle la métrique est considérée en partie comme orientation (la partie conforme), en partie comme déplacement (propagation congruente des traits).

Mais de quelle manière Eddington peut-il, à partir de sa conception affine, rendre compte des faits métriques de la nature, en particulier du comportement des horloges et des règles ? Réponse : Il emploie les lois cosmologiques einsteiniennes de la gravitation (I) — d'après lesquelles les composantes de la courbure, à calculer à partir de la connexion affine, sont proportionnelles aux grandeurs qui décrivent le champ métrique — comme *définition* : pour lui le tenseur de courbure est *per definitionem* le tenseur métrique. Ceci veut dire qu'une règle *en chaque direction* s'adapte au rayon de courbure de l'univers propre à cette direction ; tandis que dans ma théorie l'invariance d'une règle en rotation autour du point P est garantie à travers la structure métrique posée à la base ; il ne reste qu'une dilatation ou contraction d'adaptation à la courbure, propre à toutes directions. Il y a un deuxième système d'équations (II), à travers lequel Einstein, en suivant Levi-Civita, dérive la connexion affine à partir des grandeurs fondamentales métriques, dont Eddington doit modifier le statu d'équations de définition en lois de la nature. Pour ma part je n'arrive pas à voir comment on peut éviter ce pas, pour être en conformité avec l'expérience. Car il ne suffit pas de s'assurer que les composantes de courbure constituent le tenseur métrique, il faut en outre montrer que ces grandeurs ont exactement l'influence que nous attribuons au champ métrique sur le comportement des horloges, des règles, etc. Ceci naturellement ne peut se produire que sous l'hypothèse de certaines lois de la nature qui contraignent l'allure de la connexion affine. Einstein affronta la théorie affine d'Eddington en essayant de la compléter avec un principe d'action convenable, de manière à assurer la compatibilité avec les faits d'expérience. Il se trouva d'abord que davantage d'invariants intégraux étaient disponibles qu'en ma théorie. Ceci pourrait d'un côté valoir comme vertu, en donnant plus de jeu, de liberté, pour s'adapter à l'expérience. De l'autre côté c'est un inconvénient et c'était en tout cas diamétralement opposé à l'attitude qui me dirigeait, car on ne devrait en fin de compte être satisfait d'une théorie que si elle ne laisse *aucune* liberté ; que si l'action qui gère les opérations de la nature apparait comme la seule possible *pour des raisons purement mathématiques*. Dans sa dernière version de la théorie de champ affine, Einstein a trouvé une action qui donne exactement les mêmes lois de la nature que ma théorie métrique, y compris le petit terme cosmologique et tous les coefficients numériques. Je dois admettre que je n'arrive pas à déceler la raison de cette correspondance. Mais elle montre, en tout cas, que les deux conceptions concurrentes ne sont sont que des revêtements géométriques différents du même contenu factuel ; et qu'elles doivent valoir comme revêtements géométriques plutôt que comme théories authentiquement géométriques de l'électricité. La lutte entre les théories affine et métrique de l'électricité est ainsi devenue plus ou moins sans objet — d'autant plus qu'il ne s'agit pas effectivement de savoir laquelle des deux gagnera dans la vie, mais plutôt de savoir si elles seront enterrées comme jumeaux dans la même tombe ou dans des tombes différentes.

Je laisse de côté les tentatives — qui ne promettent guère plus de succès — faites par Th. Kaluza et O. Klein d'insérer le potentiel électromagnétique dans le tenseur métrique en augmentant les dimensions de l'univers de quatre à cinq (7). Cette tentative n'est discutable pour moi qu'à travers les pensées qui m'ont été exprimées par O. Veblen, de concevoir les cinq coordonnées de Kaluza-Klein comme coordonnées homogènes dans un univers quadridimensionnel, à la manière de coordonnées homogènes projectives [4].

Depuis environ deux ans Einstein suit énergiquement une nouvelle voie (8). À côté de la métrique riemannienne, il pose comme structure de base un *téléparallélisme* des vecteurs. Il admet que les tétrades locaux sont liés entre eux d'une manière telle qu'ils sont tous à la fois sujets à la même rotation. À mon avis la situation entière s'est complètement transformée ces dernières quatre ou cinq années avec la découverte du champ de matière. Toutes ces cabrioles aériennes étaient prématurées, et nous revenons au sol solide des faits physiques. La grandeur ψ qui décrit le champ de matière a deux composantes ψ_1, ψ_2, qui dépendent du tétrade local ; je dois vous expliquer brièvement sa transformation sous l'influence des rotations. Je me limite aux rotations tridimensionnelles spatiales, qui peuvent être conçues comme rotations de la boule unitaire autour de l'origine du système cartésien de coordonnées spatiales. Moyennant la projection stéréographique on passe de la boule au plan équatorial qui est décrit, de manière gaussienne, par une variable complexe ζ ; une écriture homogène pose $\zeta = \psi_2/\psi_1$. Puis les formules de la projection stéréographique sont [5]

$$x = \overline{\psi}_1\psi_2 + \overline{\psi}_2\psi_1, \quad y = i(\overline{\psi}_1\psi_2 - \overline{\psi}_2\psi_1), \quad z = \overline{\psi}_1\psi_1 - \overline{\psi}_2\psi_2,$$

en omettant le numérateur

$$t = \overline{\psi}_1\psi_1 + \overline{\psi}_2\psi_2.$$

À chaque rotation spatiale D, transformation orthogonale des coordonnées spatiales x, y, z, qui ne touche pas le temps t, correspond par conséquent une transformation linéaire de ψ_1, ψ_2. Certes la transformation des deux ψ à travers la rotation *D n'est précisée qu'à un facteur arbitraire* $e^{i\lambda}$ (de longueur absolue 1) près, que vous me permettrez maintenant d'appeler le *facteur de jauge*. Cette loi de transformation de ψ a d'abord été trouvée par Pauli ; c'est une conséquence des faits spectroscopiques, plus précisément de l'observation des doublets des spectres des alcalins et du fait que les composantes doubles possèdent, d'après l'effet Zeeman, des nombres quantiques internes *demi-entiers*. À partir des équations classiques du mouvement, traduites en mécanique quantique par Schrödinger avec un ψ scalaire, le passage de l'électron libre à l'électron qui se meut dans un champ électromagnétique s'effectuait par le

4. Plusieurs mois après ma conférence est sorti un article « Projective relativity » là-dessus de O. Veblen et B. Hoffman, *Physical review* **36** (1930), p. 810, qui ouvre dans cette direction des perspectives favorables.

5. $\overline{\psi}$ indique le nombre conjugué à ψ.

remplacement de l'opérateur $\partial/\partial x_p$ agissant sur ψ par

$$\frac{\partial}{\partial x_p} + \frac{ie}{2\pi h} \cdot \varphi_p,$$

où les φ_p sont les potentiels électromagnétiques ($-e$ charge de l'électron, h quantum d'action). Entre les mains de Dirac ce principe se maintint à merveille comme un guide pour formuler les équations de mouvement de l'électron tournant avec ses deux composantes ψ. Il a donné les bonnes expressions de l'énergie pour l'explication de l'effet Zeeman anormal, la structure fine du spectre d'hydrogène, etc. En posant $\frac{e}{2\pi h} \cdot \varphi_p = f_p$ cette règle correspond au principe suivant, qui ressemble formellement au vieux principe d'invariance de jauge : *l'équation de mouvement de l'électron est invariante par rapport à la substitution*

$$(*) \qquad \psi \to e^{i\lambda} \cdot \psi, \quad f_p \to f_p - \frac{\partial \lambda}{\partial x_p}$$

(λ est une fonction arbitraire du point d'univers). Ceci découle de manière nécessaire du développement de la théorie quantique, qui accorde un patrimoine d'expérience puissant et nouveau avec notre théorie de champ.

Le principe peut être rendu compréhensible après-coup dans le contexte de la relativité générale (9). Nous nous tenons à la métrique riemannienne, en admettant que l'unité absolue de longueur est fournie atomistiquement par la longueur d'onde h/mc de l'électron. Les composantes de la grandeur ψ ne sont précisées par rapport au tétrade normal qu'au facteur de jauge $e^{i\lambda}$ près. En relativité restreinte, où le tétrade flotte pour ainsi dire librement, le facteur de jauge est une constante ; mais en relativité générale, les tétrades sont localement liés aux points d'univers et peuvent tourner indépendamment l'un de l'autre ; il faut alors nécessairement poser le facteur de jauge comme fonction arbitraire de la position. Dans ma vieille théorie la détermination univoque de la différentielle covariante pour toutes les grandeurs d'état exigeait (une fois la structure conforme donnée) une forme différentielle linéaire $\sum_p f_p dx_p$ définie en tout point ; ici une telle forme linéaire est également nécessaire pour préciser de manière univoque la différentielle covariante de la grandeur matérielle ψ. Elle est couplée au facteur de jauge de manière à assurer l'invariance par rapport à la substitution (*). Une grandeur d'action convenable mène aux équations maxwelliennes de l'électricité, aux équations einsteiniennes de la gravitation et aux équations diraciennes de la matière. Par conséquent les f_p seront identifiés avec les potentiels électromagnétiques. Le nouveau principe d'invariance de jauge conduit à la conservation de l'électricité exactement comme auparavant. Il y a donc une grande ressemblance formelle, mais avec des différences importantes quant au contenu.

1. Le nouveau principe est issu de l'*expérience* et résume un énorme patrimoine expérimental qui dérive de la spectroscopie.

2. *Le facteur de jauge $e^{i\lambda}$ ne multiplie pas les grandeurs métriques h^p_α, mais les grandeurs matérielles ψ.*

3. L'exposant n'est pas réel, mais purement imaginaire. L'ambiguïté de signe $\pm f_p$ de la vieille théorie se dissout dans le signe indéterminé de $\sqrt{-1}$. Déjà à l'époque de la vieille théorie j'avais le sentiment que le facteur de jauge devait avoir la forme $e^{i\lambda}$;

mais naturellement je n'arrivais pas à lui donner un sens géométrique. Des travaux de Schrödinger et de F. London (10) ont appuyé cette exigence à partir des relations de plus en plus claires avec la théorique quantique.

4. Ici l'unité naturelle pour mesurer les potentiels électromagnétiques f_p n'est pas une unité cosmologique inconnue mais la donnée atomique connue $e/2\pi h$.

Je ne doute aucunement qu'il faut sacrifier ma vieille théorie d'invariance de jauge en faveur de cette nouvelle. Pour le développement ultérieur de la théorie quantique cette nouvelle invariance de jauge – pour laquelle je garde le vieux nom à cause de la grande ressemblance formelle – semble de grande importance, comme cela est notamment apparu à l'occasion de la quantification des équations de champ entreprise récemment par Heisenberg et Pauli. À travers la nouvelle invariance de jauge, cependant, *le champ électromagnétique devient un appendice nécessaire du champ matériel, dans le même sens qu'il l'était de la gravitation selon l'ancienne.* Le facteur de jauge, d'après la remarque 2., ne multiplie plus les grandeurs gravitationnelles h^p_α, mais les ψ. Il est aussi bien plus sympathique et sain, au sens physique, non perverti par la spéculation, que le champ électrique suive le sillage de la matière plutôt que de la gravitation. Monsieur Fock a caractérisé la dérivation de la nouvelle invariance de jauge à partir de la relativité générale, à la quelle il est parvenu à peu près au même moment que moi, comme une géométrisation de la théorie diracienne de l'électron. Je ne suis pas d'accord. Il me semble que nous avons évité une géométrisation en liant l'électricité à la matière plutôt qu'à la gravitation. Je crains que c'était à tort que la tendance à la géométrisation, dont la gravitation avait bénéficié de plein droit — droit qui s'appuyait sur les arguments les plus clairs — avait été étendue à d'autres entités physiques. Pour l'entreprendre tout de même, il fallait trouver une géométrie apparemment naturelle qui nécessitait, pour décrire son champ structurel, au-delà des h^p_α, une grandeur d'état ψ pourvue des mêmes propriétés de transformation que le champ matériel. Il fallait donc partir de la géométrisation du champ matériel ; en cas de succès, le champ électromagnétique émergerait de lui-même, gratuitement. J'ignore de quelle géométrie il pourrait s'agir[6]

Avec la *quantification des équations de champ*, non seulement la grandeur ψ et les potentiels électromagnétiques f_p sont concernés par ce processus, mais également les grandeurs métriques h^p_α. La somme des angles d'un triangle rigide est par conséquent non seulement *variable*, si le triangle se meut dans un champ gravitationnel, mais elle doit être sujette à l'*incertitude* de Heisenberg. Quand Riemann construisit sa géométrie infinitésimale en posant les axiomes euclidiens dans le très petit et pas dans le grand, il ne manqua pas d'ajouter que « les concepts empiriques sur lesquels se fonde la détermination métrique spatiale, le concept de corps rigide et de rayon de lumière, perdent leur validité dans l'infiniment petit ». Dans la théorie quantique nous croyons avoir reconnu de quelle manière ces concepts commencent à chanceler au fur et à mesure qu'on s'approche à l'infiniment petit : aux échelles où la valeur finie du quantum d'action se fait ressentir, l'incertitude statistique des valeurs de toutes les grandeurs physiques intervient de manière de plus en plus forte.

6. La « projective relativity » de Veblen dut nécessairement justifier un ψ scalaire ; mais on ne voit pas encore comment la ψ non scalaire pût ressortir de sa loi de transformation paulienne si étrangère à la géométrie précédente.

Dans la même collection

Bertato Fábio Maia, Cifuentes José Carlos et Szczeciniarz Jean-Jacques, *In the steps of Galois. Proceedings of the Evariste Galois Bicentenary Meeting*, 2014.

Chorlay Renaud, *Géométrie et topologie différentielles (1918-1932)*, 2015.

Flament Dominique, *August Ferdinand Möbius. Entre polyèdres et corrélation élémentaire*, 2013.

Merker Joël, *Le problème de l'espace. Sophus Lie, Friedrich Engel et le problème de Riemann-Helmholtz*, 2010.

Von Staudt G.K.C., *Geometrie der lage. La géométrie de position*, 2011.

Printed in Dunstable, United Kingdom

91222498R00085